Content Marketing in der Praxis

Claudia Hilker

Content Marketing in der Praxis

Ein Leitfaden – Strategie, Konzepte und Praxisbeispiele für B2B- und B2C-Unternehmen

Claudia Hilker
Hilker Consulting
Düsseldorf, Deutschland

ISBN 978-3-658-13882-0   ISBN 978-3-658-13883-7 (eBook)
DOI 10.1007/978-3-658-13883-7

Die Deutsche Nationalbibliothek verzeichnet diese Publikation in der Deutschen Nationalbibliografie; detaillierte bibliografische Daten sind im Internet über http://dnb.d-nb.de abrufbar.

Springer Gabler
© Springer Fachmedien Wiesbaden GmbH 2017

Springer Gabler ist Teil von Springer Nature
Die eingetragene Gesellschaft ist Springer Fachmedien Wiesbaden GmbH
Die Anschrift der Gesellschaft ist: Abraham-Lincoln-Strasse 46, 65189 Wiesbaden, Germany

Geleitwort

Content Marketing ist in aller Munde. Aus Unternehmenssicht lassen sich viele gute Gründe anführen, sich näher mit dem Ansatz zu beschäftigen. Um nur zwei zu nennen: die Informationsüberlastung des Publikums und der Machtverlust traditioneller Medien. Die Informationsüberlastung hat in unserer Moderne ein beträchtliches Ausmaß angenommen. Auf jeden Einzelnen von uns prasseln täglich weit mehr Eindrücke und Informationen ein, als unser Organismus, unsere Psyche, unser Hirn verarbeiten können. In einer solchen Konstellation haben nur besonders wertvolle Informationen die Chance auf Aufmerksamkeit. Die traditionellen Medien haben schon lange ihr Informationsmonopol verloren. Social Software und die neuen Öffentlichkeiten des Web 2.0 geben jedem die Chance, das Publikum mit interessantem Inhalt zu fesseln und zu binden, etwa auf den unternehmenseigenen Plattformen – wenn sie nur qualitativ genug bestückt werden.

Nun war es von jeher schon die Aufgabe des Corporate Publishing, mit eigenen Medien, ohne den Filter des neutralen und kritischen Journalismus direkt die Ziel- und Bezugsgruppen zu adressieren. Das Content Marketing rückt aber jetzt radikal den Inhalt in den Fokus. Damit passt dieser Ansatz statt zum klassischen Corporate Publishing eher zu anderen Konzepten des modernen Marketing. Das Konzept der integrierten Unternehmenskommunikation beispielsweise warnt seit geraumer Zeit davor, sich nur auf formale Aspekte der Integration zu konzentrieren, und betont stattdessen immer stärker die notwendige Integration inhaltlicher Botschaften. Das Crossmedia-Konzept arbeitet mit ähnlicher Denkrichtung. Die Konzeption des Newsrooms, die aus den innovativen Redaktionen der Medienwirtschaft immer häufiger die Organisations- und Kommunikationsstrukturen großer Konzerne erreicht, ist ähnlich motiviert. Newsrooms fordern geradezu ein radikales Umdenken: zuerst der Inhalt, dann die Aufbereitung über die verschiedenen Kommunikationskanäle. Es ist der Content Desk, der die attraktiven Inhalte auswählt und sie dann über die diversen Kanal-Desks ausformen lässt.

Diese verwandten Ansätze unterstreichen die grundsätzliche ebenso wie die aktuelle Bedeutung dieses Buches. Doch wie lässt sich Content Marketing strategisch in ein Marketing-Gesamtkonzept für Unternehmen einordnen? Welche Ziele erreichen Unternehmen damit? Wie positionieren sich Unternehmen mithilfe dieses Ansatzes im Spannungsfeld zwischen den Erwartungen an Transparenz, Offenheit und Infotainment der Adressaten einerseits und den eigenen Zielen, Ressourcen und Fähigkeiten andererseits? In diesem Buch kommen führende Experten, Unternehmen und Vertreter aus praxisnaher Forschung zu Wort, um die strategische Bedeutung und die operativen Erfolgsfaktoren von Content Marketing für Unternehmen zu untersuchen.

Während schon vorliegende Bücher über Content Marketing die Basisbedürfnisse der Leser an Information und Aufklärung über Chancen und Risiken erfüllten, bedarf es nun einer neuen qualitativen Herangehensweise an das Thema. Es geht jetzt darum, erfolgreiche ganzheitliche Modelle zur Implementierung vorzustellen und die Erfahrungen der Vorreiter aus allen Branchen zu untersuchen. Das Wissen der Erfolgsstrategien und Handlungsempfehlungen wird damit geteilt.

Die neunfache Buchautorin Dr. Claudia Hilker führt den Leser unterhaltsam durch das Buch. Die Inhalte werden durch Checklisten und Tipps zum praktischen Bezug aufgewertet. So gewinnen die Leser konkrete Umsetzungshilfen mit einem Mehrwert für die Praxis. Die Kombination aus Theorie und Praxis ist überzeugend: Sie ermöglicht dem Leser, Content Marketing nicht nur zu verstehen, sondern auch auf das eigene Unternehmen zu übertragen.

Claudia Hilker ist Lehrbeauftragte an diversen Universitäten und lehrt dort die Grundlagen zur Anwendung von Content Marketing. Zudem berät sie viele Unternehmen bei der Konzeption und Umsetzung von Content Marketing. Sie ist erfahren darin, innovative Lösungen für individuelle Bedürfnisse zu entwickeln.

Neben der Wirtschaft erforscht auch die Wissenschaft das Thema Content Marketing. Bislang gibt es allerdings eher wenig fachwissenschaftlich tragfähige Literatur. Es ist komplexes Wissen erforderlich aus Strategie, Marketing und Kommunikation, auch Management-Fähigkeiten wie Zielstrebigkeit, Projekt-Management und Zeit-Management. Und nicht zuletzt braucht es handwerkliche Kompetenzen wie Texten, Suchmaschinen-Marketing und ROI-Analysen. Bisherige Wissenslücken werden durch dieses Buch mit hochwertigen Beiträgen gefüllt. So ist dem Werk zu wünschen, dass es neben dem Einsatz in der Unternehmenspraxis gleichfalls seine Verwendung in Forschung und Lehre findet.

Prof. Dr. Markus Kiefer, für BWL, insbesondere Unternehmens- und Wirtschaftskommunikation an der FOM – Hochschule für Oekonomie und Management Düsseldorf

Düsseldorf   Markus Kiefer
April 2016

Einleitung

Das Zeitalter der klassischen Werbung ist vorbei! Nicht selten blicken wir in erstaunte, fragende und ratlose Gesichter, sobald unsere Mandanten feststellen, dass sich das Marketing-Umfeld radikal verändert hat. Dabei werden wir häufig erst dann kontaktiert, wenn der Wandel bereits negative Spuren hinterlassen hat, zum Beispiel Kundenbeschwerden im Internet verbunden mit Kundenverlust und Umsatzrückgang.

Um dem vorzubeugen, ist es für Unternehmen und Marketers wichtig, sich frühzeitig auf die veränderten Anforderungen einzustellen. Man muss den Bedarf, die Wünsche und Anliegen der Zielgruppe genau kennen und das Denken und Handeln im Marketing strategisch, inhaltlich und technisch daran anpassen. Unternehmen müssen sich davon lösen, starr ihre Produkte zu bewerben, denn die Bedürfnisse der Kunden sind heute die Treiber der Nachfrage von Leistungen. Nur wenn dieses Umdenken gelingt, wird der Kampf um die Aufmerksamkeit der Kunden gewonnen.

Content Marketing hat sich in den letzten Jahren als strategisch wichtiges Thema für Unternehmen herauskristallisiert. Dabei geht es darum, statt klassische Produkt-, Marken- oder Unternehmenswerbung eine neue Kommunikationsform im Unternehmen zu etablieren: eine informierende, unterhaltende und beratende Vermittlung von Inhalten mit einem deutlichen Mehrwert für klar bestimmte Zielgruppen. In der ersten Phase der Buchpublikationen zum Thema wurde Content Marketing oft als eine Art „Hype" beschrieben. Aus heutiger Erfahrung wissen wir, dass es sich jedoch weniger um einen Trend, sondern vielmehr um eine grundlegende Entwicklung handelt.

Jetzt geht es also nicht mehr darum, grundsätzliche Erklärungen und Definitionen zum Content Marketing zu tätigen oder die Entwicklung des Prozesses zur Implementierung von Content Marketing herauszuarbeiten. Die Grundlagen sind bereits ausreichend geschaffen und werden in diesem Buch in den einführenden Kapiteln vermittelt, um auch Neulinge an das Thema heranzuführen. Im Anschluss geht es darum, Content Marketing mit seinen Konzepten, Prozessen und Formaten strategisch in die Unternehmenskommunikation einzubetten. Im Buch werden deshalb konkrete Praxisbeispiele präsentiert.

Mit Content Marketing können Unternehmen markengerecht neue Kunden strategisch gewinnen und binden. Content Marketing ist ein wesentlicher Bestandteil in der Digitalstrategie. Damit lässt sich der digitale Wandel in der Marketing-Kommunikation meistern. Ergänzt wird er zumeist durch weitere Marketing-Ansätze wie Omnichannel Management, Kampagnen-Management und Social Media Marketing.

Schwerpunkte im Buch: Content Marketing für Theorie und Praxis Dieses Buch behandelt erfolgreiches Content Marketing für Unternehmen mit Strategien, Konzepten und Best-Practice-Beispielen in Verbindung mit theoretischen Grundlagen. Der Schwerpunkt liegt in der digitalen Content-Marketing Strategie mit innovativen Ansätzen wie Inbound Marketing. Dazu werden auch Tools zur Marketing Automatisierung wie von Adobe, Salesforce und Hubspot erläutert.

Zwei versierte Professoren – Herr Prof. Dr. Kreutzer und Herr Prof. Dr Bürker – liefern Gastbeiträge auf wissenschaftlichem Niveau. Das ermöglicht ein fachlich tiefes Verständnis und erschließt die Zusammenhänge, Besonderheiten und Erfolgsfaktoren von Content-Marketing im Kontext der klassischen Marketing-Kommunikation. Viele Praxisbeispiele u. a. Schwarzkopf, Coca Cola, Red Bull, Krones, Audi, Arag, Hornbach veranschaulichen Best-Practice Modelle zur Umsetzung Sie liefern Erkenntnisse, wie Konzepte in der Praxis gelingen.

Der Fokus liegt auf auf dem Einsatz von Content Marketing im Unternehmen. Renommierte Player am Markt wie Dell und Google geben Insights preis. Unternehmen wie Flughafen München, PSD Banken und Huf Haus schildern ihre Erfahrungen zum Thema mit Fachbeiträgen. Content-Marketing-Experten wie Klaus Eck, Doris Eichmeier, Melanie Tamble, Meike Lepold und Anne Grabs geben differenzierte Tipps zum Thema.

Der Nutzen des Buches Ziel ist es, einen effizienten Einsatz aufzuzeigen, der sich systematisch auf den Geschäftserfolg nachhaltig positiv auswirkt. Experten aus der Marketing-Kommunikation können damit lernen, wie zielgerichtetes Content Marketing funktioniert. Modelle, Konzepte und Praxisfälle werden dazu analysiert, kommentiert und diskutiert. Checklisten und Handlungsempfehlungen ermöglichen die unmittelbare Anwendung.

* Content Marketing in der Praxis erweitert Standard-Ratgeber.
* Der Fokus richtet sich auf den Leser: Servicegedanke und Mehrwerte statt theoretisches Wissen.
* Durch die facettenreiche, realistische und branchenübergreifende Auswahl an Expertenbeiträgen entstehen vielfältige Orientierungsmöglichkeiten für den Leser.
* Die Beiträge erleichtern dem Leser die Übertragung der Praxisbeispiele auf die eigene Situation.
* Durch die Anzahl an Expertenbeiträgen wird Content Marketing vielschichtig beleuchtet. Zusammenhänge, Schnittstellen und Abhängigkeiten in der gesamten Unternehmensführung werden dadurch deutlich – in einer theoretischen und praktischen Dimension.

Für wen dieses Buch interessant ist In diesem Buch finden Marketer alles, was sie brauchen, um das große Potenzial des Content Marketing für alle Abteilungen erfolgreich auszuschöpfen. Zahlreiche Best-Practice-Beispiele veranschaulichen den erfolgreichen Einsatz. Dazu werden Interviews mit Experten aus renommierten Unternehmen präsentiert.

Das Buch richtet sich an Entscheider und Praktiker in Unternehmen, die feststellen, dass klassisches Marketing nicht mehr wirkt, und nach neuen Alternativen für die Zukunft mit Content Marketing suchen:

- Vorstände, Geschäftsführer, Aufsichtsräte;
- Fach- und Führungskräfte aus Marketing, Personal, Vertrieb und PR;
- Berater, Trainer und Mitarbeiter im Marketing-Umfeld wie Werbe-, PR- und Internetagenturen;
- Geschäftsführer und Einzelunternehmer in KMU;

Erfahrungswissen aus der Praxis Das Buch, das Sie gerade in den Händen halten, ist kein „gegoogeltes" Buch. Es gibt etliche Content-Marketing-Titel am Markt, die einfach diverse Praxisbeispiele aus dem Internet zusammenstellen. In dieses Buch aber fließen unzählige persönliche Praxiserfahrungen aus vielen Projekten und solche von unterschiedlichen Experten ein: Experten aus dem Strategie- und Konzeptionsbereich sowie aus den unterschiedlichen Teilbereichen wie Redaktion, SEO und Tools. Ausschlaggebend zur Auswahl der Fallbeispiele war, dass es sich dabei nicht nur um große „Leuchtturmprojekte" von Konzernen handelt, sondern dass auch Content-Marketing-Projekte von Mittelständlern präsentiert werden. Die Praxisbeispiele decken verschiedene Branchen ab, um Ihnen eine Identifikation zu ermöglichen sowie die Orientierung an potenziellen Lösungswegen für Ihr Unternehmen.

Eingeflossen in dieses Buch ist auch das Erfahrungswissen aus meiner Praxis als Beraterin, Autorin, Bloggerin und Lehrbeauftragte. Als Speaker habe ich auf vielen Events über Content Marketing referiert, an vielen Kongressen teilgenommen und mich mit Kollegen ausgetauscht. Außerdem lernen Sie den wissenschaftlichen Hintergrund kennen, den ich auch in meinen Lehraufträgen an Hochschulen vermittle.

Wie Leser von diesem Erfahrungsschatz profitieren Sie finden in diesem Buch viele anschauliche Praxisbeispiele, die beschreiben, wie es Vorreitern gelungen ist, ihre Geschäftsergebnisse mit Content Marketing zu beflügeln. Es kommen Experten zu Wort aus großen Firmen wie Google, Salesforce und Dell. Aber auch aus dem Mittelstand wie Huf Haus werden Beiträge geliefert. Denn Content Marketing ist für alle Unternehmen relevant, egal ob groß oder klein, ob B2B oder B2C. Sie, lieber Leser, gewinnen damit vielschichtige Perspektiven, Anregungen und Inspirationen für Ihre Herausforderungen und Aufgaben. Zusätzlich werden im Buch neue kreative Modelle, Methoden und Ansätze entwickelt. Davon können Sie auch als Anfänger profitieren, indem Sie die Tretminen im Neuland vermeiden und auf fundiertes Expertenwissen setzen. Lassen Sie sich inspirieren!

Über Ihr Feedback freue ich mich! Wie gefällt Ihnen das Buch? Schreiben Sie mir an: info@hilker-consulting.de

Anmerkungen zu Inhalten und Aufbau

Dieses Buch bietet keine Patentrezepte zur Strategie-Entwicklung, denn es gibt nicht die eine richtige Strategie, sondern jeweils individuelle Herangehensweisen. Sie werden beispielhaft anhand der zahlreichen Praxisbeispiele erläutert und dienen der Inspiration für Ihre Strategie-Entwicklung und -umsetzung. Es geht um den Content-Marketing-Einsatz für Einzelpersonen, KMU (kleine und mittelständische Unternehmen) sowie aus dem B2C- und B2B-Bereich. Zentrale Fragen, die im Buch untersucht werden, lauten:

- Was ist Content Marketing? Die Definition, Ziele und Wirkungsmechanismen sowie Zusammenhänge werden aufgezeigt.
- Welche Strategien gibt es? Unterschiedliche Modelle werden vorgestellt und erläutert.
- Wie gelingt die Implementierung? Diese ist neben der Strategie-Entwicklung ein wesentlicher Erfolgsfaktor zum Gelingen.
- Welche Fähigkeiten benötigt man im operativen Content Management? Prozesse, Methoden und Tools werden vorgestellt.
- Welche Möglichkeiten zum Controlling gibt es? Gezielte Controlling-Methoden werden erläutert.

Wie ist das Buch aufgebaut? Sie können das Buch chronologisch von vorne bis hinten lesen. Wenn Sie eine konkrete Frage haben, empfiehlt sich natürlich die direkte Lektüre des entsprechenden Kapitels. Die Inhalte der Kapitel sind an klassischen Strukturen in Unternehmen ausgerichtet, sodass jeweils ein Kapitel für die Belange einer Abteilung steht, vgl. auch Abb. 1.

1. Das Kapitel zu Content-Marketing-Grundlagen (Kap. 1) vermittelt die Basiskenntnisse zum Verstehen des Themas durch praktische und wissenschaftliche Beiträge von Experten.
2. Die Content-Marketing-Strategie (Kap. 2) definiert, warum und wie Unternehmen ein Fachkonzept (entwickeln sollten und welche Vorgehensweise dafür relevant ist).

1) Content Marketing Grundlagen	2) Content Marketing Strategien	3) Operatives Content Marketing	4) Content Marketing Tools
• Ziele, Definition, Wirkungsweisen, Einsatzfelder, Erfolgsfaktoren	• Ausrichtungen, Roadmap, Analysen, ROI, Erfolgsmessung Audit, Canvas Content Marketing	• Umsetzung, Organisation, Prozesse, Rollen, Aufgaben, Produktion, Promotion	• Marketing Automation, Dashboards, Funktionen, Analysen, ROI Ausblick

Abb. 1 Content-Marketing Buch: Inhalte im Überblick. (Grafik Quelle: Hilker Consulting)

3. Die operative Content-Marketing-Umsetzung (Kap. 3) erläutert, mit welchen Rollen, Prozessen und Verantwortlichkeiten die Strategie umgesetzt wird (und was dem Kunden wann und wie geliefert wird) Das Content Marketing Management beschreibt, mit welchen Maßnahmen die Steuerung, Messung und Evaluation gelingt.

4. Die Content-Marketing-Tools (Kap. 4) vermitteln, wie automatisiert die Prozesse, Auswertungen und Reportings erfolgen können.

Viel Spaß beim Lesen wünscht Ihnen

Dr. Claudia Hilker,
Marketing-Expertin und
Unternehmensberaterin

Inhaltsverzeichnis

Abbildungsverzeichnis

Tabellenverzeichnis

Grundlagen des Content Marketing

1

Inhalt

© Springer Fachmedien Wiesbaden GmbH 2017

C. Hilker, *Content Marketing in der Praxis*, DOI 10.1007/978-3-658-13883-7_1

Zusammenfassung

In diesem Kapitel werden die theoretischen Grundlagen des Content Marketing vorgestellt, um die Zusammenhänge zur klassischen Marketing-Kommunikation zu untersuchen. Dabei geht es um die Definition des Begriffes, Abgrenzung zur Differenzierung und integrierte Methoden. Der Nutzen von Content Marketing wird mit Zielen, Gründe und Erwartungen der Unternehmen erläutert. Ergänzende Ansätze aus dem identitätstiftenden Marketing, Issue Management und Agenda Setting werden vorstellt. Die Einflüsse der Digitalisierung auf das Content Marketing werden thematisiert in der Entwicklung von Marketing 1.0 bis 3.0. Der Digital Marketing Lebenszyklus und die digitale Medienvielfalt werden beschrieben. Die Content-Marketing Einführung von Gastautor Prof. Dr. Bürker hinterfragt das Neue im Content Marketing: Alter Wein in neuen Schläuchen? Und die Gründe zum Einsatz: Warum Content Marketing? Er untersucht den Status quo von Content Marketing und deren Prinzipien wie Involvement mit Pull und Inbound Marketing. Zudem beschreibt er Best Practice Beispiele mit Wertschöpfungspotenzialen, Stakeholder-Perspektiven und Controlling. Gastautor Prof. Dr. Kreutzer beschreibt die Erfolgsfaktoren im Content-Marketing mit Content-Marketing Beispielen. Oliver Rosenthal, Industry Leader von Google Germany, wird zu den Herausforderungen und Hürden zum Content Marketing Einsatz für Unternehmen interviewt. Zudem werden die Probleme zum effizienten Budget und unternehmerischen Ressourcen für Content Marketing analysiert. Der internationale Vergleich zum Content Marketing Einsatz zeigt spannende Impulse sowie auch die Besonderheiten für B2B-Unternehmen werden erläutert. Eine Checkliste zur Einführung von Content Marketing im Unternehmen schließt das Kapitel mit zahlreichen Handlungsempfehlungen ab.

Durch den Medienwandel, insbesondere durch die Nutzung von Internet und Social Media hat sich die Mediennutzung verändert und die Glaubwürdigkeit der klassischen Werbung hat spürbar abgenommen. Die Abwehrhaltung der Rezipienten haben dagegen zugenommen. Die potenziellen Kunden haben sich gegen Werbung weitgehend immunisiert. Dadurch hat Werbung an Effizienz verloren und ist im Ergebnis zu teuer geworden. In der Folge haben Marketing- und Werbeverantwortliche vermehrt nach Strategien gesucht, Aufmerksamkeit und Relevanz bei ihren Zielgruppen durch eigene Medienprodukte und direkte Kommunikation aufzubauen.

Einer dieser Ansätze ist das Content Marketing: Rezipienten, die sich für ein Unternehmen und seine Produkte interessieren, sollen mit Inhalten so überzeugt werden, dass sie irgendwann zu Kunden werden. Damit nähert sich die Marketing-Kommunikation methodisch der PR an, deren journalistisch geprägter Ansatz auf Themen basiert. Content Marketing ist eine Form der unternehmerischen Kommunikationspolitik, die darauf abzielt, Zielkunden durch spezielle Inhalte anzusprechen.

Die Leitfragen für das Kapitel lauten
- Was ist Content Marketing?
- Was ist neu am Content Marketing?
- Welche Ziele verfolgt Content Marketing?
- Welche Instrumente werden im Content Marketing eingesetzt?

1.1   Definition, Methoden und Abgrenzung

Content Marketing bringt einer Marke Aufmerksamkeit. Content Marketing trägt dazu bei, dass Menschen einer Marke vertrauen, und hat somit einen großen Einfluss darauf, ob jemand ein Produkt kauft. Aber Content Marketing ist kein Selbstzweck, sondern ein zielgerichtetes Marketing-Konzept. Deshalb muss es immer darauf ausgerichtet sein, dass sich ein Business verbessert, beispielsweise durch steigende Verkaufszahlen.

Was ist Content Marketing?   Der Begriff „Marketing" zeichnet sich durch eine Ausrichtung des Unternehmens an den Bedürfnissen des Marktes aus. Der Kundennutzen im Sinne einer konsequenten Kundenorientierung steht im Vordergrund, damit Gewinne erzielt werden (Bruhn 2012). Marketing ist also nicht nur eine betriebliche Funktion, sondern eine unternehmerische Denkhaltung und benötigt Leitkonzepte zur zielgerichteten Unternehmensführung. Marketing ist ein wesentlicher Bestandteil eines jeden Unternehmens. Aufgrund des wettbewerbsintensiven Umfeldes ist der Geschäftserfolg oft abhängig vom Marketing. Die Schritte in der strategischen Planung sind: Unternehmensmission, Ziele, Geschäftsportfolio und Marketing-Strategien gestalten. Somit werden im strategischen Marketing Inhalte wie Philosophie, Leitbilder und Marketing-Instrumente erarbeitet (Hofbauer und Hohenleitner 2005). Im taktischen Marketing erfolgt die Detailplanung in Bezug auf die klassischen vier Ps: Produkt, Preis, Promotion und Placement. Die Kommunikationspolitik vermittelt positive Botschaften an die Zielkunden mit Instrumenten wie PR, Werbung und persönlichem Verkauf.

Der Begriff Marketing ist also bereits definiert und ein einheitlicher Gebrauch in Theorie und Praxis kann damit gesichert werden. Sucht man jedoch im Netz nach einer präziseren Antwort für Content-Marketing, so tauchen viele unterschiedliche Varianten auf.

„Content" ist ein Markt mit einer Nachfrage (der Informationsbedarf der Menschen) und Angeboten am Markt von Anbietern. Dadurch entsteht Wettbewerb. Es muss also eine Nachfrage bedient werden – möglichst besser als vom Mitbewerber. Marketers sollten deshalb auch die „4 P" aus dem klassischen Marketing anwenden, die schließlich genau für diesen Fall entworfen worden sind. Dazu zählen das Produkt (Product), die Distributionspolitik (Place), Werbung (Promotion) und Preis (Price).

Der Unterschied zwischen „Content" und „Werbung" ist wichtig für das Verständnis der Definition. Zwar adressieren sowohl „Content Marketing" als auch „Werbung" einen Bedarf (das Verlangen nach einer Information in Verbindung mit Aufmerksamkeit bzw. nach einem Produkt in Verbindung mit Kaufkraft) oder Bedürfnisse (das Gefühl eines Mangels oder Problems verbunden mit dem Wunsch, eine Lösung zu finden). Der Unterschied ist aber, dass „Werbung" die Erfüllung der Bedürfnisse nur verspricht, während „Content Marketing" den Bedarf tatsächlich erfüllt, indem Inhalte mit Nutzen und Mehrwerten (zum Beispiel: Blogbeitrag mit Tipps oder Video-Tutorial) zur Problemlösung geliefert werden. Lassen Sie uns die unterschiedliche Definitionen genauer untersuchen.

Content Marketing Definition im Überblick   Weil im Content Marketing vor allem journalistische Arbeitsweisen eingesetzt werden, sprechen manche Experten – vor allem im amerikanischen Raum – auch von Brand oder Branded Journalism. So sagt Robert Rose vom Marketing Institute: „Content marketing is a marketing technique of creating

Digit. im Marketing

and distributing relevant and valuable content to attract, acquire, and engage a clearly defined and understood target audience – with the objective of driving profitable customer action" (Content Marketing Institute 2013).

Prof. Dr. Kreutzer, Professor an der Hochschule für Wirtschaft & Recht Berlin meint: „Content-Marketing ist eine spezifische Ausgestaltung der Kommunikationspolitik eines Unternehmens in der Form, dass den Zielpersonen und Zielgruppen informierende, beratende und/oder unterhaltende Inhalte angeboten werden, die häufig nur einen indirekten Bezug zum Leistungsangebot des so kommunizierenden Unternehmens aufweisen".

Prof. Dr. Michael Bürker, Gründer und Geschäftsführender Gesellschafter der Com-MenDo Agentur für UnternehmensKommunikation und Professor für Public Relations definiert Content-Marketing so: „Content-Marketing hat sich als strategisch wichtiges Thema für Unternehmen entwickelt. Relevante Inhalte zur markenbezogenen Positionierung zeichnen sich durch einen inspirierenden, informativen, anregenden, unterhaltenden und emotionalen Charakter aus. Die Inhalte sind relevant für die Zielkunden-Bedürfnisse".

▶ **Unsere Definition von Content Marketing**   Content Marketing wird in diesem Buch wie folgt definiert: Content-Marketing ist ein innovativer Marketing-Ansatz. Es dient zur markenbezogenen Platzierung von Content über das Internet. Relevante Inhalte zeichnen sich durch einen inspirierenden, informativen, anregenden, unterhaltenden, emotionalen und teilbaren Charakter aus. Sie sind dabei vor allem eins: relevant und nicht werblich. Content-Marketing unterstützt das Online-Marketing das Branding und die Verkaufsförderung.

Während klassische Marketing-Instrumente die Aufmerksamkeit der Konsumenten direkt auf das Produkt lenken, liegt der Fokus beim Content Marketing vielmehr auf dem Publizieren von markenrelevanten Inhalten. Was Content Marketing konkret ist, wird in der Abgrenzung zum klassischen Marketing deutlich (vgl. Tab. 1.1). Werbeanzeigen beispielsweise folgen der sogenannten Push-Strategie: Werbebotschaften werden über Gatekeeper wie Zeitschriften gestreut, das Produkt steht im Fokus und der potenzielle Kunde soll offensichtlich zum Kauf angeregt werden. Content Marketing verfolgt im Gegensatz dazu die sogenannte Pull-Strategie. Dabei soll der Kunde zum Produkt kommen. Dies geschieht, da der Kunde in den Marketing-Maßnahmen einen vom Kauf unabhängigen Mehrwert erkennt. Er ist auf der Suche nach Informationen, fühlt sich gut beraten und interessiert sich in der Folge auch für die Leistungen des Anbieters. ?!

Bei klassischer Werbung steht das Produkt im Mittelpunkt und die Botschaften werden gestreut (Push-Strategie). Beim Content Marketing dagegen liegt der Fokus auf dem

Tab. 1.1 Unterschiede klassisches Marketing versus Content Marketing

	Klassisches Marketing	Content Marketing
Ausrichtung	Push-Strategie	Pull-Strategie
Botschaften	Werbung	Bedarfsorientiert
Ziel	Direkter Verkauf	Indirekter Verkauf
Vorgehen	Direkter Verkaufsappell	Kundenzentrierung
Wirkung	Werbemüdigkeit	Relevanz

Quelle: Hilker Consulting

Kunden, der von den Themen einer Marke oder eines Produktes angezogen werden soll (Pull-Strategie). Dabei erklären Empfänger vorab ihr Einverständnis, dass Unternehmen mit ihnen Kontakt aufnehmen dürfen (Opt-in-Verfahren). Mit Content Marketing können Unternehmen ihre Markenidentität stärken und neue Kunden gewinnen und binden. Die Komponenten einer Content-Marketing-Strategie zeigt Abb. 1.1. Nach der Analyse und Strategie-Entwicklung erfolgt die Content-Planung. Danach folgen die Content-Erstellung und die Content-Verteilung sowie die Erfolgskontrolle, um die Kunden-Aufmerksamkeit zu gewinnen.

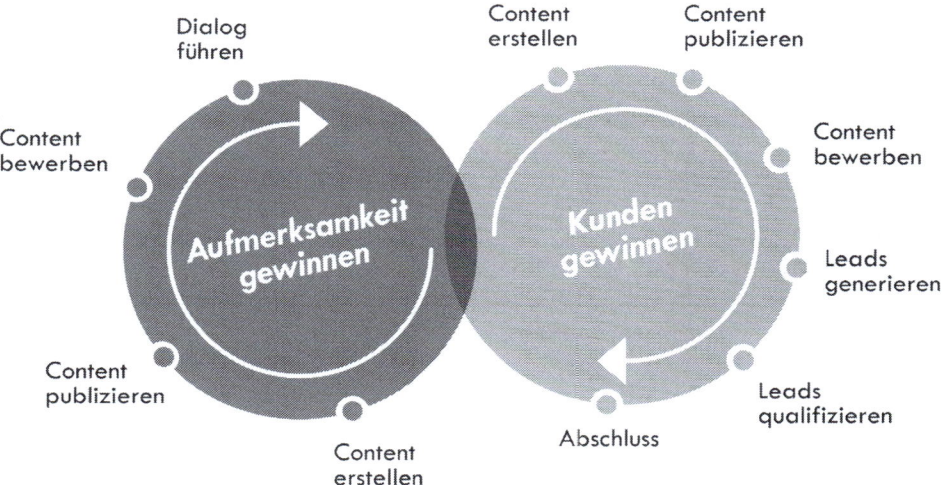

Abb. 1.1   Content-Marketing-Wirkungsweise. (Grafik Quelle: Hilker Consulting)

Beim Content Marketing gibt es eine Vielzahl an Überschneidungen zu anderen Marketing-Ansätzen, wie Tab. 1.2 zeigt.

Tab. 1.2   Bestandteile im Content Marketing

Analysen: Markt, Mitbewerber, Audits	Public Relations und Storytelling
Strategie-Entwicklung: SWOT-Analysen	Issue Management und Agenda Setting
Social-Media-Marketing	Media-Planung: owned, paid, earned, Social Media
Suchmaschinenoptimierung: SEO, SEM, Conversion-Optimierung	Online Marketing: SEA, SEO
Texten für diverse Textsorten und Medien	Crossmedia-Kampagnen-Management
Community-Aufbau/-Management	Projekt-Management
Reputations-Management	Erfolgskontrollen
Expertenpositionierung	Omnichannel Management
Branding/Markenidentitätsaufbau	Customer Experience Management/
Persona/Customer Journey	Kundenbeziehungsmanagement

Quelle: Hilker Consulting

Die strategische Verbindung der Methoden kann die Wirksamkeit fördern. Mit Content Marketing erstellen Unternehmen Inhalte – teilweise in Echtzeit – nach den entsprechenden Trendthemen, die die Nutzer gerade bewegen. Aus sozialen Netzwerken, Google Search oder von Influencern wird genau das Thema abgeleitet, das für die Zielkunden gerade relevant ist. Wichtig dabei ist, dass die Inhalte entsprechend den neuesten Erkenntnissen der Medienforschung immer öfter mobil, digital und in Echtzeit geliefert werden müssen (Bürker 2015).

1.1.1   Nutzen, Ziele und Erwartungen der Unternehmen

Das Content Marketing stellt die Marken in den Mittelpunkt. Das heißt, es geht beim Content Marketing darum, sich vom Wettbewerb zu differenzieren, indem man die Markenwerte mit den relevanten und trendigen Themen anreichert und dann für datengetriebene Kampagnen zur hochwertigen Positionierung sorgt. Worin besteht der Nutzen von Content Marketing für Unternehmen? Einen Überblick zeigt Tab. 1.3.

Welche Ziele verfolgen mittlere und große deutsche Unternehmen mit Content Marketing? Welche Herausforderungen müssen sie dabei meistern? Welche Bedeutung messen sie dem Content Marketing im Marketing bei? The Digitale erstellte dazu eine Marktforschungsstudie, für die 100 Geschäftsführer und Marketing-Entscheider mittlerer und großer Unternehmen interviewt wurden. Damit ist die „CM-Entscheider-Studie 2015: Relevance – Performance – Technology – Efficiency"[1] zwar nicht repräsentativ. Trotzdem liefern die Ergebnisse eine gute Standortbestimmung, wie deutsche Unternehmen Content Marketing einsetzen und zukünftig nutzen wollen.

Content Marketing steht für hochwertige und zielgruppenspezifische Inhalte, die strategisch sinnvoll zur Kundengewinnung und Kundenbindung eingesetzt werden. Content Marketing ist als Marketing-Disziplin in den mittleren und großen Unternehmen angekommen. So konnten die Befragten beispielsweise sehr genau definieren, was Content Marketing ausmacht:

Tab. 1.3 Nutzen von Content Marketing für Unternehmen im Überblick

Wettbewerbsvorteile, Profitabilität, Positionierung	Kundengewinnung	Kundenbeziehung
Stärkung Markenidentität	Erhöhung der Kundenzufriedenheit	Relevante Inhalte mit Mehrwert
Umsatz-/Gewinnsteigerung	Mehr Leads zur	Crossmediale Angebote
Bekanntheitsgrad erhöhen	Neukundengewinnung	Kundennähe und
Expertenpositionierung	Empfehlungs-Marketing	Echtzeitkommunikation
Kostenvorteile: Werbekosten sparen	Virale Effekte	Interaktive Kundendialoge Omnichannel Management

[1] https://www.facit-group.com. Zugegriffen am 03.08.2016.

- 50 Prozent verstehen darunter die Produktion und Distribution relevanter und qualitativ hochwertiger Inhalte – ohne direkte Verbindung zum Produkt.
- 31 Prozent denken beim Begriff Content Marketing an die Zielgruppe, die (möglichst) persönlich durch die geschaffenen Inhalte erreicht werden soll.
- Immerhin 19 Prozent assoziieren sofort „Strategie". Das ist erfreulich, schließlich wird Content Marketing ohne definierte Ziele, fest umrissene Zielgruppe und messbare KPIs nur sehr bedingt auf das Konto der Unternehmenskommunikation einzahlen können.

Welche Erwartungen haben die Unternehmen an den Einsatz des Content Marketing? Zumeist geht es um Umsatzsteigerung, größere Aufmerksamkeit, neue Kunden und Dialog mit den Zielkunden (CM-Entscheider-Studie 2015).

- Der größte Teil – 42 Prozent – verspricht sich von der Produktion und Distribution hochwertiger Inhalte einen Wettbewerbsvorteil, der dem Unternehmen nutzt. Das tangiert Umsatz und Gewinn ebenso wie die Profitabilität und den Bekanntheitsgrad.
- 23 Prozent nutzen Content Marketing, um neue Kunden zu gewinnen und bestehende Kunden zu binden: Sie erhoffen sich durch diese Art der Kundenpflege mehr Kundenloyalität sowie mehr Nähe zu Bestandskunden.
- 15 Prozent wollen Reichweite und Dialog generieren, um so einen besseren Zugang zu potenziellen Kunden zu etablieren und Kundenkontakte zu stärken.
- Weitere 15 Prozent der Befragten möchten durch kundenorientierten Content Nutzen kommunizieren, indem relevante Inhalte mit Mehrwert produziert werden.

Wer verantwortet das Thema Content Marketing im Unternehmen? Zumeist zeichnet das Marketing verantwortlich (53 Prozent), gefolgt von der Geschäftsführung (42 Prozent!) und der PR-Abteilung (27 Prozent). Werbeabteilung, Vertrieb und die Social-Media-Abteilung folgen danach.

Welche Erkenntnisse lassen sich aus der Umfrage ableiten? Positiv ist, dass das Thema Content Marketing eine weitere Professionalisierung erfährt. Etwa die Hälfte der Befragten (48 Prozent) gab an, bereits über eine Content-Marketing-Strategie zu verfügen. 46 Prozent planen, eine Content-Marketing-Strategie zu entwickeln. Gerade kleine und mittlere Unternehmen unterschätzen diesen Punkt häufig. Statt Strategie erfolgt Aktionismus. Zu einer durchdachten Content-Strategie zählt jedoch auch unter anderem die Erfolgsmessung.

Wie gehen die befragten Unternehmen mit der Erfolgsmessung um? Werden die definierten Ziele und die KPIs erreicht oder muss es eine Anpassung der Strategie geben? Bei der Erfolgsmessung gibt es durchaus Potenzial nach oben. Denn lediglich 16 Prozent der mittleren und großen Unternehmen des Samples messen ihre Kommunikationsaktivitäten. 84 Prozent haben keine Ahnung, ob sie die gesteckten Ziele tatsächlich erreichen.

Wie entwickeln sich die Content-Marketing-Budgets? Auf die Frage, wie sich die Bedeutung des Content Marketing für das eigene Unternehmen verändern wird, gaben die Interviewten an:

- Content Marketing wird sehr stark an Bedeutung gewinnen (21 Prozent).
- Content Marketing wird eher an Bedeutung gewinnen (58 Prozent).
- Weder noch, die Bedeutung für unser Unternehmen bleibt gleich (24 Prozent).
- Die Einschätzung, dass Content Marketing eher oder sogar stark an Bedeutung verlieren werde, vertritt hingegen keiner der Befragten.

Diesen hohen Stellenwert unterstreichen die Aussagen zum Budget: Laut The Digitale (CM-Entscheider-Studie 2015) sollen die Ausgaben für hochwertigen Content in den kommenden fünf Jahren um 82 Prozent steigen. Zwei Drittel der Unternehmen wollen dafür zusätzliche Mittel bereitstellen, zulasten anderer Marketing-Disziplinen. Im Jahr 2020 sollen die durchschnittlichen Ausgaben für Content Marketing bei rund 250.000 Euro liegen pro Unternehmen.[2]

Deutlich wird, wie komplex das Umfeld von Content Marketing ist. Einen Überblick über die Zusammenhänge zwischen den Content-Formaten zeigt die Abb. 1.2.

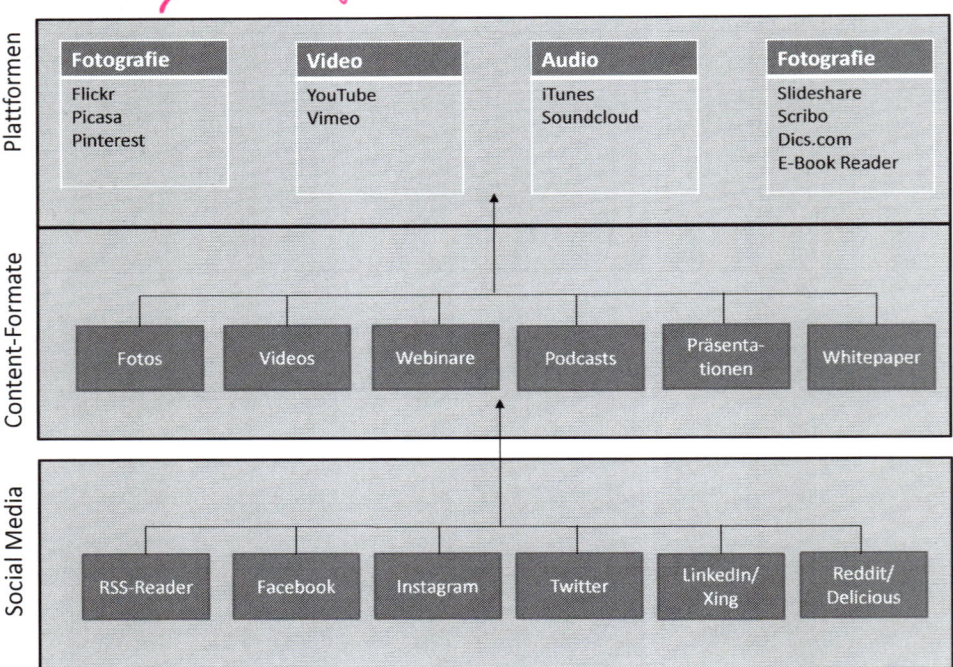

Abb. 1.2 Content Marketing Framework. (Grafik Quelle: Hilker Consulting)

---

[2]Vgl. http://prdesk.de/umfrage-bedeutung-von-content-marketing-nimmt-zu/. Zugegriffen am 03.08.2016.

1.1.2   Identitätstiftendes Content Marketing

Content Marketing benötigt eine definierte Marken-Identität. Vielen Marken fehle eine klare Identität, beklagt Prof. Dr. Christoph Burmann, Inhaber des Lehrstuhls für Innovatives Markenmanagement (LiM) an der Universität Bremen im Online-Interview. Ihm zufolge werden Marken in Zeiten der Digitalisierung immer austauschbarer. In seinem Buch „Identitätsbasierte Markenführung: Grundlagen – Strategie -Umsetzung – Controlling" (Burmann et al. 2015) erläutert er, wie das Konzept der identitätsbasierten Markenführung dabei helfen kann, Marken zu emotionalisieren und zu stärken. Das Kernproblem dabei sei, dass die Zahl der angebotenen Marken dramatisch wachse (Markeninflation). Ursache dafür sei vor allem die Digitalisierung bzw. das Internet. Dadurch hätten Nachfrager – in B2B- und B2C-Märkten – heute weitaus mehr Kaufalternativen als früher. Innerhalb weniger Sekunden findet man heute online eine kaum noch überschaubare Vielzahl an Marken, die zum Kauf angeboten werden.

Die Präsentation vieler dieser Marken reduziert sich dabei oft auf wenige Schlüsselreize, zum Beispiel Preis und technische Merkmale. Diese abgespeckte Version erzeugt nur noch schwache Emotionen beim Käufer und vermittelt den Eindruck, die meisten Marken seien austauschbar. Das Problem dabei ist, dass viele Marken-Manager diese Gefahr für ihre Marke nicht erkennen, weil sie von der Digitalisierung und ihren vielfältigen Nutzungsmöglichkeiten total begeistert sind. Zudem wird durch eine undifferenzierende Faszination für neue Technologien schnell vergessen, dass diese neuen Möglichkeiten allen Wettbewerbern zur Verfügung stehen. Es wird auch übersehen, dass sich Marken gestern wie heute bedeutungsvoll abheben müssen, um im Wettbewerb auf Dauer bestehen zu können.

Woran liegt es, dass sich Marken immer weniger differenzieren? Es fehle vielen Marken heute an einer klaren Identität, meint Prof. Burmann. Das heißt einer festen, von allen Markenmitarbeitern getragenen Überzeugung, wofür die Marke steht. Nichts ist emotionaler als eine von Menschen vehement und konsequent vorgetragene und gelebte Überzeugung. Insoweit erklärt der Mangel an Identität auch den Mangel an Emotionalität bei vielen Marken. Das ist fatal, denn in Zeiten immer schnellerer Imitation technischer Innovationen kommt Emotionen für die Kaufentscheidung heute eine wesentlich größere Bedeutung zu als früher.

Auf Basis der identitätsbasierten Markenführung (vgl. Abb. 1.3) durch die externen Zielgruppen haben sich Markenerwartungen verändert. Dabei handelt es sich um ein mehrdimensionales Einstellungskonstrukt, das das in der Psyche relevanter externer Zielgruppen fest verankerte, verdichtete, wertende Vorstellungsbild von einer Marke wiedergibt. Demgegenüber steht ein Markennutzenversprechen, das als funktionaler, sozialer, emotionaler und ökonomischer Nutzen von den Kunden wahrgenommen wird. Dazu müssen Marken sechs konstitutive Markenidentitätskomponenten erarbeiten, die sich gemeinsam zum Nutzenversprechen der Marke wie folgt komprimieren lassen:

1. Vision: Wofür stehen wir?
2. Persönlichkeit: Wie treten wir auf?
3. Werte: Woran glauben wir?
4. Kompetenzen: Was können wir?
5. Herkunft: Woher kommen wir?
6. Leistungen: Was können wir für Sie tun?

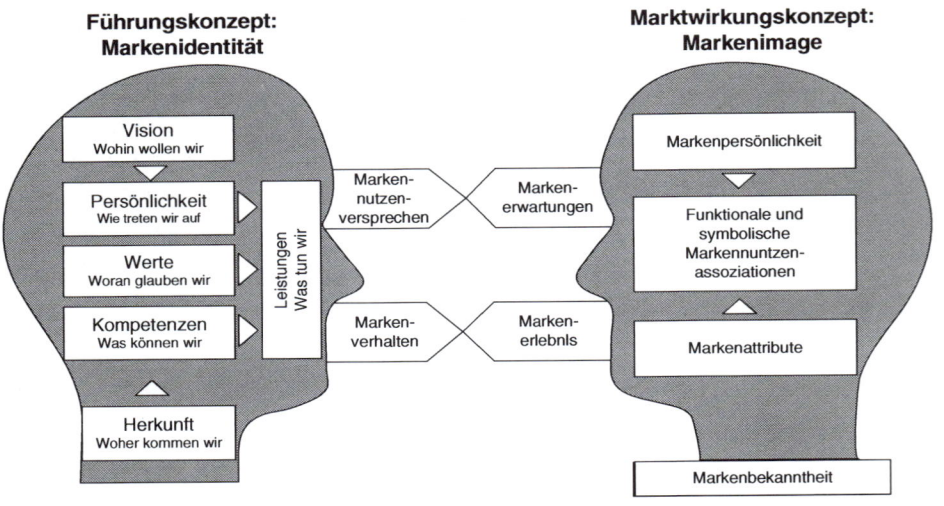

Abb. 1.3 Grundkonzepte der identitätsbasierten Markenführung. (Quelle: Wenske 2008, S. 82)

Im Rahmen des identitätsorientierten Markenführungsansatzes ist die Markenidentitität die Voraussetzung für die Entstehung eines ökonomischen Markenwertes. Sie lässt die Marke authentisch werden und sorgt für nachhaltige Differenzierung (Burmann et al. 2015).

Wie kann das Konzept der identitätsbasierten Markenführung zum Content Marketing beitragen? Es kann helfen, gesichtslose Marken persönlicher zu gestalten, indem strategisch Inhalte erstellt werden, die die Identität der Marke ausdrucksvoller gestalten. Starke Markenidentitäten beeinflussen das Verhalten von Menschen in hohem Maße. Eine erfolgreiche Markenpositionierung baut im Kern auf einem klaren, für das Kaufverhalten der Zielgruppe relevanten, wettbewerbsdifferenzierenden und authentischen Nutzenversprechen auf. Mit anderen Worten: Was die Marke verspricht, muss die Zielgruppe interessieren, sich von den Konkurrenten deutlich unterscheiden und von der Marke an allen Brand Touchpoints auch tatsächlich eingelöst und abgeliefert werden. Das Content Marketing kann also die identitätsbasierte Markenführung strategisch stärken.

1.1.3   Issue Management und Agenda Setting

In Zeiten, in denen die Kommunikation immer schnelllebiger wird und stets in einer großen Öffentlichkeit stattfindet, gehören wesentlich mehr Aufgaben in das Content Marketing wie wie Issue Management und Agenda Setting. als noch vor einigen Jahren. Neben dem Aussenden von Botschaften und Maßnahmen geht es im Content Marketing vielmehr um das frühzeitige Erkennen von Stakeholder-Bedürfnissen und das anschließende aktive Managen von relevanten Themen im Umfeld von Content Marketing.

Was hingegen ist Issue Management? In der Literatur wird Issue Management häufig als Frühwarnsystem bezeichnet. Die Aufgabe der Verantwortlichen dabei ist, das Umfeld des Unternehmens auf verschiedenen Ebenen (ökonomisch, intern, technologisch usw.) zu beobachten und das Geschehen zu analysieren. Ziel ist es einerseits, auf kommunikativer Ebene aktiv das öffentliche Meinungsbild mit zu steuern und an inhaltlichen Diskussionen teilzunehmen. Bezüglich der Ausrichtung des Unternehmens ist es andererseits wichtig, dass Stakeholder-Informationen in die strategischen Entscheidungsprozesse mit einfließen. Auf diese Weise können Chancen genutzt und Gefahren frühzeitig bekämpft werden.

Es ist natürlich auch möglich, ein Content-Marketing-Konzept ohne Issue Management zu erstellen. Doch die Gefahr ist groß, wichtige Zusammenhänge zu übersehen, die potenzielle Risiken im thematischen Umfeld darstellen. Die Liste der Fälle, in denen Unternehmen ungewollt in die Schlagzeilen geraten sind, weil sie den thematischen Content falsch eingeschätzt haben, ist groß. Das illustrieren die folgenden Beispiele:

- Elida Gibbs: Die TV-Sendung „Monitor" hatte 1986 krebserregende Substanzen im gerade eingeführten Haarwaschmittel Timotei nachgewiesen.
- Shell Dutch: Anlass war die beabsichtigte Versenkung der aufgegebenen Ölbohrplattform Brent Spar in der Nordsee (1995).
- Hoechst-Roussel: Abtreibungsgegner erzwangen 1997 in Deutschland die Marktelimination der Abtreibungspille RU 486, die in Frankreich seit Jahren akzeptiert war.
- Coca-Cola kam 1999 in Belgien in Schwierigkeiten, als in zahlreichen Dosen das Anti-Pilzmittel Benzol gefunden wurde.
- Warsteiner: Dem Bierbrauer wurde von Wettbewerbern eine geschäftliche Verbindung zur Sekte der Scientologen unterstellt (1994).
- Fusion Deutsche Bank/Bankers Trust: Amerikanische Bankkunden warfen anlässlich des Fusionskandidaten Deutsche Bank das omnipräsente NS-Thema wieder auf (1929 bis 1932).
- Arthur Andersen: Legitimitätsverlust und Unternehmenszerschlagung durch Falsch-Testat beim Energiekonzern Emon (Burmann et al. 2005, S. 539).

Wie ist ein typischer Krisenverlauf? Im Issue-Management-Krisenverlauf lassen sich fünf Entwicklungsphasen unterscheiden:

1. Latente Issues: Es handelt sich um episodische Ereignisse, die nur bei wenigen Personen Aufmerksamkeit finden.
2. Potenzielle Issues: Latente Issues werden zu potenziellen Issues. Das betreffende Thema gewinnt an Popularität und wird allmählich zum Trend. Vergrößert und multipliziert wird das entsprechende Interesse zumeist durch fachspezifische Medien.
3. Aufkommende Issues: Potenzielle Issues werden durch öffentliche Legitimierung zu aufkommenden Issues. Dies geschieht dergestalt, dass durch entsprechende Meinungsführer (Aktivisten, Massenmedien, Politiker etc.) das Issue zum Bestandteil der öffentlichen

Meinung wird. Spätestens in dieser Phase bilden sich konkrete Ansprüche und Forderungen heraus, welche sich im Zeitablauf dann zunehmend verfestigen.

4. Aktuelle Issues: Aufkommende Issues werden durch Polarisierung zu aktuellen Issues. Einflussreiche Interessengruppen nutzen das jeweilige Thema mit Eigeninteresse. Gegendarstellungen verlieren an Akzeptanz und erscheinen der Mehrheit als kaum mehr glaubhaft. In diesem Stadium bleiben den Unternehmen nur noch sehr begrenzte Einflussmöglichkeiten.

5. Kritische Issues haben ein deutliches Bedrohungsniveau. Durch Eingehen auf die gesellschaftlichen Erwartungen ist möglicherweise in einem Verhandlungsakt die Auflösung kritischer Issues möglich. Sollte die Verhandlung scheitern, wird eine Klärung über staatliche Hoheitsakte herbeigeführt, zum Beispiel gesetzliche Vorschriften zur Rücknahmeverpflichtung von Pfandflaschen (Burmann et al. 2005, S. 544).

Ohne die Berücksichtigung gesellschaftlicher Rahmenbedingungen im Content Marketing ist ein langfristiger Unternehmenserfolg heute kaum noch denkbar. Das Top-Management muss in der Lage sein, kurzfristigen Beeinträchtigungen und Glaubwürdigkeitsproblemen wirkungsvoll entgegenzutreten. Beides macht deutlich, das Issue Management eine funktionenübergreifende Querschnittsaufgabe im Unternehmen hat: das systematische Aufspüren, Beobachten, Beeinflussen und Setzen relevanter Anliegen. Es erfüllt die Funktion eines Frühwarnsystems und soll mit geeigneten Gegenmaßnahmen dem Unternehmen Handlungsspielräume ermöglichen. Dass diese Aufgabe immer schwieriger wird, liegt zum einen an der wachsenden Sensibilität „der Konsumenten", zum anderen an der zunehmenden Vielfalt und Schnelligkeit moderner Medien – eine einzige E-Mail, in der über Herzschädigungen nach dem Konsum des Partygetränks „Red Bull" berichtet wurde, trat zum Beispiel umgehend eine in ihrer Tragweite unabsehbare Lawine weiterer Vorwürfe, Verdächtigungen und Boykottaufrufe los. Insbesondere für Content Marketing in der Chemie- und Automobilindustrie, in Tabakkonzernen, aber auch von Lebensmittelproduzenten oder Energieerzeugern kann ein effektives Issue Management im Falle akuter Krisenvorfälle zu einem medialen Rettungsanker zum Schutz vor einem Shitstorm werden (Burmann et al. 2005, S. 551).

Das langfristige Unternehmensziel ist es, ein positives Image aufzubauen und die Reputation dauerhaft zu stärken. Dadurch kann sich das Unternehmen auch auf potenzielle Krisen optimal vorbereiten, indem relevante und politisch brisante Themen erkannt werden. In der Folge werden dann die geprüften Themen im Agenda Setting vom Content-Marketing integriert. Abb. 1.4 zeigt die thematischen Anliegen von Issue Management für Unternehmen im Spannungsfeld zwischen Governance, Umwelt und Sozialem, die im Content Marketing berücksichtigt werden sollten. Im Issue Management lautet das Motto: Agieren statt reagieren! Idealerweise sollte Issue Management im Vorfeld der öffentlichen Meinungsbildung ansetzen. Bestehende Positionen rückwirkend zu beeinflussen erfordert

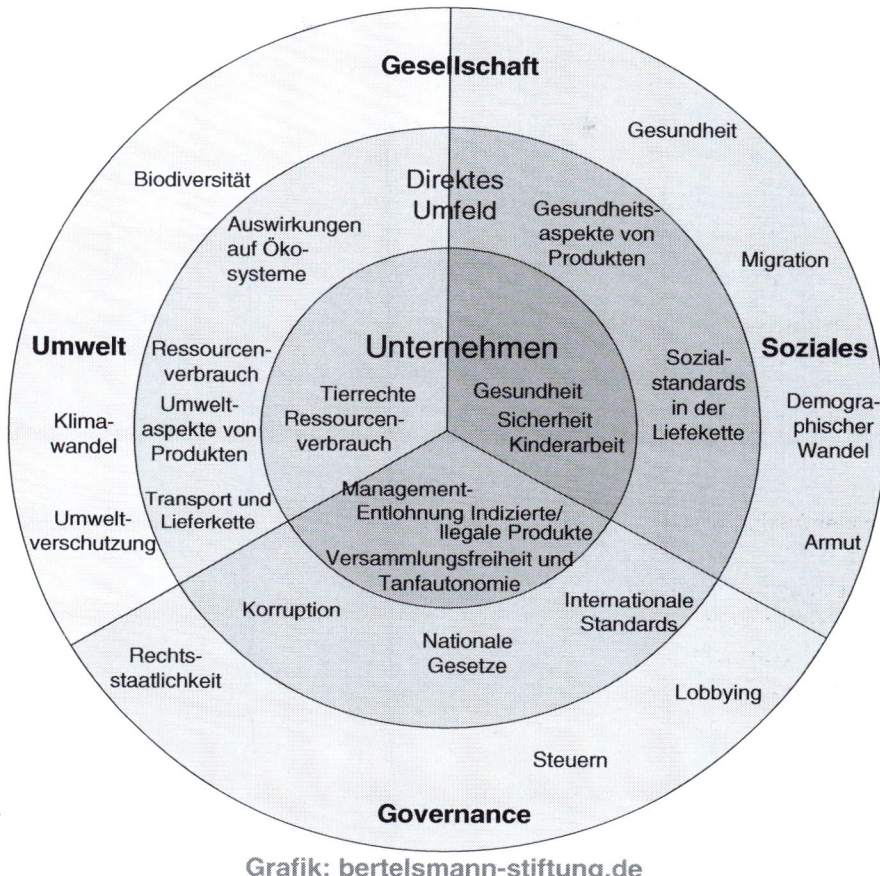

Abb. 1.4 Thematische Anliegen von Issue Management für Unternehmen

nämlich erheblichen personellen und finanziellen Aufwand und ist nicht automatisch von Erfolg gekrönt. Um dem Unternehmen eine solche Situation zu ersparen, sollten kritische Thematiken rechtzeitig erkannt werden, sodass das Unternehmen agieren kann, bevor das Thema einen kritischen Punkt erreicht hat. Demensprechend basiert das Issue Management unter anderem auf kontinuierlichem Medien-Monitoring. „Scanning" und „Monitoring" sind also Basisaktivitäten im Issue Management, um zu prüfen, ob mit Chancen oder Bedrohungen zu rechnen ist. Mögliche Quellen oder Ursachen von Gefahren oder Gelegenheiten sind oftmals nur vage feststellbar. Schwache Signale verstärken sich im Zeitablauf und deuten immer konkreter den von ihnen zunächst nur vage signalisierten Trend-/Paradigmawechsel an. Mögliche Reaktionsstrategien und deren Ergebnisse sind nur gelegentlich bekannt. Schwache Signale können zum Beispiel sein:

- eine plötzliche Häufung gleichartiger Ereignisse, die in strategisch relevanter Beziehung zur jeweiligen Unternehmung stehen, mit Verbreitung neuartiger Meinungen/ Ideen zum Beispiel in den Medien,
- Meinungen und Stellungnahmen von Schlüsselpersonen aus unterschiedlichen Bereichen des öffentlichen Lebens bzw. von Organisationen und Verbänden,
- in späteren Stadien auch Tendenzen der Rechtsprechung und erkennbare Initiativen zur Verhinderung/Neugestaltung von Gesetzgebungen.

Zur Veranschaulichung der danach erforderlichen Aktivitäten zeigt Abb. 1.5 einen klassischen Issue-Management-Zyklus:

1. **Monitoring und Issue-Identifizierung:** Aufgrund eines fortlaufenden Monitorings werden Ereignisse oder Trends entdeckt, die sich zu einem Issue für das jeweilige Unternehmen entwickeln könnten.
2. **Bewertung:** Da ein Unternehmen nur begrenzte Ressourcen hat, müssen die vorliegenden Issues geranked werden. Kriterien hierfür sind u. a. Dringlichkeit und Einflussmöglichkeit.
3. **Issue-Analyse:** Analyse der vorliegenden Issues. Dies bildet die Grundlage für die folgenden strategischen Maßnahmen.
4. **Strategische Maßnahmen:** Mögliche Maßnahmen werden an die Unternehmensstrategie angepasst.

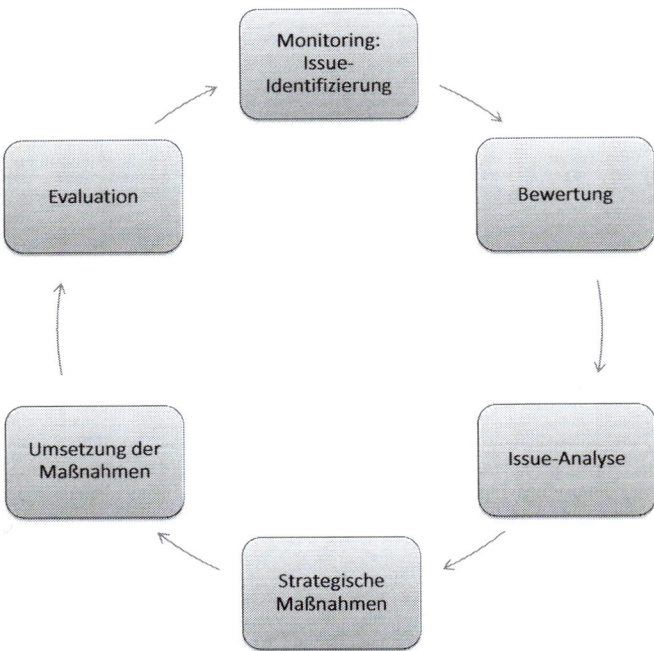

Abb. 1.5 Issue-Management-Zyklus. (Grafik Quelle: Hilker Consulting)

5. **Umsetzung der Maßnahmen:** Es wird beispielsweise ein Blog-Beitrag zu einem relevanten Thema verfasst.

6. **Evaluation:** Bewertung der durchgeführten Maßnahme mit Rückbezug auf die Unternehmensstrategie. Hat die Maßnahme etwas bewirkt?

Issue Management und Content Marketing Ein zielorientiertes Issue Management bringt immer wieder Themen hervor, die sich als relevant für das Unternehmen herausstellen. Diese Tatsache ist die Verbindung zum viel diskutierten Content Marketing, dessen Erfolg genau davon abhängt: Relevanz ist im Online-Kampf um die Aufmerksamkeit der Kunden der Schlüssel zum Erfolg. Die Schlussfolgerung ist: Basierend auf einem umfassenden Issue Management kann eine zielorientierte Content-Marketing-Strategie aufgebaut werden.

So kann zum Beispiel ein Thema, dass im Rahmen des Issue Management auftaucht und sich als relevant für das Unternehmen herausstellt, direkt von Beginn an aktiv unterstützt werden, sodass im Optimalfall Medien redaktionell darüber berichten. Eine solche Platzierung in den Medien nennt man Agenda Setting. Dieses Vorgehen verhilft zur Steigerung der Reichweite, Bekanntmachung der Thematik und ist dabei fürs Unternehmen äußerst Ressourcen sparend.

Tipps und Tools – So nutzen Sie Issue Management in der Praxis Es gibt verschiedene Möglichkeiten, Issue Management in das Content Marketing zu integrieren. Ich möchte Ihnen hier drei Varianten vorstellen:

1. **Google Analytics:** Durch die Analyse der eigenen Webseite können Sie feststellen, wer Ihre Kunden sind, woher sie kommen und mithilfe welcher Keywords sie beispielsweise versuchen, sich zu informieren. Auf diese Weise entdecken Sie, welche Themen von Interesse sind und was eher wenig gefragt ist.
2. **Google Alerts:** Mithilfe von Google Alerts können Sie sich über bestimmte Themen immer automatisch updaten lassen. Basierend auf Suchbegriffen, die Sie für Ihr Unternehmen wählen, bekommen Sie dann immer die neusten Informationen geliefert und wissen, was beispielsweise in Ihrer Branche diskutiert wird.
3. **Pressespiegel:** Wenn Sie nicht nur Informationen aus Online-Medien beziehen möchten, sondern auch das Geschehen in den Print-Medien mitverfolgen wollen, so können Sie auf den klassischen Pressespiegel zurückgreifen. Mit dessen Hilfe erhalten Sie einen Einblick, was und in welcher Tonalität die Zeitungen berichten.

Diese drei Möglichkeiten bilden nur eine kleine Auswahl an Tools, und die Liste könnte beliebig weitergeführt werden. Im Grunde geht es darum, dass auf Basis fundierter Daten Erkenntnisse getroffen werden können, die in den Aufbau der Content-Strategie allgemein oder in die konkrete Themenplanung miteinfließen können. Unternehmen sind dadurch in der Lage, Themen selbst zu setzen, Chancen wahrzunehmen und zur Krisenprävention beizutragen. Auch wenn es auf den ersten Blick nach viel Arbeit aussieht, zahlt sich ein gutes Issue Management auf lange Sicht aus.

1.2   Digitaler Wandel: von Marketing 1.0 bis 3.0

Im digitalen Wandel zum Marketing 3.0 steigt der Stellenwert von Content Marketing. Lassen Sie uns den Veränderungsprozess im folgenden Exkurs untersuchen.

Neue Technologien wie Blogs, Foren oder Communities haben die Art und Weise, wie Verbraucher sich beteiligen, zusammenarbeiten und kommunizieren, massiv verändert. Das Zeitalter der Globalisierung dominiert die Wirtschaft (vgl. Abb. 1.6). Im Social-Media-Zeitalter haben dramatische Veränderungen der Wirksamkeit der Massenmedien in Marketing 3.0 erodiert. Beispiel mangelnde Kundenloyalität: Kunden haben verstärkte Marktmacht durch den interaktiven Meinungsaustausch online. Sie zeigen weniger Markentreue, weil sie weniger Unterschiede bei Produkten erleben und Preisvergleiche online machen (Kotler 2012).

Der Wandel im Marketing und die Reaktionen der Unternehmen Wie können Unternehmen auf den Wandel reagieren? Unternehmen können in einem bestehenden Marketing-Umfeld wie folgt agieren:

- **Reagierend:** Ein Unternehmen kann passiv die aktuelle Marketing-Umwelt akzeptieren und als unkontrollierbares Element erachten. Es entwirft Strategien, um die Gefahren zu vermeiden, und sucht nach sicheren Möglichkeiten.

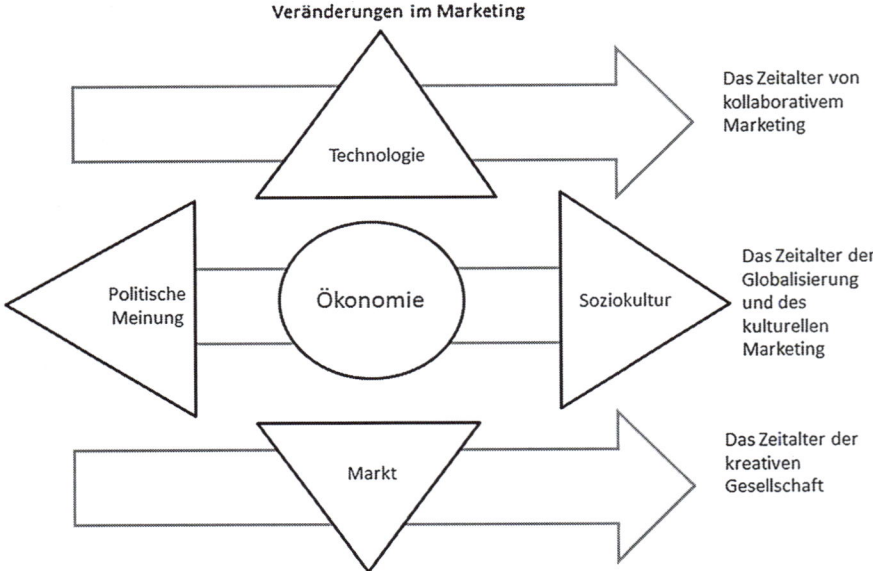

Abb. 1.6 Änderungen auf dem Weg zum Marketing 3.0. (Grafik Quelle: Hilker Consulting)

- **Proaktiv:** Unternehmen können ihre Interessen mit aggressiven Handlungen verfolgen und sich gegen ihre Umgebung wehren. Dies kann durch PR, Lobbyarbeit usw. erreicht werden.

Doch möglicherweise gibt es auch weitere Möglichkeiten zur Reaktion: wenn Unternehmen sich als aktive Change Maker begreifen, die die neuen Rahmenbedingungen zu ihrem Vorteil nutzen.

Doch wie sieht der digitale Wandel im Marketing konkret aus? Kotler und Keller beschreiben den Paradigmenwechsel wie folgt: „We can say with some confidence the marketplace is not what it used to be. It is dramatically different from what it was even ten years ago" (Kotler 2012, S. 34) Demzufolge gibt es drei Herausforderungen: Globalisierung, IT-Fortschritt und Social Media.Das bietet neue Chancen für das Marketing, erfordert aber auch neue Ansätze, denn:

- Die Technologie beeinflusst noch stärker das Marketing;
- das Marketing erfährt durch die Social-Media-Revolution[3] einen neuen Druck;
- Big Data[4] ist eine Herausforderung für Unternehmen (Kotler 2012, S. 34 ff.).

Eine Bitkom-Umfrage von 2013 bestätigt ähnliche Entwicklungen. IT-Unternehmen wurden dabei nach den wichtigen Trends befragt. Social Media bleibt mit 22 Prozent oben auf der Agen. Für das neue Marketing definieren Kotler und Keller (2012) folgende Schlüsselfaktoren:

- IT und Globalisierung: Das digitale Zeitalter stellt viele Daten (Big Data) bereit, die hilfreich für die Preiskalkulation und die internationale Wettbewerbsbeobachtung sind.
- Erhöhter Wettbewerb: Der internationale Wettbewerb erhöht die Marketing-Kosten und reduziert die Gewinnmargen.
- Disintermediation[5]: Der Erfolg von Dotcom-Giganten wie Amazon, Dell und Yahoo basiert darauf, Intermediäre auszuschalten und damit Kostenvorteile zu erzielen.

▷   **Wie ist der Einfluss der technischen Entwicklung auf die Unternehmenskommun ikation?** Durch das Internet – und vor allem durch Web 2.0 – hat sich die Unternehmenskommunikation grundlegend gewandelt. Unternehmen haben

---

[3] Die Social-Media-Revolution wird in diesem Video erklärt: www.socialnomics.net/2010/05/05/ social-media-revolution. Zugegriffen am 06.05.2016.

[4] Big Data wurde erstmalig durch Gartner 2011 zitiert und basiert auf dem 3-V-Modell des Analysten D. Laney, der die Herausforderungen des Datenwachstums als dreidimensional bezeichnet hat: a) steigendes Volumen, b) steigende Geschwindigkeit der Datenerzeugung und Verarbeitung und c) eine steigende Datenvielfalt.

[5] Disintermediation meint den Bedeutungsverlust von Intermediären (Vermittler zwischen Akteuren) im Wirtschaftssystem, wobei Stufen der Wertschöpfungskette entfallen. Dies führt zu Kosteneinsparungen.

nun mit Content Marketing selbst die Kommunikationshoheit inne. Zudem sind sie in der Lage, ohne Gatekeeper und klassische Medien ein breites Publikum zu erreichen. Außerdem sind die Kosten für Produktionsmöglichkeiten (zum Beispiel Content-Management-Systeme wie WordPress) und Distributionskanäle (zum Beispiel Social-Media-Netzwerke wie Facebook, Twitter) kostenfrei. Durch diese technische Entwicklung öffnen sich neue Chancen für die Unternehmenskommunikation und der Zugang zu vielen Menschen ist damit möglich.

Der digitale Wandel betrifft das Marketing insgesamt. Mit den Web-2.0-Technologien, Social-Media-Netzwerken und User Generated Content hat sich die Macht des Kunden im Internet verstärkt. Darauf können Unternehmen reagieren, indem sie die neuen Rahmenbedingungen akzeptieren und neue Strategien entwickeln, um Gefahren zu vermeiden und neue Möglichkeiten zu nutzen. In der proaktiven Herangehensweise können Unternehmen mit aktiven Handlungen die neuen Rahmenbedingungen nach ihren Zielen gestalten, zum Beispiel durch PR und Kommunikation. Die Tab. 1.4 zeigt den digitalen Marketing-Wandel auf. Kotler (2012) beschreibt die Entwicklung von Marketing 1.0 bis 3.0 zusammengefasst wie folgt:

- Marketing 1.0 konzentriert sich auf Produktion, Funktionen und Märkte.
- Marketing 2.0 ist ein kundenorientiertes Marketing mit IT-Einsatz.
- Marketing 3.0 verfolgt einen ganzheitlichen Ansatz mit Werteorientierung zur Balance von Gewinnmaximierung und gesellschaftlicher Verantwortung.

Tab. 1.4 Digitaler Wandel: Von Marketing 1.0 bis 3.0. (Quelle: Hilker, Claudia (2016, S. 22))

	Marketing 1.0	Marketing 2.0	Marketing 3.0
Ausrichtung	Produktorientiert	Kundenorientiert	Werteorientiert
Treiber	Industrialisierung	Informationstechnologie	Neue Medien (Dotcom)
Kundensicht	Bedürfnisse erfüllen	Menschen mit Herz und Geist	Ganzheitlich: Menschen mit Herz, Geist, Seele
Schlüsselkonzept	Produktentwicklung	Produktdifferenzierung	Werteorientierte Kundenzentrierung
Orientierung	Produktspezifikation	Unternehmens-/Produktpositionierung	Corporate Mission, Vision und Werte
Nutzenversprechen	Funktional	Funktional-emotional	Funktional-emotional, geistig
Kundenkommunikation	Transaktionsorientiert	Persönliche Beziehungen	Collaborative Zusammenarbeit

(Quelle: Hilker Consulting)

Im Marketing 3.0 eignet sich der Ansatz zum identitätsstiftenden Content Marketing (siehe Abschn. 1.1.2) um der Marke eine Werteorientierung zu verleihen, indem Inhalte die Vision, die Persönlichkeit der Marke, die Kompetenzen, den Nutzen und die Leistungen zu vermitteln. Die Werte werden dabei über das Content Marketing an die Stakeholder vermittelt und sie sind ein Ergebnis von Kommunikation (Mast 2012). Das Content Marketing wird immer komplexer bezüglich der Ziele, der zu kommunizierenden Inhalte, der antizipierten Rezeptionssituation des Konsumenten und der interaktiven Echtzeitkommunikation. Aus praktischer Sicht ist im Content Marketing eine Annäherung an unterschiedlicher Kommunikationsstile notwendig, denn die moderne Marketing-Kommunikation weist folgende Eigenschaften auf (Tropp 2014):

- Interaktivität: Teilnahmemöglichkeit des Rezipienten am Kommunikationsprozess,
- Sozialpräsenz/Soziabilität: persönliche Kontaktmöglichkeit,
- Zeichenvielfältigkeit: multimodale Wahrnehmung,
- Nutzenvielfalt: unterschiedliche Funktionalitäten,
- Autonomie des Rezipienten gegenüber den Kommunikationsangeboten,
- Verspieltheit: Unterhaltungsnutzen in Relation zu Nützlichkeitserwägungen,
- Privatheit und Personalisierungsmöglichkeit von Mediengebrauch und Inhalten.

In diesem Kontext hat sich der Begriff *digitales Marketing* etabliert, der auch häufig im Zusammenhang mit Content Marketing verwendet wird. Es wird oft synonym als *Online Marketing* oder *Internet Marketing* bezeichnet (Holland 2014; Ryan 2014, S. 14 f.). Digitales Marketing will auf der Basis elektronischer Geräte[6] effiziente Beziehungen mit den Nutzern aufbauen, um Tiefe und Relevanz zu erzielen. Digitales Marketing dient Verbrauchern auf der Suche nach Marketing-Inhalten (Pull-Effekt). Dagegen senden im traditionellen Marketing Vermarkter den Kunden Nachrichten (Push-Effekt), ohne dass der Inhalt aktiv von den Empfängern gesucht wird (Ryan 2014, S. 14 f.). Social Media Marketing ist ein Bestandteil im digitalen Marketing. Viele Unternehmen kombinieren klassisches und digitales Marketing. Neue Entwicklungen dabei sind:

- Segmentierung: Mehr Fokus wird im digitalen Marketing auf die Segmentierung gelegt, um zum Beispiel sowohl Business to Business als auch Business to Consumer zu erreichen.
- Influencer Marketing: Beeinflusser zu identifizieren ist ein wichtiges Konzept im digitalen Targeting, um sie über bezahlte Werbung wie Facebook- oder Google-Kampagnen zu erreichen.
- Omnichannel Management: Mit Social CRM (Customer Relationship Management) Software lässt sich die Kundenkommunikation kanalübergreifend in Echtzeit gestalten.

---

[6]Zu den elektronischen Geräten zählen zum Beispiel PCs, Smartphones, Handys, Tablets und Spielkonsolen. Dafür werden im digitalen Marketing technologische Anwendungen und Plattformen wie Websites, E-Mail, Apps und Social Media genutzt.

- **Crossmedia-Kommunikation:** Push-und Pull-Technologien werden kombiniert, zum Beispiel wenn eine E-Mail-Kampagne ein Banner oder einen Link zu einem Download-Inhalt enthält.
- Content Marketing: SEO-orientierte und kundenzentrierte Themen werden von Unternehmen online bereitgestellt, um darüber neue Kunden zu gewinnen.

Ohne strategische Bedeutung ist die Untersuchung der monetären Wirkungsmechanismen irrelevant. Nach der Studie *Turning Buzz into Gold* der Unternehmensberatung McKinsey (2012) messen 70 Prozent der großen und mittleren Unternehmen in Deutschland Social Media eine hohe strategische Bedeutung bei. Die Studie zeigt aber auch, dass deutsche Unternehmen das Social-Media-Potenzial unvollständig ausschöpfen. Zwar nutzen schon viele Unternehmen Social Media Marketing, doch nur wenige zur Kommunikation. Auch die IBM-Studie *Global C-Suite Study* untersucht die Chancen des Marketing für die Zukunft (IBM 2013). Sie belegt den wachsenden Einfluss neuer Technologien auf den Unternehmenserfolg: 94 Prozent der befragten CMOs gehen davon aus, dass die Nutzung von IT-Analysen und mobiler Anwendungen zukünftig einen entscheidenden Einfluss auf das Erreichen der Unternehmensziele haben werde. Laut IBM-Studie setzen erfolgreiche CMOs verstärkt auf die Integration von Big Data, um die Bedürfnisse ihrer Kunden besser zu kennen. Die Studie zeigt drei Anforderungen an Firmen:

1. Aktive Partizipation von Kunden,
2. innovatives Einbinden digitaler und physischer Welten und
3. konsequentes Schaffen positiver Kundenerfahrungen (IBM 2013).

Es zeigt sich, dass sich das digitale Marketing noch in der frühen Entwicklungsphase und in einem steten Anstieg der Nutzungsintensivität befindet. Bei einer Umfrage von Statista wurden die Trends im digitalen Marketing erfragt. 14 Prozent der befragten Unternehmen gaben an, viel mehr in Social Marketing zu investieren (Statista 2014).

Der Stellenwert von Content Marketing im Gesamtkomplex Marketing steigt. Dies zeigt sich anhand steigender Budgets für Content Marketing. Die „CM-Entscheider-Studie 2015: Relevance – Performance – Technology – Efficiency" hat ergeben, dass es in zwei Dritteln der befragten Unternehmen für Content Marketing zusätzliche Budgets gibt und diese in den nächsten fünf Jahren um mehr als 80 Prozent steigen sollen. Die durchschnittlichen Ausgaben für Content Marketing pro Unternehmen würden dann rund eine viertel Million Euro betragen (CM-Entscheider-Studie 2015).

1.2.1 Die Zukunftsperspektiven im Marketing

Welche Konsequenzen haben die Veränderungen der letzten fünf Jahre im Marketing und was bedeutet das für Content Marketing? The Economist Intelligence Unit führte 2015 im Auftrag von Marketo eine Umfrage unter 500 Marketing-Leitern aus der ganzen Welt durch, um deren Meinung zum rapiden Wandel des Marketing zu erhalten und zu herauszufinden, wie sie diesen reißenden Strom an Änderungen meistern (Economist Intelligence 2015). Dabei kristallisierten sich fünf zentrale Entwicklungen heraus, die das Marketing neu definieren:

1. Über 80 % der Vermarkter sagen, dass ihre Organisationen dramatische Veränderungen durchlaufen. Die Marketing-Fachleute wissen, dass ihre Organisationsstrukturen überarbeitet werden müssen, um die sich verändernden Geschäftsanforderungen erfüllen zu können.Sie benötigen einen erhöhten technischen Aufwand, um Kunden zu halten.
2. Kundenbindung, Kundentreue sowie Wahrung von Kundeninteressen werden in den nächsten drei bis fünf Jahren die wichtigsten Aufgaben von Marketing-Fachleuten sein, denn die Mitbewerber im digitalen Umfeld sind nur einen Mausklick entfernt.
3. Die Marketing-Experten werden in den kommenden Jahren größeren Einfluss innerhalb ihres Unternehmens haben, da sie vermehrt als Umsatzträger gesehen werden und die Unternehmensstrategie steuern. Zu den größten Herausforderungen zählt die Veränderung zum digitalen Marketing und die Kundeneinbindung. Die Bedeutung von datengetriebenem Marketing und digitale Technologie ermöglichen diese Veränderungen, doch es mangelt noch an Fürsprache, Kompetenzen und Vertrauen dafür.
4. Die Marketing-Fachleute sind sich sicher, dass sie bei der Nutzung von Daten zwecks Erkenntnis und Kundeneinbindung hervorragende Arbeit leisten werden. Sie erwarten, dass ihnen riesige Datenmengen zur Verfügung stehen werden, um das Kundenerlebnis mittels mobiler Technologie und Internet der Dinge zu verbessern. Investitionen sind erforderlich und eine Budget Verlagerung auf digitales Marketing, Kompetenzentwicklung in den Organisationen und operatives Marketing Management sowie Technologie-Einsatz. (Economist Intelligence 2015),

Die größten Veränderungen werden sich im Bereich des Kundenerlebnisses ergeben. Viele europäische Marketing-Fachleute (47 Prozent) sind davon überzeugt, dass von ihnen erwartet wird, Geschäftsbeziehungen aufzubauen und auf Kundenbindung und Wahrung der Kundeninteressen zu setzen. Sie bewerteten ihre Antwort mit acht oder einem höheren Wert. Ihre Anzahl wird jedoch in den nächsten drei bis fünf Jahren auf deutliche 61 Prozent anwachsen. Diese Entwicklung zeigt sich unter Marketing-Fachleuten in Frankreich, Deutschland und Großbritannien (vgl. Abb. 1.7 und 1.8 Economist Intelligence 2015). Gerade für das Beziehungs-Management spielt Content Marketing eine große Rolle, denn es kann Vertrauen und Loyalität der Kunden fördern.

Die zentralen Herausforderungen, die Marketing-Fachleute zu meistern haben, sind weltweit ähnlich. Etwa 38 Prozent wiesen auf beschränkte Budgets hin, während ein Drittel (33 Prozent) Herausforderungen beim Übergang zum digitalen Marketing und der Kundenbindung erwartet. Jeder vierte Befragte (25 Prozent) gab Schwierigkeiten bei der Messung der Rendite (ROI) seiner Marketing-Initiativen an. Die Prioritäten variieren von Land zu Land. Bei den Deutschen steht besonders der Übergang in den digitalen Bereich

Marketing soll Beziehungen, Loyalität und Vertrauen beim Kunden aufbauen
(% der Befragten)

● Heute   ● In drei bis fünf Jahren

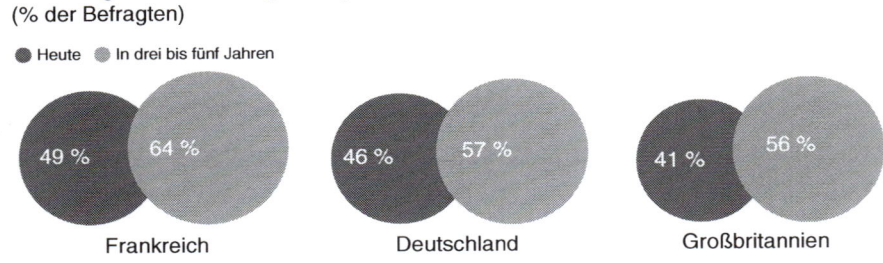

| Frankreich | Deutschland | Großbritannien |

Quelle: Economist Intelligence Unit.

Abb. 1.7 Ziele des Marketings im internationalen Vergleich

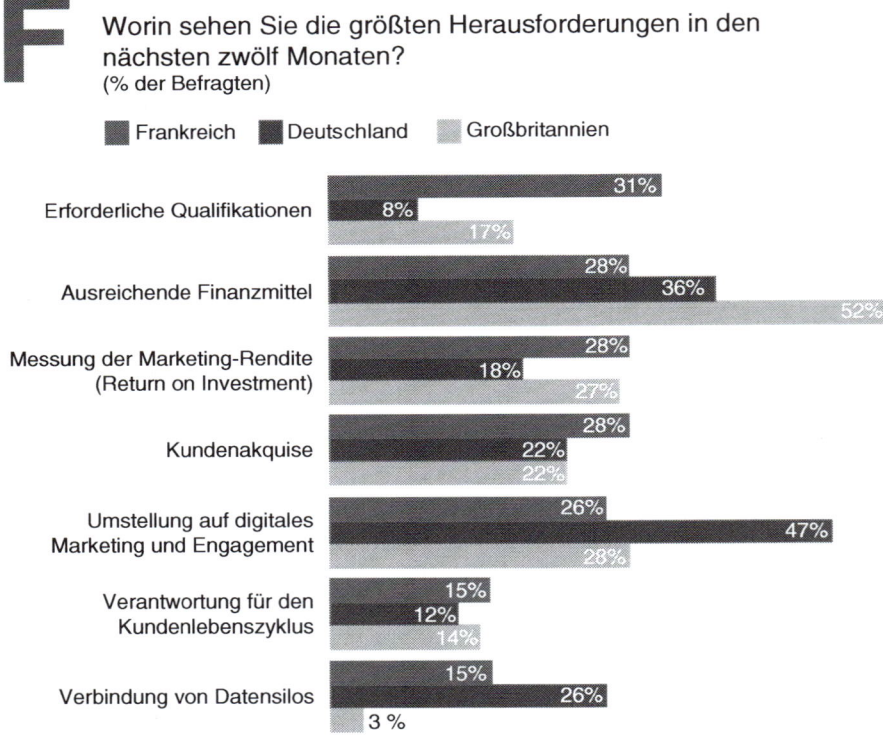

Worin sehen Sie die größten Herausforderungen in den nächsten zwölf Monaten?
(% der Befragten)

■ Frankreich ■ Deutschland ▨ Großbritannien

Quelle: The Economist Intelligence Unit 2015.

Abb. 1.8 Herausforderungen des Marketings im internationalen Vergleich

im Vordergrund (47 Prozent), vgl. Abb. 1.8 (Economist Intelligence 2015). Es lassen sich sieben wichtige Trends zusammenfassen:

1. Marketing verlagert sich von einer Kostenstelle zu einem Umsatzgenerator (Performance).
2. Der Marketing-Leiter wird zum Chief Customer Manager in der Organisation.

3. Marketing bewegt sich von einer Ära vom Massenmarketing und Werbung zur neuen Ära des ==Engagement Marketing==.
4. Dass Marketing investiert in neue ==digitale Fähigkeiten,== Technik und operatives Know-how.
5. Das Marketing verwandelt sich von einer Kunstform zur ==Wissenschaft der Kunden-Bedürfnisse.==
6. Das Marketing muss Technologie nutzen, um das individuelle Kunden Engagement in großem Umfang zum Erfolg zu führen.
7. Schlüsseltechnologien wie Internet-of-Things, Echtzeit-Kommunikation mit personalisierter Ansprache sowie mobile Technologien werden die Zukunft des Marketings prägen.

1.2.2   Gartner: Digital Marketing Hype Cycle

Was werden die wichtigsten transformierenden Technologien im digitalen Marketing in den nächsten Jahren sein? Das Marktforschungsinstitut Gartner hat sie – von Augmented Reality iBeacons bis zum Content Marketing – kartiert, vgl. Abb. 1.9. Der hybride Kunde nutzt heute eine Vielzahl von Geräten wie PC, Smartphone, Tablet, um in den verschiedenen Phasen im Kaufzyklus Informationen zu seiner Entscheidung zu finden. Kunden erwarten, dass Marken relevante und aktuelle Informationen in persönlicher Weise liefern, die ihren individuellen Bedürfnissen entsprechen. Deshalb muss das Marketing mehr Fokus auf Kundenzufriedenheit legen und sich um relevante neuen Trends kümmern wie um Content Marketing, Cross Channel, Automatisierung, Personalisierung und Engagement.

Der Hype Cycle ist eine Möglichkeit, unter Annahme einer Kurve dem Verlauf einer bahnbrechenden Technologie zu folgen. Dabei gibt es im Hype Cycle bei Gartner fünf Schritte.

1. Die erste Phase ist der Innovation Trigger mit Technologien, die sich oft noch im Entwicklungsstadium befinden, z. B. mit ersten Proof-of-Concept-Produkten, die noch keine wirtschaftliche Perspektive haben und einer Prognose von mehr als zehn Jahre bis zur Marktreife.
2. Es folgt der Peak of Inflated Expectations – die Phase des Überhypes und der überzogenen Erwartungen, wobei klaffen Erwartung und Realität weit auseinander klaffen.
3. Danach kommt das Trough of Disillusionment mit Technologien auf dem absteigenden Ast, der geradewegs in das Tal der Enttäuschungen führt. Dabei lässt das Interesse stark nach, da keine marktreifen Produkte entstehen. Viele Hersteller bleiben dabei auf der Strecke. Die verbleibenden verbessern ihre Produkte, um sie für Early Adopters attraktiv zu gestalten.
4. Die nächste Phase ist der Slope of Enlightenment: der Pfad der Erleuchtung. Die Technologie ist in der öffentlichen Wahrnehmung nicht mehr stark präsent, aber die

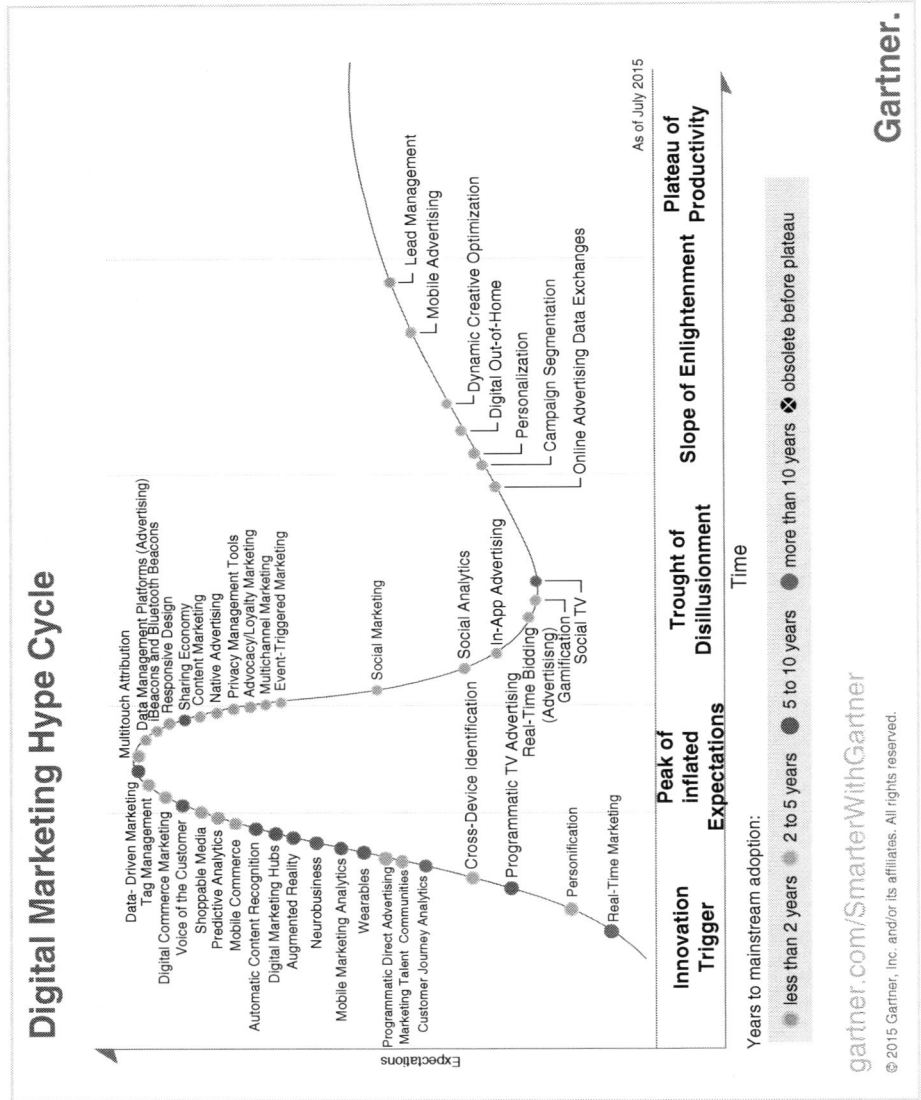

Abb. 1.9   Gartner: Digital Marketing Hype Cycle. (Quelle: Gartner 2015)

Vorteile, die praktische Umsetzung und die Grenzen der Technologie werden von Nutzern verstanden. Mehr Unternehmen haben investiert und es gibt eine zweite oder dritte Generation von Produkten.

5. Das Ganze führt schließlich auf das Plateau of Productivity und wird zum Mainstream. 30 Prozent der Zielgruppe haben dann entsprechende Produkte erworben.

Ein methodisches Problem liegt darin, dass der Gartner Hype Cycles den Verlauf der Hypes selbst beeinflussen. Würden alle CIOs den Hype Cycles folgen, dann würde sich der Hype wie prognostiziert entwickeln.

Ich lese mindestens einmal pro Woche einen Beitrag in Diskussionen, dass Content Marketing nicht wirklich ein großes „Ding" sei. Und das macht durchaus Sinn. Viele Unternehmen haben aktionistisch auf den Hype gesetzt, weil sie dachten, sie wüssten, was Content Marketing ist, aber sie hatten entweder keine Strategie, keinen Plan oder haben es nicht sorgfältig umgesetzt. So suchen sie nach etwas anderem. Die Gründe, warum Vermarkter von Content Marketing desillusioniert werden, sind vielfältig, zum Beispiel:

- Unternehmen konzentrieren sich auf Kampagnen anstelle von laufenden Programmen,
- sie veröffentlichen zu produkt- oder markenorientierte Inhalte statt zielkundenorientierte,
- sie produzieren Inhalte, die in irgendeiner Weise undifferenziert sind,
- Ziele und Kennzahlen wie „Engagement" haben keine Verbindung mit langfristigen Ergebnissen,
- der Mangel an Resonanz enttäuscht und überrascht die Marketers.

Was sollte Marketers also tun? Es ist wichtig, mit einer Strategie zu arbeiten mit Planung und Fokus auf die Bedürfnisse des Publikums, Konsistenz, um Zielkunden zu gewinnen und mit einem ganzheitlichen Ansatz einer Content-Marketing-Strategie zu binden. Diejenigen, die eine Strategie haben und sich an den Plan halten, werden erfolgreich sein.

Gartner hat die relevanten Trends identifiziert, wobei die treibende Kraft der Veränderungen im digitalen Marketing insbesondere Technologien und Kunden-Erwartungen sind. Marketer sollten sich demzufolge auf Cross-Channel-Strategie, auf Kampagnen und Data-Analysen konzentrieren. Marketer müssen gemeinsam mit Kommunikation und Vertrieb relevante Daten in der richtigen Kombination von Kanälen verwenden. Digitale Marketing Hubs stellen eine Technologie dar, um die Kundenerwartungen zu erfüllen. Diese Hubs funktionieren als die zentralen Punkte für Vermarkter, um Daten zu sammeln, Inhalte, Workflow-Elemente und Multichannel-Kampagnen zu strukturieren und die Ergebnisse zu analysieren. Digital-Marketing Hubs (Kapitel 4) werden Auswirkungen auf die Geschäftsergebnisse auf dem Niveau als Enterprise Resource Planning (ERP) haben. Offenheit und Erweiterbarkeit der Architekturkomponenten sind dabei relevant, sodass die Lösung skalierbar an wachsende Marketing-Bedürfnisse angepasst wird. Weitere Technologien in dieser Kategorie, schließen Multichannel Marketing, Loyalty Marketing und Cross-/Omni-Channel-Lösungen mit ein.

Marketing-Automation kann die Effizienz, Geschwindigkeit und Leistung steigern. Marketer suchen auch weiterhin nach automatisierten Lösungen. Sie wollen Ineffizienzen überwinden und Targeting-Funktionen verbessern. Die Technologie hat deutliche Effizienzgewinne und Wirksamkeit geliefert. Alternative Formen der Automatisierung, wie programmatische Inhalte, liefern direkt an Werbekunden einen besseren Zugang zu qualitativ hochwertigen Inhalten und selektive Publikum liefern.

Marketer wollen auch weiterhin 1:1-Beziehungen mit Kunden erzielen. Die neue Marketing Vision legt den Fokus auf das Engagement. Marketer sollen die Kunden im Rahmen ihrer täglichen Aktivitäten im Engagement fördern, weshalb ereignisgesteuerte Marketing-Methoden sich schnell auf das Plateau hoher Produktivität bewegen.

1.2.3   Das geänderte Mediennutzungsverhalten und die Medienvielfalt

Für Unternehmen, die ihre Zielgruppen mit gezieltem Content ansprechen wollen, ist eine umfassende Kommunikationsstrategie erforderlich, um die Aufmerksamkeit potenzieller Kunden zu gewinnen und die Kaufentscheidung nachhaltig zu beeinflussen. Content Marketing braucht eine präzise Auseinandersetzung mit den Möglichkeiten und Grenzen des Einsatzes der interaktiven Online-Kommunikation in Echtzeit. Damit dies gelingt, müssen Content Manager das Mediennutzungsverhalten verstehen und ständig evaluieren. So können sie schneller auf aktuelle Trends reagieren und die Inhalte entsprechend zur Verfügung stellen.

Die Mediennutzung ist im ständigen Wandel. Die ARD/ZDF Langzeitstudie für Massenkommunikation 2015 untersucht das Mediennutzungsverhalten der Deutschen mit Fokus auf die tägliche Nutzungsdauer der Medien. Die durchschnittliche Dauer liegt hier bei rund 9,5 Stunden. Gerade durch die mobile Nutzung von Internet, Social Media und anderen Apps ist die tägliche Mediennutzungsdauer in den letzten Jahren stetig angestiegen (ARD/ZDF-Onlinestudie 2015).

Fernsehen versus Internet   Das Medium Fernsehen ist für die Gesamtzahl der 4.300 Befragten nach wie vor das meistgenutzte Medium. Es wird täglich knapp 100 Minuten mehr genutzt als das Internet. Abb. 1.10 zeigt die tägliche Mediennutzung in Deutschland 2015. Betrachtet man allerdings die Zielgruppe der Digital Natives (14- bis 29-Jährige), so liegt das Internet mit durchschnittlich 187 Minuten pro Tag deutlich vor dem Fernsehen mit 144 Minuten am Tag.

Die Reichweite der Internet-Anwendungen   Bei der Internet-Nutzung haben Suchmaschinen die Nase vorn. Sie sind die meistgenutzten Internet-Anwendungen. Über ein Viertel der Befragten nutzt das Internet aber auch für aktuelle Nachrichten. Dabei sind vor allem kurze Videos sehr beliebt.

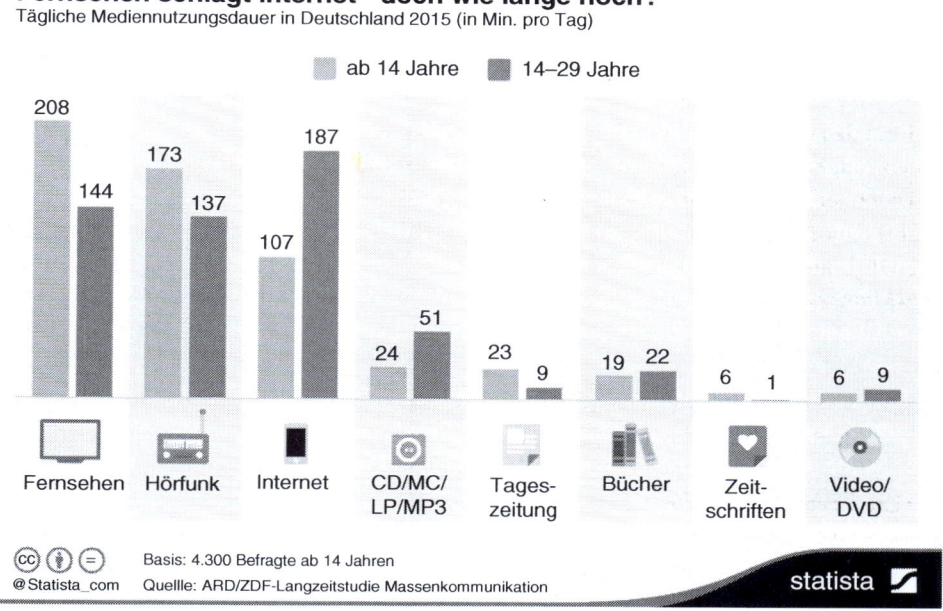

Fernsehen schlägt Internet - doch wie lange noch?
Tägliche Mediennutzungsdauer in Deutschland 2015 (in Min. pro Tag)

ab 14 Jahre   14–29 Jahre

Basis: 4.300 Befragte ab 14 Jahren
@Statista_com   Quellle: ARD/ZDF-Langzeitstudie Massenkommunikation

statista

Abb. 1.10 Tägliche Mediennutzungsdauer in Deutschland 2015. (Quelle: Statista 2015)

Die Studie verdeutlicht das große Interesse an Social Media. Deshalb ist es für Unternehmen weiterhin wichtig, sich auf diesem Markt breit aufzustellen und neue Plattformen mit einzubeziehen. Nur mit gezieltem Social Media Marketing und regelmäßigem Monitoring des Marktes gelingt es, die Zielkunden zu erreichen.

1.3   Content-Marketing-Einführung (Gastbeitrag von Prof. Dr. Bürker)

Michael Bürker

Gastbeitrag von Prof. Dr. Michael Bürker, Gründer und Geschäftsführender Gesellschafter der ComMenDo Agentur für Unternehmens-Kommunikation und Professor für Public Relations an der Hochschule Macromedia.

Content Marketing hat sich vom Trend zu einem ernst zu nehmenden Ansatz in Marketing und Kommunikation entwickelt. Doch was ist neu an diesem Konzept? Warum konnte es zu einem Trend werden? Noch sind die Verständnisweisen sehr unterschiedlich. Vielfach herrscht Unklarheit über Wirkungsmechanismen und mögliche Ziele. Bei Evaluation und Controlling steht die Entwicklung noch ganz am Anfang. Mit diesen Fragen beschäftigt sich der Beitrag. Anhand von Best-Practice-Beispielen wird deutlich, dass das Content Marketing vor allem von der emotionalen und visuellen Aufbereitung von Themen sowie den sozialen Medien mit ihren Mehrwertfunktionen wie Vernetzung, Bewertung und Kommentierung getragen wird. Darüber hinaus zeigt der Beitrag, welche strategischen Potenziale das Konzept jenseits von Absatz-Marketing und Marketing-Kommunikation im Rahmen einer umfassenden Stakeholder-Kommunikation und -Integration für Unternehmen besitzt.

1.3.1 Alter Wein in neuen Schläuchen?

Was ist neu am Content Marketing? Menschen erzählen, was reine Luft für sie bedeutet, wie aus heimischen Hölzern Stradivaris entstehen oder wie sie ihre Käseproduktion mit Käsegutscheinen finanzieren. In Interviews oder Geschichten von Bloggern, mit Fotos oder kurzen Videos entsteht eine eigene Welt – das Land Südtirol. Im Mittelpunkt stehen Orte, Situationen, Erlebnisse und Erinnerungen. Die Landschaft, die Gerüche, das Essen. Und mittendrin: Die Menschen, die das erzählen.

Was sich liest wie das Kaleidoskop, die Miniaturen, Novellen und Kurzgeschichten eines Erzählbandes, ist das Konzept einer Marketing-Kampagne für die Tourismusdestination Südtirol. Für ihre Kampagne „Was uns bewegt" (vgl. Abb. 1.11) erhielt die Südtirol Marketing Gesellschaft beim 2015 erstmals vergebenen Deutschen Content Marketing Preis die Auszeichnung für die beste Leistung in der Kategorie „Content Strategie".

„Der Gewinner in der Kategorie ‚Content Strategy' hat uns vor allem mit der Authentizität und Emotionalität des eingereichten Beitrags beeindruckt. Die beeindruckenden und sehr persönlichen Geschichten werden von spektakulären Naturaufnahmen begleitet, die die Verbundenheit der dargestellten Macher mit den Elementen eindrucksvoll unterstreicht. […] Die Kampagne ‚Was uns bewegt' vermittelt mit starken Bildern und viel Charme das Lebensgefühl Südtirols – und das mit einem vergleichsweise niedrigen Budget." So das Urteil der Jury.

Die zentrale Internet-Plattform suedtirol.info/wasunsbewegt ist keine Destinationswerbung im herkömmlichen Sinn. Parallel zur Urlaubs-Website suedtirol.info bietet sie einen Themenservice für Journalisten und Interessierte mit Informationen, Zitaten, Bildern und Videos. Die Inhalte sind zugleich als E-Book auf issuu.com erhältlich. Neben Hintergrundinformationen mit Basistexten, Zahlen und Fakten und Bilddatenbank verweist der Social Media Newsroom auf Facebook, Twitter, YouTube und Flickr. Für die Beiträge wurde eigens der Südtirol Medienpreis für junge Journalisten, Blogger und Fotografen ausgeschrieben. Damit ist das Südtirol Marketing ein Paradebeispiel für eine junge, ungewöhnliche Form von Marketing und Kommunikation: Content Marketing.

Abb. 1.11   Tourismus-Marketing im Erzählstil. (Quelle: Südtirol 2016)

▶   **Was ist Content Marketing?** Es ist die Verbindung von themengetriebener Kommunikation, Interaktion im Social Web und Tracking auf der Basis moderner Internet-Technologien. Seinen Erfolg verdankt das Content Marketing in erster Linie seinem spezifischen Wirkungsansatz, der es deutlich von herkömmlichen Strategien und Techniken der Marketingkommunikation und Werbung unterscheidet: Ziel des Content Marketing ist es, mit relevanten Informationen – ob informierend, beratend oder unterhaltend – das Interesse von Website-Besuchern zu wecken und Interaktionen zu starten, um sie auf längere Sicht auch von Produkten und Leistungen zu überzeugen.

In der Regel werden dafür Themen und Informationen auf den eigenen Plattformen („Owned Content & Media") angeboten. Um auf die Inhalte aufmerksam zu machen und die Reichweite zu erhöhen, werden sie anderen Content-Anbietern zur Verfügung gestellt.

Dazu zählen zum Beispiel Medienveröffentlichungen auf Basis eigener Pressemitteilungen, Autorenbeiträge in Fachzeitschriften, Gastbeiträge auf anderen Blogs („Earned Content & Media"). Zusätzlich werden Advertorials, Suchmaschinen-Marketing (zum Beispiel Adwords), gesponserte Posts und Native Advertising eingesetzt, um mit bezahlten Medien („Paid Content & Media") auf Inhalte aufmerksam zu machen.

Für die virale Verbreitung im Internet sorgen Bewertungen (Likes) und Empfehlungen (Shares) in den sozialen Netzwerken („Shared Content & Media"). Eigene Beiträge von Nutzern bzw. Zielgruppen sorgen für zusätzliche Aufmerksamkeit und Austausch („Social Content & Media"). Damit ist Content Marketing nicht nur Marketing *mit* Content, sondern auch Marketing *für* Content.

Earned, Social und Shared Content genießen höhere Akzeptanz und Glaubwürdigkeit bei den Nutzern. Umgekehrt lassen sich bei Owned und Paid Media die technische Reichweite bzw. das Kontaktpotenzial sehr genau planen und kontrollieren (Lange 2014).

1.3.2 Gründe zum Einsatz von Content Marketing

Eine kurze Geschichte zum Content Marketing: Mit Content Marketing reagieren Unternehmen auf ein deutlich verändertes Mediennutzungsverhalten ihrer Ziel- und Anspruchsgruppen. Die Mediennutzung der Bürger ist auf über neun Stunden täglich angestiegen. Sie ist digitaler und mobiler geworden. Die Zahl der Kanäle hat zugenommen. Knapp 80 Prozent der deutschen Bevölkerung nutzen das Internet, etwas mehr als die Hälfte davon das Social Web (ARD/ZDF-Onlinestudie 2015). Zeitung, Radio und Fernsehen sind im Internet zusammengewachsen. Die Zahl der mobilen Internet-Nutzer hat sich seit 2012 von 23 auf 55 Prozent mehr als verdoppelt (Koch und Frees 2015).

In Social Media sind passive Mediennutzer zu aktiven Kommunikatoren geworden. Rund ein Drittel der Social-Media-Nutzer tauscht sich in Foren und sozialen Netzwerken über Marken und Produkte aus. Mehr als jeder Vierte sucht dort entsprechende Angebote. Und fast jeder Fünfte folgt Unternehmen und Marken im Social Web (Bitkom 2013). Immerhin 30 Prozent schreiben Beiträge und Kommentare auf Unternehmens- und Markenseiten (Busemann 2013).

▶   Kunden haben sich gegen klassisches Marketing weitgehend immunisiert. Schätzungen gehen davon aus, dass rund jeder vierte Internet-Nutzer AdBlocker einsetzt, um Werbeeinblendungen zu umgehen. Dadurch hat Werbung an Effizienz verloren und ist im Ergebnis zu teuer geworden. Inhalte, die nicht interessant oder wenig anregend aufgebaut sind, können besser denn je umgangen werden. So ist nur rund ein Drittel der Bundesbürger mit den Sachinformationen von Unternehmen zufrieden (ComMenDo 2015). Die Mediennutzer sind interaktiver, schneller, flexibler, wählerischer, anspruchsvoller, bequemer, reizüberfluteter, ungeduldiger und mobiler als jede Konsumentengeneration vor ihnen. Entsprechend intensiv ist der Wettbewerb um ihre Aufmerksamkeit. Zu einem dazu passenden geflügelten Wort ist die „Ökonomie der Aufmerksamkeit" jenseits von Geld und Information geworden (Franck 1999). Zugleich hat die Glaubwürdigkeit der klassischen Werbung spürbar abgenommen. Auch im Internet weichen ihr immer mehr Verbraucher aus und greifen auf Bewertungen und Kommentare von Freunden und anderen Konsumenten zurück. Jeder zehnte Internet-Nutzer bewertet öfter Produkte und Dienstleistungen. Mehr als doppelt so viele (21 Prozent) orientieren sich daran beim Kauf neuer Produkte (de Sombre 2015).

In der Folge suchen Marketing- und Werbeverantwortliche nach Strategien, um Aufmerksamkeit und Relevanz bei ihren Zielgruppen durch eigene Medienprodukte und direkte Kommunikation aufzubauen. Eine dieser Strategien ist das Content Marketing: Potenzielle Kunden sollen durch exklusive Themen und relevante Inhalte für Unternehmen, Produkte bzw. Dienstleistungen gewonnen und gebunden werden. Damit nähert sich die Marketing-Kommunikation methodisch der PR an, deren journalistisch geprägter Ansatz auf Themen basiert.

Das Content Marketing programmatisch geprägt hat die Marke Coca-Cola mit ihrer Initiative „Content 2020" (www.youtube.com/watch?v=G1P3r2EsAos. –zuletzt zugegriffen 30.06.2016). Eine Konsequenz war, die Unternehmensseite im Internet durch das Online-Magazin „Journey" zu ersetzen (www.coca-cola-deutschland.de). Kennzeichen des neuen Kommunikationsstils ist eine starke Anlehnung der Markenkommunikation an journalistische Formate und Stilmittel wie Storytelling, Ratgeberartikel, Erfahrungsberichte, Interviews, Features und Reportagen.

Vorreiter im deutschsprachigen Raum und häufig erwähnte Beispiele für erfolgreiches Content Marketing sind Red Bull (Stratos-Kampagne), Schwarzkopf (Online-Magazin zu Frisurentrends, Stylingtipps, Haarpflege) oder Hornbach („Meisterschmiede" mit Video-Tutorials).

1.3.3 Status quo von Content Marketing in Unternehmen

Wo stehen Unternehmen beim Thema Content Marketing? Viele Unternehmen haben mittlerweile verstanden, dass Content Marketing nicht nur ein Silo, sondern ein Paradigmenwechsel in der Kommunikation ist. Dieser betrifft nicht nur das Marketing, sondern auch andere Unternehmensbereiche wie PR- und Social-Media-Abteilungen. Die meisten Unternehmen testen heute eher kleine Leuchttürme, beginnen aber nicht mit einer wirklichen Content-Marketing-Strategie. Deshalb legen wir unseren Kunden nahe, dass Thema von Beginn an ganzheitlich zu denken und strategisch zu planen. Mit welchen KPIs messen Unternehmen den Erfolg ihrer Content-Marketing-Strategien? Die Auswahl der KPIs reicht vom Branding bis hin zu Verkaufszahlen wie Leads. Viele Kunden nutzen Branding-KPIs, weil viele Marken hier Bedarf haben, aber generell hängen die KPIs von den individuellen Zielen der Kunden ab. Lesen Sie mehr dazu im Whitepaper Content Marketing.[7]

In den Ursprungsländern des Content Marketing, den USA und Kanada, betreiben nach eigenen Aussagen mittlerweile 88 Prozent der B2B-Unternehmen und 76 Prozent der B2C-Unternehmen Content Marketing. Rund jeder Dritte schätzt den Reifegrad als voll- oder hoch entwickelt ein und verfügt über eine dokumentierte Content-Marketing-Strategie (37 Prozent/32 Prozent). Im Schnitt werden dafür 28 bzw. 32 Prozent des gesamten Marketing-Budgets investiert. Deutlich mehr Unternehmen (51 Prozent/50 Prozent) planen, ihr Budget für Content Marketing in den nächsten zwölf Monaten zu erhöhen (Content Marketing Institute 2016a, b).

▶ Ganz so weit ist die Entwicklung in Deutschland noch nicht. Hier setzen knapp über die Hälfte der befragten Unternehmen (51 Prozent) und PR-Agenturen (60 Prozent) auf Content Marketing (PR-Trendmonitor 2015). Im Honorar- und Trendbarometer der Deutschen Public Relations Gesellschaft (DPRG) landen Content Marketing und Storytelling auf Rang 1 der PR-Trends – mit über 70 Prozent Zustimmung der Kommunikations-Manager sowie über 80 Prozent der Berater in Agenturen (DPRG 2015). Damit liegen sie deutlich vor Integrierter Kommunikation, Social Networking und Mobilkommunikation.

Mit Content Marketing werden sowohl Marketing- und Vertriebsziele als auch Kommunikationsziele verfolgt (vgl. Abb. 1.12). In deutschen Kommunikationsabteilungen und PR-Agenturen halten sich Marketing- und Kommunikationsziele im Content Marketing ebenfalls die Waage (PR-Trendmonitor 2015):

- Marketing-Ziele: Leads aufbauen (25 Prozent/28 Prozent), neue Zielgruppen ansprechen (36 Prozent/35 Prozent), Kunden binden (41 Prozent/31 Prozent) und Umsatz steigern (20 Prozent/29 Prozent).
- Kommunikationsziele: Relevanz erzeugen (44 Prozent/44 Prozent), Image verbessern (41 Prozent/30 Prozent) und Themenführerschaft aufbauen (33 Prozent/46 Prozent).

Um diese Ziele zu erreichen, setzen Unternehmen in Nordamerika fast ausschließlich Online- und Social-Media-Instrumente ein (vgl. Abb. 1.13). Bei B2B-Unternehmen spielen zusätzlich forschungsnahe Formate wie Case Studies (77 Prozent), Whitepapers (68 Prozent), Online-Präsentationen (65 Prozent), Infografiken (62 Prozent) und Forschungsberichte (61 Prozent) eine große Rolle (Content Marketing Institute 2016b).

---

[7] www.hilker-consulting.de/contentmarketing/.

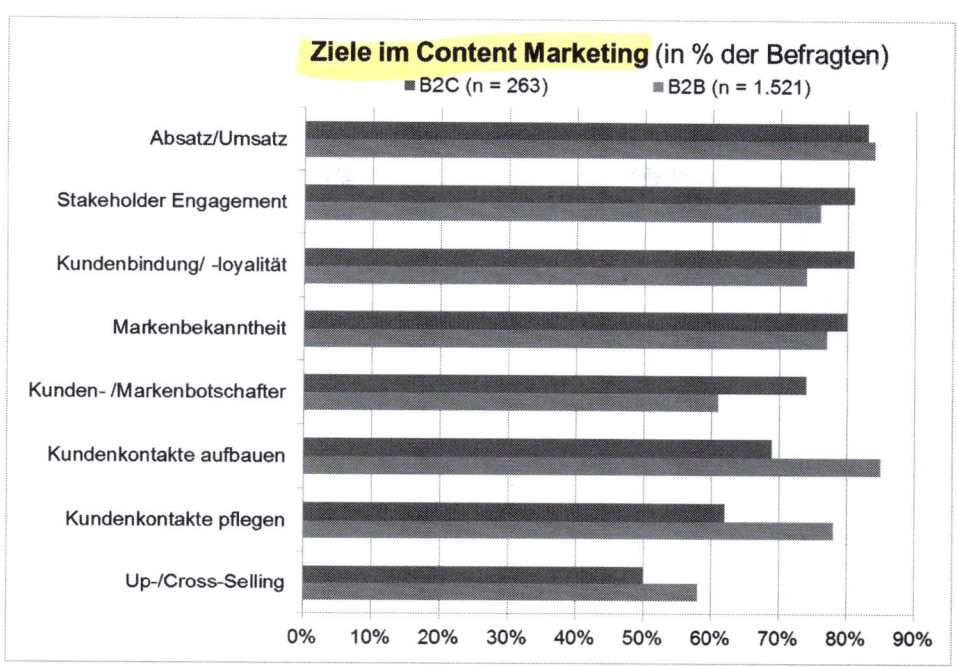

Abb. 1.12 Ziele von Content Marketing von B2C- und B2B-Unternehmen in Nordamerika. (Quelle: eigene Darstellung auf Grundlage von Content Marketing Institute 2016a, b)

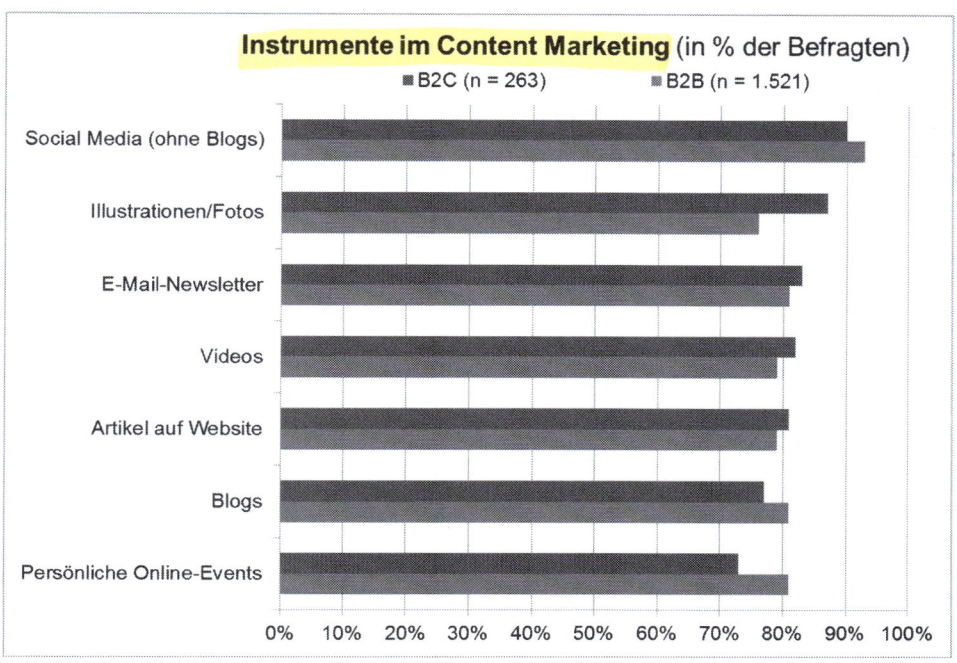

Abb. 1.13 Instrumente im Content Marketing. (Quelle: eigene Darstellung auf Grundlage von Content Marketing Institute 2016a, b)

1.3.4 Involvement mit Pull und Inbound

Wie funktioniert Content Marketing? Während beim klassischen Outbound Marketing die Aufmerksamkeit der Konsumenten direkt auf das Produkt gelenkt wird (Push-Strategie), liegt der Fokus beim Content oder Inbound Marketing auf den Kunden, die von Themen angezogen werden sollen (Pull-Strategie). Damit erhalten die Story und der Themenmix jene strategische Bedeutung, die bei absenderorientierten Kommunikationsstrategien der Positionierung und den Key Messages vorbehalten war.

Daraus resultiert das Wirkungsparadox des Content Marketing: Je weniger die Inhalte von Marketing- und Kommunikationsmaßnahmen direkt und konkret zum Kauf auffordern, umso wahrscheinlicher haben sie eine positive Wirkung bei den Ziel- und Anspruchsgruppen.

Dabei nutzt das Content Marketing die beiden zentralen Strategien der Informationsverarbeitung des Menschen. Bei hohem Interesse und Involvement führt die „zentrale Route" durch gründliche kognitive Auseinandersetzung und Überzeugungskraft der Argumente zu Einstellungsänderungen. Bei geringem Involvement geschieht dies über die „periphere Route" der eher oberflächlichen, emotional geprägten Informationsverarbeitung (Kroeber-Riel und Gröppel-Klein 2013; Felser 2011, vgl. Tab. 1.5).

So lassen sich gewerbliche Kunden (B2B) vor allem von differenzierten Informationen und rationalen Argumenten zu Vorteilen und Nutzen von Produkten oder Dienstleistungen überzeugen. Endverbraucher (B2C) können dagegen eher mit emotionalen oder unterhaltenden Inhalten gewonnen werden.

Um die Attraktivität der Inhalte zu steigern, setzt das Content Marketing vor allem auf die narrativen Erzähltechniken des Storytelling. Dabei stehen zum Beispiel Kunden oder Mitarbeiter eines Unternehmens im Mittelpunkt, die eine – häufig persönlich geprägte – Geschichte aus ihrem Leben schildern. Inhalt bzw. Plot der Geschichte müssen dabei nicht zwingend einen inhaltlichen Bezug zum Unternehmen aufweisen.

Weil dabei vor allem journalistische Arbeitsweisen und -techniken eingesetzt werden, wird es auch als „Brand Journalism" bezeichnet. Durch multimediale Techniken können Texte mit Fotos, Animationen, Slideshows, O-Tönen und Videos verknüpft werden. Aufgrund der Verbindung von Scrollen und Storytelling werden diese Formate auch als „Scrollytelling" bezeichnet (Godulla und Wolf 2015).

Tab. 1.5 Informationsverarbeitung und Kaufentscheidungen nach dem Ausmaß des emotionalen und kognitiven Involvement (eigene Darstellung auf Grundlage von Kroeber-Riel und Gröppel-Klein 2013; Felser 2011)

Emotional ↓/Kognitiv →	Niedrig	Hoch
Niedrig	Habitualisiert (z. B. Mich, Brot)	Rational (z. B. Versicherung)
Hoch	Impulsiv (z. B. Mode, Süßigkeiten)	Extensiv (z. B. Auto, Küche)

Vor allem informelle Kommunikationskontakte und -beziehungen in sozialen Netzwerken sorgen für virale Anschlusskommunikation und beschleunigen die Verbreitung
im Internet (Tropp 2014). Mund-zu-Mund-Propaganda (Word of Mouth) wird genutzt,
um Themen ins Gespräch zu bringen. Erst Interaktion und Vernetzung durch Bewertungen (Likes) und Empfehlungen (Shares) schaffen die notwendige Öffentlichkeit und
Reichweite.

Dabei kommt den Meinungsführern (Influencer) im persönlichen Umfeld eine zentrale
Rolle zu. Knapp über 40 Prozent der Bürger beziehen Informationen und Wissen über
Unternehmen, Produkte und Dienstleistungen aus der Familie, von Freunden, Bekannten
und Arbeitskollegen (ComMenDo 2015). Knapp ein Viertel der Bevölkerung wird von
seinem Umfeld als Ratgeber in Konsum- und gesellschaftlichem Umfeld wahrgenommen
(de Sombre 2015).

Diese Meinungsführer zeichnen sich dadurch aus, dass sie gut informiert sind, einen
hohen Medienkonsum haben, täglich das Internet nutzen, auf gründliche Information
Wert legen, einen großen Freundeskreis haben, leicht neue Leute kennenlernen, gerne
Neues ausprobieren, Spaß daran haben, andere zu überzeugen, und sich gut durchsetzen können (de Sombre 2015). Sie sind immer involviert, für sie spielen sich alle
Themen auf der zentralen Route ab. Sie sind die Innovatoren im gesellschaftlichen Informationsfluss und Meinungsbildungsprozess. Genau deswegen greifen andere auf
ihren Rat zurück.

Von Involvement und Informationsverarbeitung hängt schließlich ab, mit welchen Themen, Instrumenten und Maßnahmen sich Zielgruppen erreichen und gewinnen lassen. Dabei
werden die Inhalte auf die Nutzungsgewohnheiten der Zielgruppen und die spezifischen
Funktionen der Medien zugeschnitten. Die Forschung unterscheidet dafür zwischen Wissens-/
Orientierungswert, Gebrauchs-/Nutzwert sowie Unterhaltungs-/Gesprächswert (Ruhrmann
und Göbbel 2007).

Bei B2B-Zielgruppen steht der Wissens- und Nutzwert stärker im Vordergrund. Bei
B2C-Zielgruppen spielt dagegen der Unterhaltungs- und Gesprächswert eine größere
Rolle. Das bestätigen auch die Erfahrungen von Content Marketing Managern in nord-
amerikanischen Unternehmen. So schreiben B2B-Unternehmen vor allem forschungsna-
hen Kommunikationsinstrumenten wie Case Studies (65 Prozent), Whitepapers (63
Prozent) und Research Reports (61 Prozent) eine hohe Effektivität zu (Content Marketing
Institute 2016a). B2C-Unternehmen stufen dagegen eher interaktions- und bildaffine
Maßnahmen wie In-Person-Events (67 Prozent), Illustrationen/Fotos (66 Prozent), Social
Media (66 Prozent), Infografiken (63 Prozent), Videos und mobile Apps (je 59 Prozent)
als besonders wirksam ein (Content Marketing Institute 2016b). Ähnlich bei der wahrge-
nommenen Effektivität der Social-Media-Plattformen: Während bei B2B-Unternehmen
LinkedIn (66 Prozent) und Twitter (55 Prozent) vorn liegen, dominieren bei B2C-
Unternehmen Facebook (66 Prozent) und YouTube (53 Prozent) (Content Marketing Institute 2016a, b).

1.3.5 Best Practice: Wissenswert – Nutzwert – Unterhaltungswert

Ein überzeugendes Beispiel für Content Marketing mit Wissens- und Orientierungswert sind die Videodokumentationen „Siemens Stories" (vgl. Abb. 1.14). Darin zeigt das Unternehmen mit großformatigen Fotos, grafischen Animationen, O-Tönen und Menschen im Mittelpunkt, wie es seine Kunden mit Produkten und Lösungen dabei unterstützt, außergewöhnliche Leistungen zu erbringen.

Den Gebrauchs- und Nutzwert stellt dagegen Hornbachs „Meisterschmiede" in den Vordergrund (Abb. 1.15). In zahlreichen Ratgebervideos werden Anleitungen für Do-it-Yourself-Heimwerker gegeben. Sie können zusätzlich als Newsletter abonniert werden. Ergänzt werden sie durch das Kundenmagazin „Macher". Im November 2015 startete die Baumarktkette mit einer Auflage von 100.000 Exemplaren. Im Mittelpunkt stehen Geschichten über die Projekte von „Machern".

Weitere Ratgeberbeispiele sind die Themenwelten von Dr. Oetker (www.oetker.de/alle-themenwelten-im-ueberblick.html. Zugegriffen am 30.06.2016) und der Flecken-Detektiv

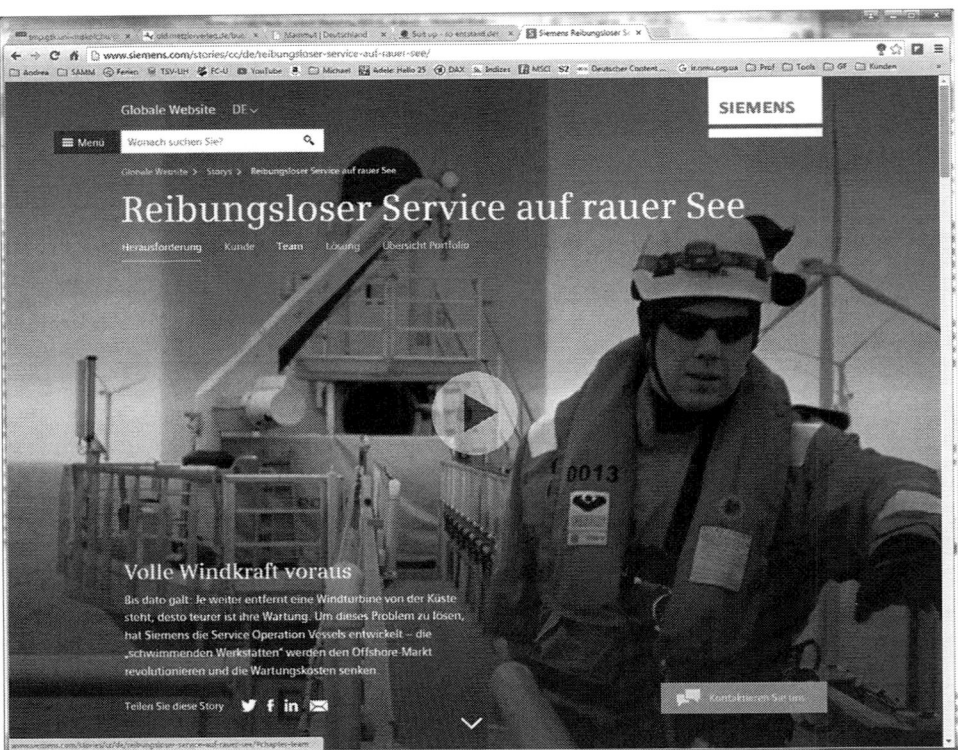

Abb. 1.14 Content Marketing mit Wissens- und Orientierungswert – Beispiel Siemens „Stories". (Quelle: www.siemens.com/stories/cc/de. Zugegriffen am 30.06.2016)

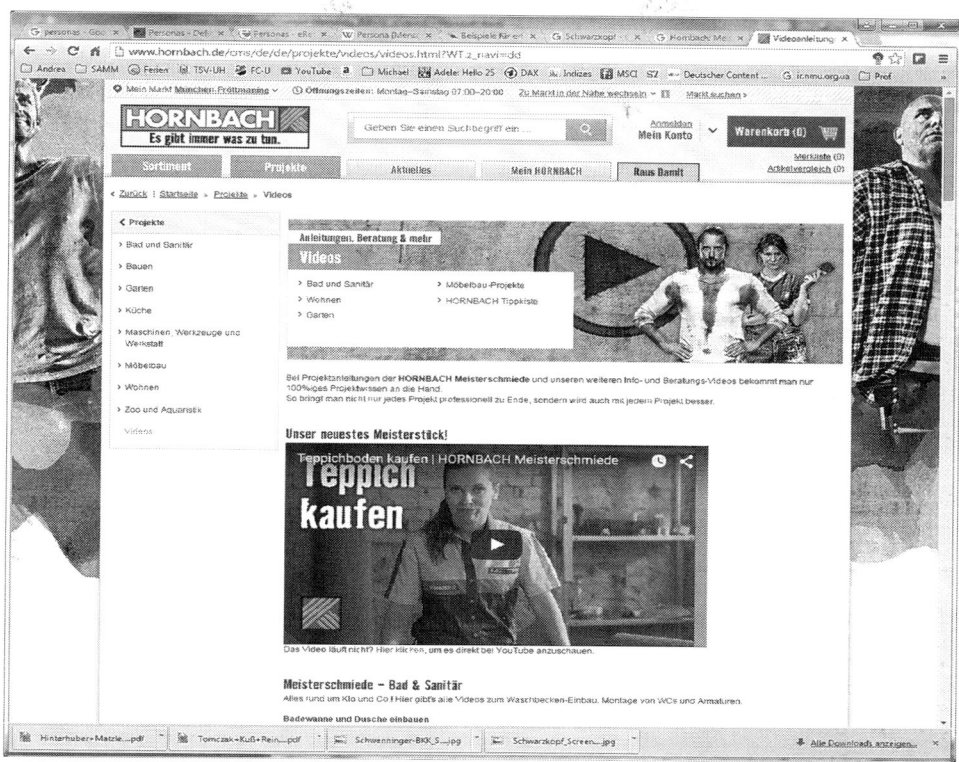

Abb. 1.15 Content Marketing mit Gebrauchs- und Nutzwert – Beispiel Hornbachs Meisterschmiede. (Quelle: www.hornbach.de/cms/de/de/projekte/videos/videos.html. Zugegriffen am 30.06.2016)

von Dr. Beckmann (www.dr-beckmann.de/ratgeber/fleckendetektiv. Zugegriffen am 30.06.2016).

Ganz auf Unterhaltungs- und Gesprächswert setzt dagegen die Mammut Sports Group mit ihrem „Adventure #Project360" (vgl. Abb. 1.16). Auf der Kampagnenseite project360. mammut.ch präsentiert der Schweizer Hersteller von Bergsport-, Outdoor- und Schnee-sportausrüstung grandiose, interaktive Klettertouren mit spektakulären 360-Grad-Ansichten unter anderem von der Eiger Nordwand, vom Matterhorn, Mont Blanc und El Capitan. Im Online-Magazin seiner Community zeigt Mammut in einem Video den spek-takulären Test einer neuen Produktreihe in der Eiger Nordwand (http://community.mam-mut.ch/t5/Mammut-Magazin/Suit-up-so-entstand-der-neue-Nordwand-Pro-HS-Suit/ ba-p/930. Zugegriffen am 30.06.2016).

Das 150-jährige Jubiläum der Erstbesteigung des Matterhorns feierte Mammut mit „Matterhorn calling" (http://matterhorncalling.mammut.ch/de/ch/social-hub/. -zuletzt Zu-gegriffen am 30.06.2016). Zusammen mit Zermatter Bergführern zeichnete der Schweizer

Abb. 1.16 Content-Marketing-Kampagne „Projekt360" von Mammut. (Quelle: http://project360. mammut.ch/de/#home)

Bergsportausrüster mit einer spektakulären Lichterkette die Route der Erstbesteiger um Edward Whymper über den berühmten Hörnligrat nach. Allein das „Making of" der Kampagne erzielte auf YouTube über 400.000 Videoaufrufe.

Die Praxisbeispiele zeigen, welche besondere Bedeutung Bilder, insbesondere Bewegtbilder für das Content Marketing besitzen. Sie sind nicht nur leichter konsumierbar als reine Texte, sie tragen auch erheblich zur emotionalen Aufladung der Themen bei. Aufgrund ihrer Kürze eignen sie sich auch besonders zur viralen Verbreitung.

1.3.6   Wertschöpfungspotenziale und Stakeholder-Perspektiven

Die zitierten Studien sowie die beschriebenen Best-Practice-Beispiele zeigen, dass sich das Content Marketing bislang auf das Absatzmarketing konzentriert. Dabei wird es meist auf die Kommunikation mit aktuellen und potenziellen Kunden reduziert. Die anderen Handlungsfelder im Marketing-Mix bleiben unberücksichtigt.

Obwohl das Gewinnen neuer Kunden sowie das Binden bestehender Kunden zu den vorrangigen Zielen zählen, werden Produkt-, Konditionen- und Vertriebspolitik häufig nicht in das Content Marketing eingebunden. Doch nur wenn es an die gesamte Wertschöpfungskette im Unternehmen angegliedert wird, kann es seine strategischen Potenziale für Unternehmen entfalten.

▶   **Potenziale des Content Marketing**   Content Marketing bietet die Möglichkeit, Wertschöpfungsprozesse und Kommunikation systematisch miteinander zu verzahnen: Es kann Themen aus Forschung und Entwicklung aufgreifen, Geschichten über das Entstehen von Innovationen erzählen, zur Co-Creation anregen und Ideen aus dem eigenen Stakeholder-Umfeld einbinden. Im Vertrieb kann es das Feedback von Mediennutzern für die Weiterentwicklung von Kundenservice, Produkten und Dienstleistungen nutzen.

Im Rahmen des Employer Branding lässt sich Content Marketing für die Positionierung als Arbeitgebermarke im Personalmarkt einsetzen. So lassen sich Geschichten über Berufseinstiege und ungewöhnliche Karrieren von eigenen Auszubildenden, Mitarbeitern und Führungskräften einsetzen, um über klassische Wege der Mitarbeiterrekrutierung hinaus potenzielle Bewerber anzusprechen.

Entsprechend verbinden 86 Prozent der Unternehmen mit einer stärkeren Ausrichtung der Mitarbeiterkommunikation auf Content Marketing sehr große bzw. große Chancen. Es wird als besonders geeignet eingeschätzt zur Stärkung von Identifikation und Zugehörigkeitsgefühl (77 Prozent), Positionierung als attraktiver Arbeitgeber (71 Prozent), Vermittlung von Wissen über Markt und Wettbewerb (65 Prozent) und das eigene Unternehmen (63 Prozent), Verbesserung der Zusammenarbeit (63 Prozent) und Unterstützung von Change-Prozessen (59 Prozent). Für sie geht damit auch eine stärkere Verknüpfung von interner und externer Kommunikation einher (80 Prozent). Auch Social-Elemente wie Bewertungen, Kommentare und Empfehlungen (69 Prozent) und User Generated Content (61 Prozent) gewinnen an Bedeutung (FCP-Barometer Frühjahr 2015).

Damit wird Content Marketing zu einem strategischen Ansatz der marktorientierten Unternehmensführung im Konzept eines umfassenden, gesellschaftsbezogenen Marketing. Die Kommunikationsfunktion wird dabei systematisch mit allen Strukturen und Prozessen der Wertschöpfung im Unternehmen verknüpft. Nach außen kommt ihr zugleich eine „Boundary Spanner"-Funktion zu: Sie dient sowohl der Kommunikation von innen nach außen (Outbound) als auch dem Zuhören und der Kommunikation von außen nach innen („Listening"; Inbound).

Dafür müssen Unternehmen ihr bisheriges Marketing-Verständnis überwinden und die Alleinherrschaft über Produktentwicklung, Vertrieb und Kundenservice aufgeben zugunsten einer stärkeren Beteiligung ihrer Stakeholder-Gruppen an diesen Prozessen. Das wird bedeuten, der Nutzenstiftung für die Anspruchsgruppen denselben Rang einzuräumen wie der unternehmerischen Wertschöpfung. Das heißt, das Erreichen monetärer Unternehmensziele kommt nicht vor, sondern nach dem Aufbau des Stakeholder Value. Dauerhaft werden Unternehmen nur Gewinne erzielen, wenn es ihnen gelingt, ihre Kunden, Mitarbeiter und Anteilseigner im selben Maße und Umfang zufriedenzustellen.

▶   Unternehmen, die nicht „erklären" und „erzählen" können, welchen Wertbeitrag sie für die Gesellschaft als Ganzes erbringen, laufen Gefahr, ihre Existenzberechtigung („Licence to Operate") zu verlieren. In vielen Unternehmen erfordert dies einen grundlegenden Kulturwandel, der auch herkömmliche Prinzipien der Führung und Organisation infrage stellt.

Beispiele für ein so verstandenes, umfassendes gesellschaftsbezogenes Content Marketing sind die Kampagne „Große Hilfe für kleine Füße" der Schuhhandelsmarke Reno oder die „Initiative für wahre Schönheit" der Körperpflegemarke „Dove". Beiden Kampagnen gemeinsam ist, dass sie auf jegliche Produkthinweise verzichten und stattdessen gesellschaftliche Missstände bzw. ungelöste Probleme aufgreifen und in Rahmen crossmedialer und integrierter Kommunikation thematisieren.

Der Internationale Controller Verein (ICV) und die Deutsche Public Relations Gesellschaft (DPRG) haben dafür ein Modell entwickelt, das die Kommunikation auf mehreren, aufeinander aufbauenden Wirkungsstufen modelliert (Huhn und Sass 2011). Damit lässt sich auch der angestrebte Wirkungsprozess im Content Marketing systematisch beschreiben.

Dabei werden angestrebte Wirkungen und Ziele auf drei Ebenen unterschieden: Reichweite und Nutzung von Medien, Kommunikationskanälen und -plattformen („Output"), Effekte bei Ziel- und Anspruchsgruppen („Outcome") und Unternehmensziele („Outflow"). Auf jeder Ebene werden unterschiedliche Mess- und Steuerungsgrößen (Metriken) eingesetzt. In diesem Modell (noch) nicht enthalten ist der Stakeholder Value. Dabei handelt es sich um die für die unterschiedlichen Anspruchsgruppen aufgebauten und verwirklichten Werte (Tab. 1.6).

Auf den einzelnen Wirkungsstufen und auf Basis der dort festgehaltenen Ziele werden später die Messungen und Bewertungen für die Evaluation und Steuerung des Content Marketing durchgeführt.

1.3.7 Controlling – Herausforderung im Zeichen von Big Data

Die Wirkungsmessung zählt in nordamerikanischen Unternehmen neben der Themenfindung zu den größten Herausforderungen im Content Marketing (vgl. Abb. 1.17). Kommunikationsmanager in deutschen Unternehmen und Agenturen sehen die aktuell größten Defizite bei mangelnden inhaltlichen Strategien (40 Prozent/46 Prozent), fehlenden Konzepten (38 Prozent/46 Prozent), fehlender Kontinuität (33 Prozent/37 Prozent), zu geringer User-Orientierung (28 Prozent/32 Prozent) und falschen Inhalten (21 Prozent/22 Prozent) (PR-Trendmonitor 2015).

Diese Schwächen ließen sich durch systematische und regelmäßige Messungen und entsprechende Steuerungsmaßnahmen beheben. Doch obwohl die Voraussetzungen für die Evaluation von Kommunikation in Internet und Social Web besonders „besonders gut" sind, und „die Bedeutung der Erfolgskontrolle strategischer Online-Kommunikation durchweg erkannt" wird, so werden sie „außer im Bereich der Website-Auswertungen in der Praxis kaum umgesetzt" (Zerfaß und Pleil 2012).

Häufig gemessen werden Metriken auf der Medienebene (Output): Pageviews und Visits (91 Prozent), Verweildauer (67 Prozent), SEO-Ranking (49 Prozent), Downloads und Abonnements (30 Prozent) von Internet-Seiten sowie Fans und Follower im Social Web (Breßler 2015). Auf der Ebene der Marketing-Ziele (Outflow) werden vor allem neue

Tab. 1.6 Weiterentwicklung des Wirkungsstufen-Modells von DPRG und ICV mit Stakeholder Value und exemplarischer Ziel- und Medienmatrix für das Content Marketing

Kanal	Website	Corporate Publishing	Presse	Social Media
Interner Output	Updates	Ausgaben	Pressemitteilungen	Posts/Tweets
Externer Output	Page Impressions Visits, Unique User Downloads Pagerank	Abonnenten	Veröffentlichungen Reichweite Themenagenda Meinungstenor	Fans, Follower Likes, Shares Anteil positiver Kommentare
Direkter Outcome	Aufbau medialer Kontakte und Beziehungen			
	Aufmerksamkeit und Wahrnehmung der Themen			
	Erinnerung an Kommunikationskontakte, Markenbekanntheit			
	Verbreitung von Marken-Themen, Verstehen der Botschaften, Kompetenzzuschreibung			
Indirekter Outcome	Aufbau und Zuschreibung von Themen- bzw. Kompetenzführerschaft			
	Veränderungen Meinungen/Einstellungen zu Themen			
	Veränderungen bei Image-, Reputations- und Markenwerten			
	Aktivieren der Zielgruppen (Engagement), Empfehlungsbereitschaft			
	Kauf-bereitschaft	Bewerbungs-bereitschaft	Investitions-bereistschaft	Unterstützungs-bereitschaft
Unternehmen	**Vertrieb**	**Personal**	**Finanzen**	**Politik & Gesellschaft**
Outflow (Corporate Value/ROI)	Zusätzlicher Absatz und Umsatz, Kundenloyalität	Zusätzliche Bewerbungen, wettbewerbsfähige Mitarbeiter	Zusätzliche Beteiligungen, Investoren-Loyalität	Zusätzliche Akzeptanz („licence to operate")
Stakeholder	**Kunden**	**Mitarbeiter**	**Investoren**	**Bürger**
Stakeholder Value	Qualitative Produkte zu einem fairen Preis	Attraktive, fair honorierte und sichere Arbeitsplätze	Attraktive Rendite bei akzeptablem Risiko	Hoher Lebensstandard in einer lebenswerten Umweit

Kontakte/Leads (32 Prozent) und direkte Verkäufe (26 Prozent) erfasst. Ähnlich ist die Situation in Nordamerika (vgl. Abb. 1.18).

Diese einfachen Kennzahlen für die Online-Kommunikation sind zwar leicht und kostenlos zu erfassen, verstellen aber zugleich den Blick für komplexere Effekte wie Beziehungsaufbau und Vernetzung (Zerfaß und Pleil 2012). Zudem sind die verfügbaren Monitoring und Tracking Tools wenig transparent und führen bei parallelem Einsatz in der Regel zu unterschiedlichen Ergebnissen. Hinzu kommt, dass sie nur das aktive Nutzerverhalten beobachten. Die schweigende Mehrheit der Internet-Nutzer, die sich nicht aktiv an der Kommunikation beteiligen, bleibt unberücksichtigt. Nach der 90-9-1-Regel von Nielsen

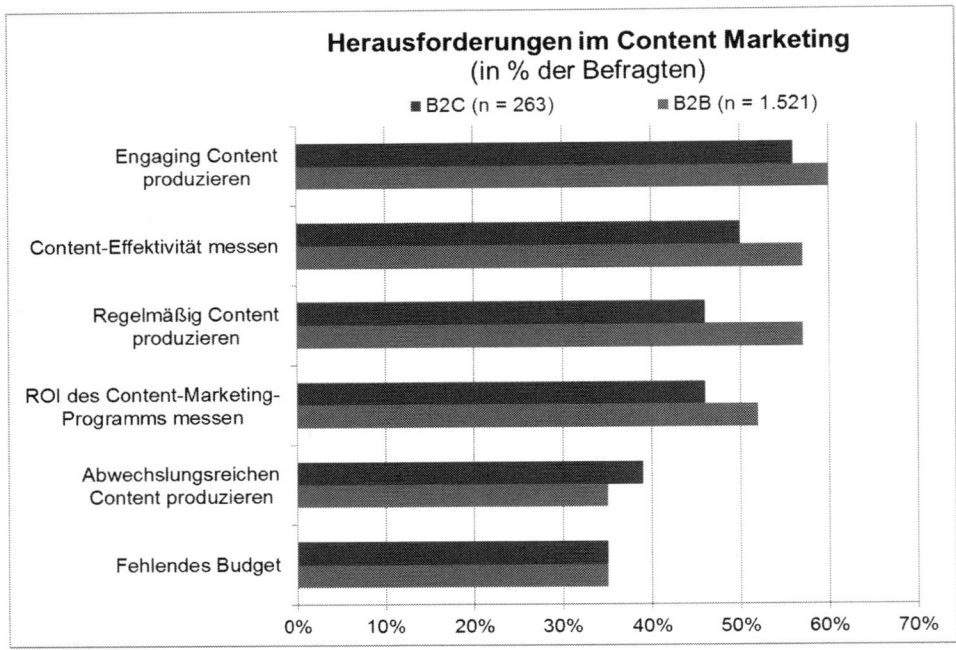

Abb. 1.17 Herausforderungen im Content Marketing von B2C- und B2B-Unternehmen in Nordamerika. (Quelle: eigene Darstellung auf Grundlage von Content Marketing Institute 2016a, b)

(2006) sind das immerhin 90 Prozent der Internet-Nutzer – für das Marketing eine nicht unerhebliche Größe.

Controlling-Konzepte, die anstelle isolierter Messungen Web Tracking, Inhaltsanalysen und Zielgruppenbefragungen verknüpfen und mit ökonomischen Kennzahlen des Unternehmens- und Marketing Controllings in Beziehung setzen, ermöglichen es, Wirkungszusammenhänge zu erkennen und zu belegen. Für die Definition von Kennzahlen, Messmethoden und -instrumenten kann – wie bei der Zielplanung – das Wirkungsstufen-Modell der Deutschen Public Relations Gesellschaft (DPRG) und des Internationalen Controller Vereins (ICV) herangezogen werden (Huhn und Sass 2011; Heltsche 2012).

Systematische Vergleiche zwischen Ziel- und Anspruchsgruppen mit und ohne Kommunikationskontakten an den „Touchpoints" erlauben schließlich, die Kommunikationsleistung zu isolieren und Wertschöpfungsbeiträge zu bestimmen (Bürker 2013). Ergebnis sind die durch Content Marketing zusätzlich erzielten Marken-, Image- und Reputationswerte. Der Return on Investment (ROI) ist der zusätzliche Ertrag, der dem Content Marketing zugeschrieben werden kann, abzüglich aller Aufwendungen für das Content Marketing.

Diese Form der Messung von Kommunikationsergebnissen und -verläufen wird – im Zeichen von Big Data – in zunehmendem Maße in Echtzeit geschehen. Heute schon können Kampagnenelemente parallel online geschaltet, in ihrer Leistungsfähigkeit

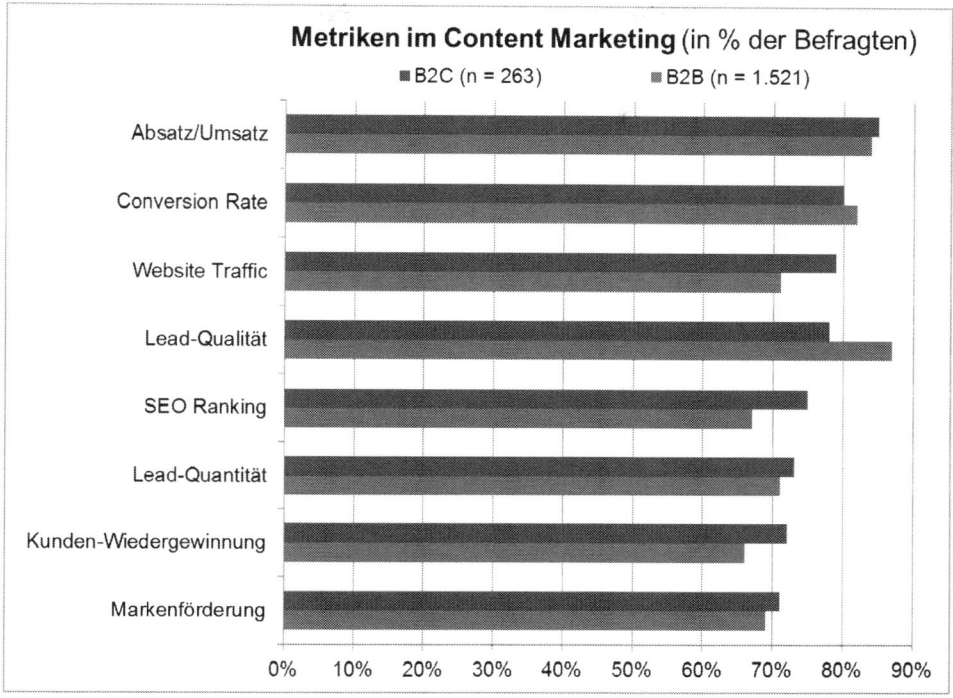

Abb. 1.18 Metriken im Content Marketing von B2C- und B2B-Unternehmen in Nordamerika. (Quelle: eigene Darstellung auf Grundlage von Content Marketing Institute 2016a, b)

(Klickverhalten, Conversion) verglichen und auf dieser Basis optimiert werden. Unternehmen, die ihre Produkte und Dienstleistungen direkt im Internet anbieten, können so Schwachstellen in der Kommunikation identifizieren und beseitigen.

Über 70 Prozent der Marketing Manager in deutschen Unternehmen halten Big Data in Zukunft für bedeutsam für die Marketing-Strategie. Doch nicht einmal jedes zehnte Unternehmen verfügt über bereits abgeschlossene Big-Data-Projekte im Marketing. Knapp über 30 Prozent sind damit gestartet, weitere zwölf Prozent planen dies.

Bei den Zielen liegen mit der Analyse von Kundenbedürfnissen (85 Prozent), der Erhöhung der Kundenzufriedenheit (75 Prozent) sowie der Verbesserung der Kundenbindung (64 Prozent) klassische kundenzentrierte Marketing-Ziele vorn. Eher kommunikationsorientierte Ziele wie das Kampagnen-Management (56 Prozent) und die Optimierung von Werbekampagnen (48 Prozent) rangieren dagegen lediglich im Mittelfeld (Rossmann 2015).

Ein Wandel im Marketing ist erforderlich

Ein Umdenken im Marketing- und Kommunikations-Management ist erforderlich: Content Marketing ist die intelligente Verknüpfung von Zielgruppen- und Unternehmensthemen auf allen von den Anspruchsgruppen genutzten Kommunikationskanälen.

Dabei wird stets eine Dreifachstrategie aus Kommunikationszielen, übergeordneten Unternehmenszielen und Stakeholder-Nutzen verfolgt. Auswahl und Aufbereitung der Themen folgen der Logik von Nutzerinteressen und journalistischen sowie sozialen Medien. Dabei stehen wahlweise der Wissens-/Orientierungswert, Gebrauchs-/Nutzwert oder Unterhaltungs-/Gesprächswert im Mittelpunkt. Der personengebundenen und emotionalen Aufbereitung in Text, Bild und Bewegtbild kommt besondere Bedeutung zu. Die intelligente Verknüpfung der Kommunikationsmaßnahmen und -kanäle erfolgt entlang der Customer bzw. Stakeholder Journey. Im Ergebnis müssen die eigenen Inhalte in der Konkurrenz gegen Mitbewerber und klassische Redaktionen bestehen können. Noch wird das Content Marketing überwiegend als Ansatz in der Marketing-Kommunikation bzw. im Absatz-Marketing verstanden und genutzt. Doch es ist mehr als themenorientierte Marketing-Kommunikation und Absatz-Marketing mit Themen. Erst wenn es – dem Marketing-Verständnis amerikanischer Prägung folgend – in den gesamten Marketing-Mix und -Prozess eingebunden wird – von der Produktentwicklung über Vertrieb, Kundenservice und Kommunikation bis zum Controlling – und auf Handlungsfelder wie Personal-, Kapital- und Beschaffungsmarkt ausgedehnt wird, können Marketing- und Kommunikations-Manager sein volles Potenzial erschließen.

1.4   Erfolgsfaktoren im Content Marketing (Gastbeitrag von Prof. Dr. Kreutzer)

Ralf T. Kreutzer

Gastbeitrag von Prof. Dr. Ralf T. Kreutzer, Professor für Marketing an der Hochschule für Wirtschaft und Recht Berlin

▶   **Content Marketing**   ist eine spezifische Ausgestaltung der Kommunikationspolitik eines Unternehmens in der Form, dass den Zielpersonen und Zielgruppen informierende, beratende und/oder unterhaltende Inhalte angeboten werden, die häufig nur einen indirekten Bezug zum Leistungsangebot des so kommunizierenden Unternehmens aufweisen. Damit orientiert sich das Content Marketing bei der Aufbereitung der präsentierten Inhalte häufig stärker an der Arbeit klassischer Medien – wie Zeitungen, Zeitschriften, TV und Rundfunk. Der Sender der Inhalte („Content") versteht sich dabei eher als Experte, als Berater, als Unterstützer oder auch als Entertainer. Es geht folglich um die Vermittlung von Kompetenz und Know-how in ausgewählten Themenfeldern durch die anbietenden Unternehmen.

Im Gegensatz zu Werbung und Verkaufsförderung, die mehr oder weniger aggressiv zum Kauf auffordern, dient das Content Marketing folglich dazu, die unternehmerische Kompetenz in einem bestimmten Bereich zu untermauern, ohne direkte Kaufimpulse zu geben. In diesem Sinne zahlt das Content Marketing eher auf klassische PR-Ziele ein, bei denen die **Corporate Reputation** oder die **Brand Reputation** ausgebaut werden soll (vertiefend Wüst und Kreutzer 2013). Darüber hinaus sollen durch ein Content Marketing auch (intensivere) Beziehungen mit den Nutzern aufgebaut werden, um mit diesen in einen Dialog zu treten und verkaufsorientierte Impulse zu geben. In diesem Sinne erreicht Content Marketing Ziele des **Customer Relationship Management** (Kreutzer 2015). Dies wird insbesondere dann deutlich, wenn ein Zugang zu bereitgestellten Informationen nur dann gewährt wird, wenn dem anbietenden Unternehmen eine Permission (im Sinne einer Erlaubnis) erteilt wird, den Interessenten auch in Zukunft per E-Mail und/oder Telefon ansprechen zu dürfen. Wer hierzu nicht bereit ist, muss häufig auf angebotene Inhalte verzichten.

Da keine unmittelbaren Kaufimpulse gegeben werden, ist beim Content Marketing eher von einer **„Kommunikation über Bande"** zu sprechen. Denn obgleich die bereitgestellten Inhalte keinen unmittelbaren Kaufimpuls beinhalten, ist die Intention des Content Marketing final auf die Auslösung von Käufen, Spenden oder anderen Formen der Engagements zur Erreichung der Unternehmensziele ausgerichtet (vgl. Abb. 1.19).

Ein weiteres Merkmal des Content Marketing ist, dass es sich hierbei oftmals um eine Pull-Kommunikation handelt. Viele andere Kommunikationsinstrumente – von TV- und Radio-Spots über Anzeigen, Mailings bis hin zu Online-Bannern – gehören dagegen in den Bereich der **Push-Kommunikation**. Bei dieser werden kommunikative und häufig konkret werbliche Inhalte präsentiert, ohne dass der Nutzer darum gebeten hätte. Ähnlich verhält es sich mit E-Newslettern, aber beispielsweise auch mit *Facebook* Posts. Wenn ein Nutzer einmal einen E-Newsletter abonniert oder bei *Facebook* Fan einer Marke oder eines Unternehmens geworden ist, dann werden ihm Newsletter und Posts im Newsfeed präsentiert, um die er im Einzelfall nicht gebeten hatte. Hierbei handelt es sich folglich um Inhalte einer **Pull-Push-Kommunikation**. Der Nutzer hat zwar generell Interesse gezeigt

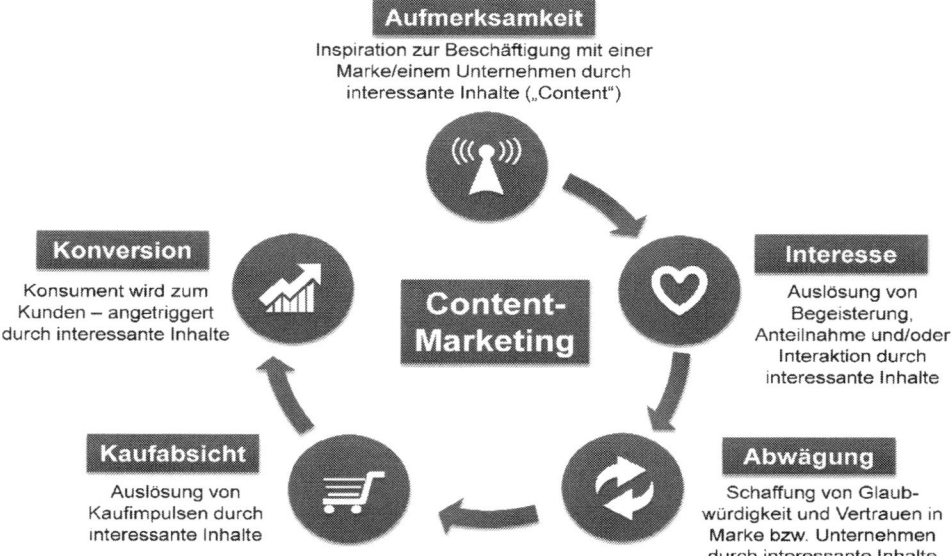

Abb. 1.19 Content Marketing – „Kommunikation über Bande"

(„Pull"), wird dann aber ungefragt mit Informationen bedient („Push"). Werden in solchen E-Newslettern und Posts von Marken und Unternehmen, aber auch in klassischen Mailings, in Online-Bannern oder auf Websites von Unternehmen dagegen Inhalte angeboten, die für den Nutzer als informierend, beratend und/oder unterhaltend angesehen und deshalb aktiv nachgefragt werden, handelt es sich um eine **Pull-Kommunikation** im engeren Sinne. Hier wird der Nutzer von sich aus aktiv, um in den Genuss von weiteren Inhalten zu gelangen. Welche Inhalte werden im Rahmen des Content Marketing angeboten? In Abb. 1.20 ist ein Überblick über verschiedene **Content-Arten** gegeben. Die präsentierten Inhalte können emotionaler oder sachlicher Natur sein; außerdem können sie eher das Ziel Aufmerksamkeit erregen oder Kaufimpulse setzen anstreben.

Im **Quadrant „Unterhalten"** finden sich Wettbewerbe und Spiele, die zum Mitmachen einladen. Hier kann durch die Einbindung der Nutzer auch User Generated Content gewonnen werden (beispielsweise Texte, Bilder, Videos), der dann vom Unternehmen wiederum als Inhalt bereitgestellt werden kann. Es können aber beispielsweise vom Anbieter auch selbst Videos angeboten werden, die in diesem Quadranten eher unterhaltende Inhalte – häufig ohne großen Marken- oder Unternehmensbezug – aufweisen.

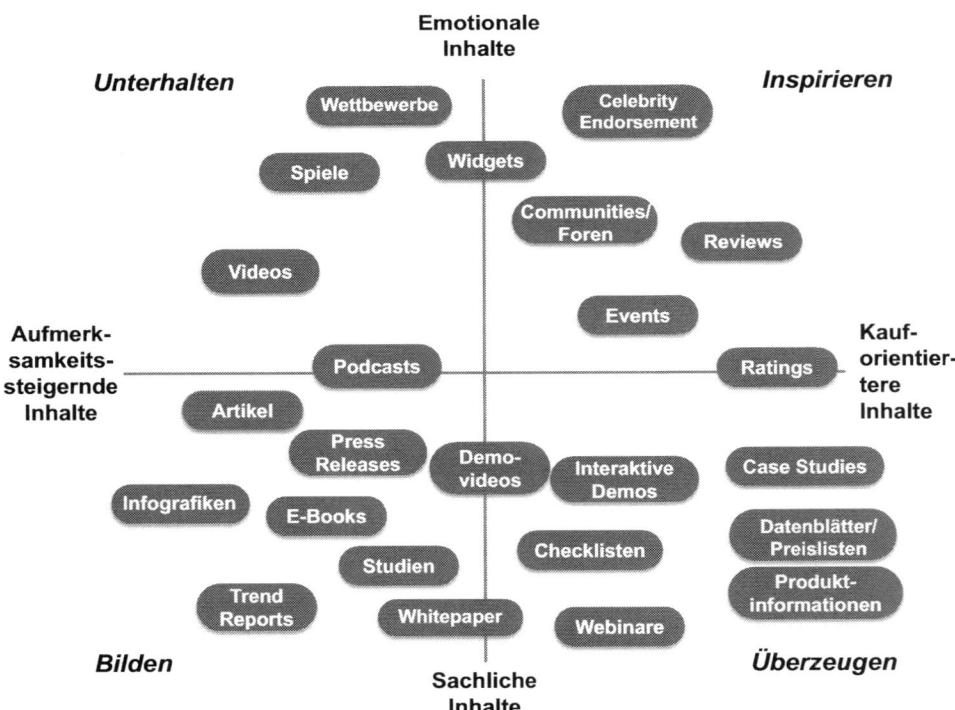

Abb. 1.20 Inhaltliche Ausgestaltung des Content Marketing. (Quelle: in Anlehnung an Horzetzky 2015, S. 18)

Podcasts weisen häufig schon einen stärkeren Angebotsbezug auf. Widgets im Sinne von kleinen Spielereien (wie beispielsweise bestimmte Apps) sind im Übergang zum **Quadrant „Inspirieren"** zu finden, da sie stärker zur Auseinandersetzung mit dem Produkt, der Dienstleistung, der Marke oder dem Unternehmen auffordern. Hierzu sind auch Communities und Foren zu rechnen, die zur aktiven Auseinandersetzung mit diesen Inhalten zwischen Personen mit gleichen Interessessen einerseits und dem Unternehmen andererseits auffordern. Reviews und Bewertungen haben eine ähnlich gelagerte Funktion, die allerdings schon deutlich stärker Verkaufsimpulse setzen können und sollen. Inspirieren und gleichzeitig Kaufimpulse geben können auch berühmte Persönlichkeiten, die sich für die unternehmerischen Angebote stark machen (Stichwort „Celebrity Endorsement"). Die bisher angesprochenen Inhalte kommen verstärkt im Konsumentenmarkt zum Einsatz. Events können auch inspirieren und gleichzeitig Kaufanreize setzen. Diese Form des Content Marketing kommt bei B2B- und B2C-Zielgruppen gleichermaßen zum Einsatz.

Im **Quadrant „Bilden"** finden sich viele sachliche Inhalte, die für Aufmerksamkeit sorgen können. Hierzu zählen Artikel, E-Books, Studien, Infografiken, Trend Reports sowie Whitepapers, welche zum Download angeboten werden. Diese Inhalte werden besonders häufig im B2B-Markt eingesetzt, um gegenüber den angesprochenen Personen die eigene Kompetenz zu unterstreichen. Hier wird in besonderem Maße die „Kommunikation über Bande" deutlich. Wenn Unternehmen wie *McKinsey*, die *Boston Consulting Group*, *IBM*, *Cisco* und *Teradata* solche Informationen bereitstellen, können sie in der relevanten Zielgruppe mit großer Aufmerksamkeit rechnen. Gleichzeitig bringen sie sich mit spannenden Informationen ins Gespräch, weil diese häufig auch von klassischen Medien und Online-Medien aufgegriffen und weiterverbreitet werden. Hier ist nochmals der Bezug zur PR sichtbar.

Die so präsentierten Inhalte dienen – wie oben schon angedeutet – gleichzeitig als Köder, um die interessierten Personen zum Eintrag in den eigenen E-Mail-Verteiler zu motivieren. Soweit eine Erlaubnis zur telefonischen Kontaktaufnahme gegeben wird, erfolgt häufig – zeitnah zum Download entsprechender Unterlagen – ein Nachfasstelefonat. Ein Beispiel für einen entsprechenden Nachfass findet sich in Abb. 1.21. Hier bringt sich das Unternehmen *Brandwatch* nett in Erinnerung und motiviert zum Engagement auf verschiedenen Social-Media-Kanälen. Außerdem gibt es einen Call to Action, um den Dialog mit *Brandwatch* gleich aufzunehmen. Und: Dieser Nachfass folgte nur wenige Tage nach dem Download der Studie, sodass die Erinnerung daran noch frisch war! Und auch eine Nachfrage per E-Mail wurde eine Stunde später per Rückruf beantwortet. So gekonnt kann Content Marketing umgesetzt werden!

Der **Quadrant „Überzeugen"** zeigt am deutlichsten die Verkaufsabsicht, die mit Content Marketing letztendlich immer auch angestrebt wird. Hier finden sich beispielsweise Demovideos, die häufig über *YouTube* bereitgestellt werden. Sie können den korrekten Produktgebrauch oder unterschiedliche Anwendungsbereiche aufzeigen. Diesem Ziel dienen auch interaktive Demos, die den Nutzer noch stärker integrieren und aus der reinen Konsumposition herausführen. Im Online-Zeitalter erfreuen sich Webinare einer besonderen Beliebtheit. Durch diese Online-Seminare besteht die Möglichkeit einer sehr direkten

Abb. 1.21   Nachfass beim Content Marketing. (Quelle: Brandwatch-E-Mail, 08.07.2015)

Kommunikation mit Anbietern und (potenziellen) Käufern. Hier können Unternehmen –
bei guter Organisation und ausreichender Substanz – von ihrem Können überzeugen. In
schriftlicher Form kann dies auch durch das Angebot von Case Studies erfolgen, die ebenfalls auf vielen Websites zum Download angeboten werden. Datenblätter, Preislisten und
Produktinformationen stellen dagegen konventionelle Formen der Informationsbereitstel-
lung dar und gehören damit nur in den Grenzbereich des Content Marketing.

Die Art der Inhalte wirkt sich – wie oben schon deutlich wurde – auf die einsetzbaren
Kommunikationskanäle aus. Sehr häufig werden Inhalte des Content Marketing auf der
unternehmens- oder markenspezifischen Website zum Download angeboten. Weitere
wichtige unternehmenseigene Plattformen stellen **Corporate Blogs** oder markenspezifi-
sche (branded) *YouTube*-**Kanäle** dar. Ein großes Einsatzfeld des Content Marketing sind
auch die Social-Media-Plattformen. Über *Facebook, Pinterest, Twitter, Google+, Flickr,
SlideShare* und *Tumblr* können die Unternehmen alle oben genannten Content-Arten anbieten bzw. in Umlauf bringen. Aber auch klassische und Online-Plattformen für PR können in diese Distribution eingebunden werden (Kreutzer 2014, S. 237–249).

Um die relevanten Inhalte für unterschiedliche Quellen bereitzustellen, können **Content-Kooperationen** zum Einsatz kommen. Hierfür können beispielsweise Kunden eingebunden werden, die Gastbeiträge in eigenen Blogs erstellen oder Kommentarfelder auf der Corporate Website füllen. Da die Erstellung neuer Inhalte für die Unternehmen oftmals mit einem hohen Kosten- und Zeitaufwand verbunden ist, kann es durchaus sinnvoll sein, dass Unternehmen sich der **Content Curation** bedienen. Unternehmenseigene Content-Kuratoren suchen dann online und offline nach Inhalten, die der jeweiligen Zielgruppe einen hohen Nutzen versprechen, und veröffentlichen diese auf den für die Zielpersonen relevanten Kanälen (zum Beispiel auf der Corporate Website oder über die sozialen Medien, vgl. Löffler 2014, S. 305 f.).

1.4.1 Beispielhafter Einsatz des Content Marketing

Wie Content Marketing eingesetzt werden kann, wird hier zunächst im B2C-Markt verdeutlicht. Das Smoothie-Unternehmen *true fruits* verpackt seine Produkte und die Marke selbst in unterhaltsame Geschichten, wodurch sie den Konsumenten auf einer sehr persönlichen Ebene begegnen. Statt die Verpackungen mit detaillierten Produktinformationen zu füllen, finden sich auf der Rückseite der Flaschen kleine Stories, die einen zum Schmunzeln bringen. Anfang des Jahres hat *true fruits* eine Videokampagne gestartet, die das Unternehmensprinzip „true fruits – no tricks" widerspiegeln soll. Dabei lassen Apfel, Mango, Banane und andere Obstsorten in den drei Werbespots „Altersheim", „Vorstellungsgespräch" und „Bibo" ihren Gedanken freien Lauf (vgl. Abb. 1.22).

Auch die Marke *Nivea* erzählt Geschichten, um die emotionale Beziehung zwischen Familien und der Marke zu stärken (von Meysenbug 2013). Ein sehr erfolgreicher Schachtzug war der *YouTube*-Spot „Danke Mama", der 2013 anlässlich des Muttertags veröffentlicht wurde (vgl. Abb. 1.23, links). Das Video entwickelte sich in dem Jahr mit rund 2,4 Millionen *YouTube*-Klicks (mittlerweile über vier Millionen) zu einem der erfolgreichsten viralen Spots in Deutschland (Meixner 2014). Aufgrund der sehr positiven Resonanz folgten die Videos „Weihnachten" (2013) und „Danke Papa" (2014), welche einen ähnlichen Erfolg verbuchen konnten.

Zusätzlich zu den Geschichten zeigt *Nivea*, wie mithilfe von fachlicher Beratung intensive Kundenbeziehungen erreicht werden. Die Marke hat sich zum Ziel gesetzt, für die Konsumenten mehr als nur ein Anbieter von Pflegeprodukten zu sein. Gleichzeitig liefert die Marke über viele verschiedene Kanäle Informationen rund um die Themen Pflege und Wohlbefinden und wird damit von den Nutzern auch als fachliche Referenz genutzt. Viermal im Jahr erscheint das kostenlose Kundenmagazin *„Nivea für mich"*, in welchem neben der Vorstellung von Produkten und Neuigkeiten über die Marke auch themenbezogene Reportagen und fachliche Beratungsartikel enthalten sind (vgl. Abb. 1.23, unten). Darüber hinaus führt die Marke einen eigenen *YouTube*-Kanal, in dem *Nivea* einen Einblick in das Unternehmen ermöglicht, und liefert auf der eigenen Website zu allen Produkten weiterführende Pflegeinformationen. Auch diese Aktivitäten stellen überzeugende Beispiele des Content Marketing dar.

Abb. 1.22 Werbespot „Bibo" von true fruits. (Quelle: https://youtu.be/rAjdveQFyCQ, zuletzt Zugegriffen am 01.09.2015)

Abb. 1.23 Beispiel einer crossmedialen Content-Marketing-Kampagne bei Nivea. (Quelle: www. youtube.com/watach?v=AlMgU5wsps0; www.nivea.de/shop/beratung, www.nivea.de/nivea-fuer-mich/nivea-fuer-mich-0289. Zugegriffen am 01.09.2015)

Auch im B2B-Bereich kommt dem Content Marketing eine größere Bedeutung zu (Kreutzer et al. 2015). In einer Umfrage, an der 1.820 US-amerikanische B2B-Unternehmen teilnahmen, gaben 70 Prozent an, dass sie im Vergleich zum letzten Jahr mehr in Content Marketing investieren. Allerdings legen lediglich 35 Prozent ihrem Engagement eine dokumentierte Content-Strategie zugrunde. 48 Prozent verfügen über eine Strategie, die jedoch nicht dokumentiert ist. 17 Prozent wissen nicht von einer konkreten Content-Strategie (Handley und Pulizzi 2015, S. 10, 17).

Allerdings gibt es bereits einige Vorreiter, die hochwertige Inhalte veröffentlichen und in stimmigen Formaten zusammenfügen. Der weltweit größte Anbieter von Business-Software *SAP* strebt an, jedem Kunden ein exzellentes Kundenerlebnis zu bieten. Dafür hat *SAP* einen größeren Teil seiner Marketing-Aktivitäten auf die Produktion von hochwertigen Content-Formaten verlagert. Innerhalb dieses Prozesses wurde das elektronische Magazin *„The Customer Edge"* entwickelt (vgl. Abb. 1.24). Durch eine intensive Content Curation bündelt das Unternehmen neue Nachrichten und Erkenntnisse zu den vier Themen Marketing, Verkauf, Kundenservice und Handel, welche über externe Quellen oder andere *SAP*-Plattformen zusammengetragen werden. Mit der Intention, als wertvolle Referenz in themenbezogenen Businessfragen zu fungieren, kreiert der Softwarehersteller auch zunehmend eigene Inhalte (Barca 2014).

SAP nutzt Content Marketing nicht nur, um sich bei den Kunden als Experte in seinen Aktionsgebieten zu etablieren, sondern spricht mithilfe des Storytellings auch die emotionale Ebene an. Als erstes Unternehmen seiner Branche hat *SAP* 2012 einen **Chief Storyteller** (*Julie Roehm*) eingestellt und mit ihr eine internationale Kampagne gestartet (Harris 2013). Unter dem Motto „Run Like Never Before" (in Deutschland: „Ihr Unternehmen kann mehr") zeigt *SAP*, wie die Softwareangebote die Geschäftstätigkeiten unterschiedlicher Firmen unterstützen. Fast alle Media-Kanäle wurden mit der Kampagne

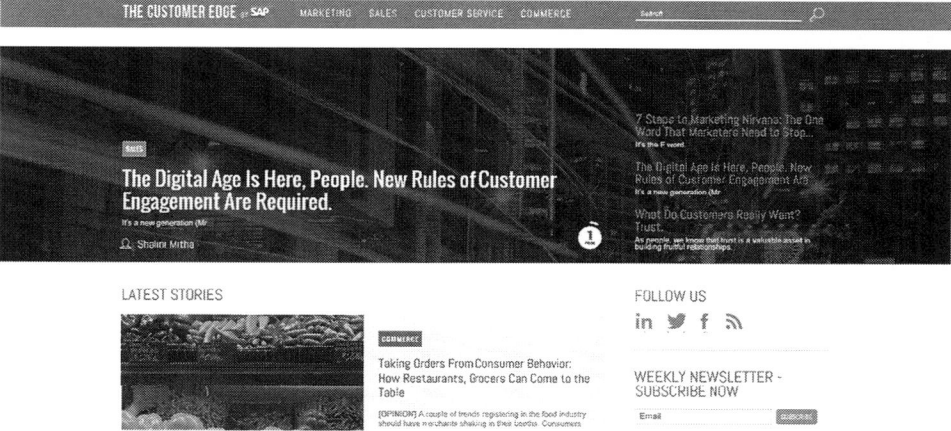

Abb. 1.24 „The Customer Edge" – Digitales Kundenmagazin als Content-Instrument. (Quelle: https://www.custedge.com. Zugegriffen am 30.08.2015)

bespielt, sodass die Kunden erst im späteren Verlauf mit detaillierten Produktinformationen konfrontiert wurden (vgl. Abb. 1.25). „„Run Like Never Before' aims to connect to audiences across the world on a human level, speaking not to businesses, but to the people behind those businesses" (Brenner 2012). Hierbei wird sichbar, wie unter **Einsatz von gleichen Key Visuals** – über verschiedene Kanäle hinweg – eine einheitliche Geschichte erzählt wird. So kann eine **Omni-Channel-Kommunikation** aussehen.

Anhand dieser Beispiele wurde deutlich: Der Einsatz des Content Marketing bietet auch im B2B-Markt interessante Ansatzpunkte für das Marketing und die digitale Markenführung (Kreutzer und Merkle 2015). Jede Branche und jedes Unternehmen ist gut beraten, die interessantesten Einsatzfelder auszuloten.

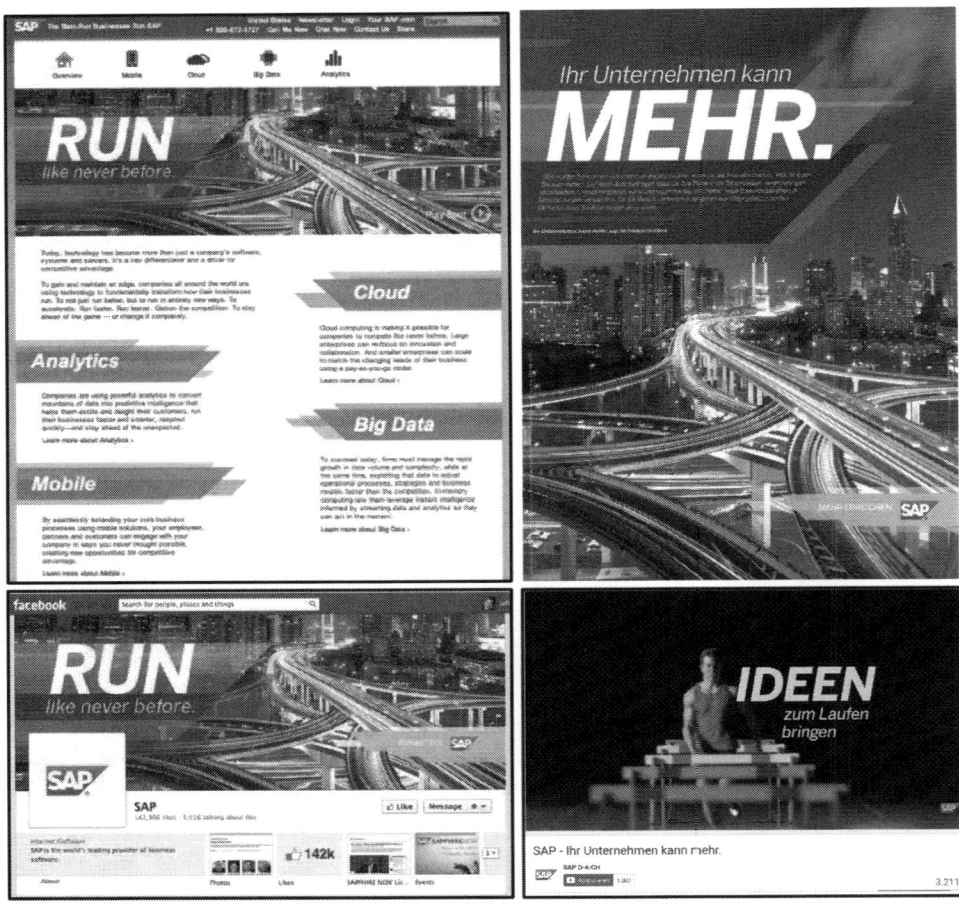

Abb. 1.25 Ausschnitte aus der SAP-Kampagne „Run Like Never Before". (Quelle: www.youtube.com/watch?v=fZsENJ4uPNQ; blog.wiwo.de/look-at-it/2012/04/17/sap-startet-neue-globale-marketingkampagne; socialmediab2b.com/2012/07/b2b-social-media-sap-campaign. zuletzt Zugegriffen am 01.09.2015)

1.4.2   Erfolgsfaktoren im Content Marketing

Selbst wenn manche Protagonisten des **Content Marketing** eine Substitution der klassischen Unternehmenskommunikation durch das Content Marketing prognostizieren, wird es dazu auch im Zuge einer **digitalen Markenführung** aus einem einfachen Grund nicht kommen. Die große Mehrheit der Nutzer von Kommunikationsangeboten bleibt auch weiterhin passiv – und lässt sich (aus Unternehmenssicht gerne gewünscht) durch kommunikative Anstöße zum Kauf unterschiedlichster Produkte oder zur Nachfrage verschiedenartiger Dienstleistungen (ver-)führen! Aufgrund der zunehmenden Informationsfülle werden Nutzer immer stärker in eine Abwehrhaltung gegenüber kommunikativen Ansprachen kommen, um nicht im Information Overload – das heißt einer Informationsüberlastung – zu ertrinken. Deshalb wird die **Engagement Rate**, das heißt der Prozentsatz derjenigen Nutzer, die sich aktiv engagieren, immer im niedrigen Bereich verbleiben. Aus diesem Grund sollte Content Marketing generell eher flankierend zur klassischen Kommunikation zum Einsatz kommen.

Die **Informationskonkurrenz**, die immer mehr Unternehmen zum Einsatz des Content Marketing motiviert, hat massiv zugenommen. Während in den 80er-Jahren pro Tag noch 700 Werbebotschaften um die Aufmerksamkeit der Kunden rangen, sind es heute schon zwischen 8.000 und 12.000 Botschaften. Die Bandbreite der entsprechenden Schätzung ist dabei sehr groß. Zusätzlich dokumentiert ein Blick auf die **Kommunikationsdynamik in den Online-Kanälen** sehr eindrucksvoll, welche zusätzliche **Aufmerksamkeits- und Informationskonkurrenz** heute besteht. Wie Abb. 1.26 zeigt, werden innerhalb von 60 Sekunden bei *Google* zwei Millionen Suchanfragen gestellt, bei *YouTube* 72 Stunden Video-Content geladen, bei *Facebook* 1,8 Millionen Likes und 41.000 Posts gesetzt, bei *Twitter* 278.000 Tweets eingestellt, 70 neue Domains registriert usw. Die Liste lässt sich beliebig fortsetzen, ohne dass die beeindruckenden Zahlen abnehmen würden.

Die große Fragestellung lautet: Wie kann eine **Aufmerksamkeit in der relevanten Zielgruppe** sichergestellt und ggf. sogar eine **Beschäftigung mit der eigenen Marke** erreicht werden? Hier kann das Content Marketing einen wichtigen Beitrag leisten. Es ergänzt damit den Instrumentalbaukasten der Online- und Offline-Markenführung um eine wichtige Komponente. Nicht mehr – aber auch nicht weniger! Wichtig ist in jedem Falle, dass der Einsatz des Content Marketing im Zuge der (digitalen) Markenführung durch ein **Monitoring der Content-Nutzung** zu bewerten ist. Wann immer ein Nutzer bestimmte, durch das Unternehmen bereitgestellte Inhalte abruft, kann dies auf Unternehmensseite erfasst werden. So kann genau ermittelt werden, welche Inhalte auf besonderes Interesse stoßen.

Diesem Monitoring muss sich ein umfassendes **Controlling des Content Marketing** anschließen. Erst dann lässt sich zum einen erkennen, welche Zielpersonen, Zielunternehmen und/oder Zielgruppen welche Inhalte über welche Kanäle zu welchen Zeitpunkten angefordert haben. Zum anderen ist natürlich zu überprüfen, ob die Nutzung unterschiedlicher Content-Angebote letztendlich zu den gewünschten Conversions geführt hat. Dies kann die Registrierung für einen E-Newsletter, ein Kauf, eine Spende oder ein anderes

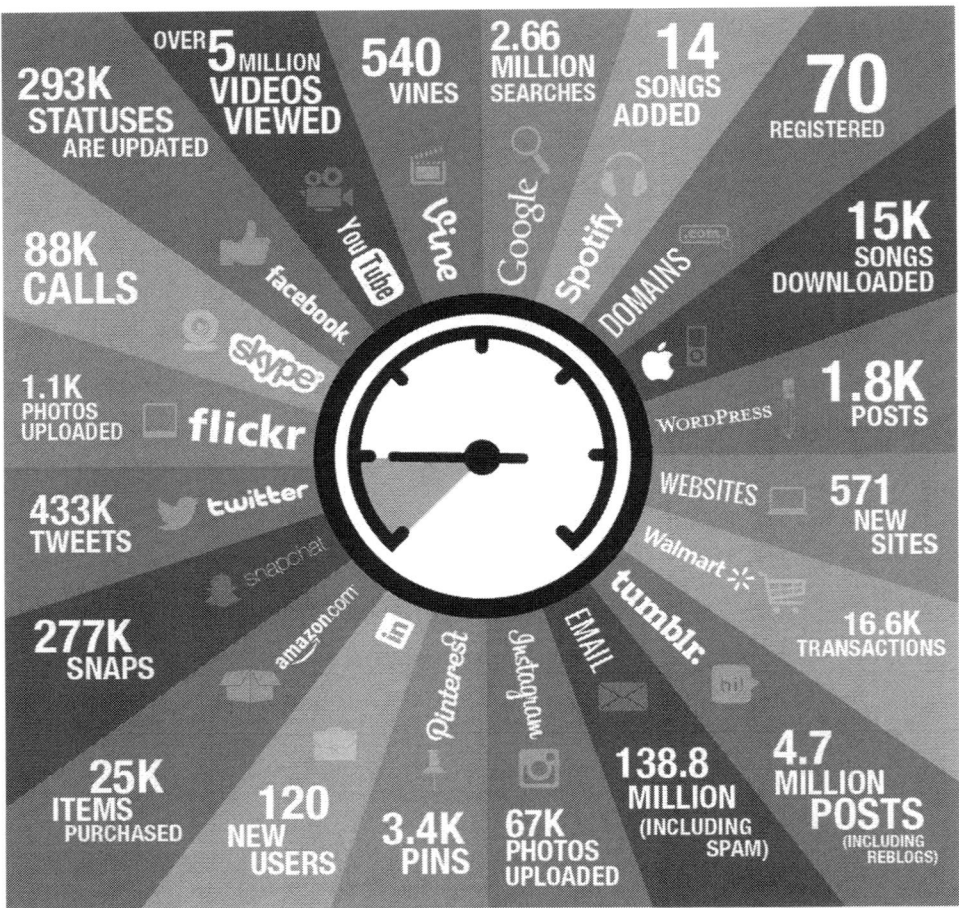

Abb. 1.26 Informationskonkurrenz in zentralen Online-Medien in 60 Sekunden. (Quelle: Qmee 2014)

vom Unternehmen definiertes Ziel sein. Ohne ein umfassendes Controlling kann kein Unternehmen feststellen, wie wertschöpfend das Engagement im Content Marketing ist. Und auch das Content Marketing soll ja zur Wertschöpfung des Unternehmens beitragen. Welche Metriken von Unternehmen heute eingesetzt werden, zeigt eine US-Studie des *Content Marketing Institutes* aus dem Jahr 2015 (vgl. Abb. 1.27).

Es wird deutlich, dass das Kriterium **Website Traffic** dominiert, obwohl eine hohe Besuchsfrequenz auf der Website nur eine notwendige, aber keine hinreichende Bedingung für erfolgreiche Conversions darstellt. **Absatz** und die angesprochenen **Conversion Rates** selbst sind dagegen viel aussagefähigere Key Performance Indicators (KPIs), um den Erfolg des Content Marketing zu ermitteln. Auf das **SEO-Ranking** wirken eine große Anzahl von Kriterien, die sich zudem durch Veränderungen der Algorithmen der Suchmaschinenbetreiber immer wieder ändern (Kreutzer 2014, S. 250–285). Deshalb ist eine Ermittlung der Auswirkungen

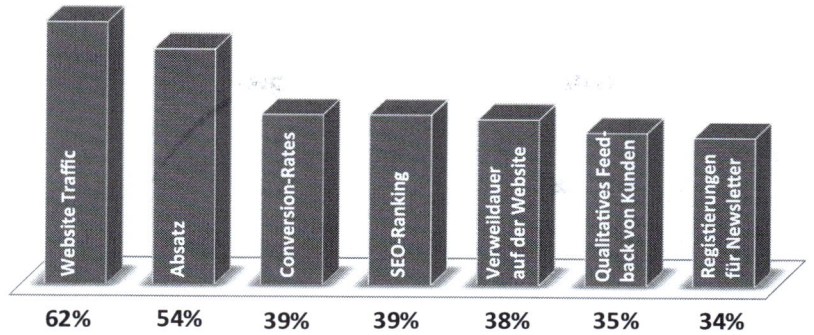

Abb. 1.27 Metriken zur Erfolgsmessung des Content Marketing im B2C-Markt – Beispiel USA. (Quelle: Content Marketing Institute 2015)

des Content Marketing auf die Position in der organischen Trefferliste mit Unsicherheiten behaftet. Auch die **Verweildauer auf der Website** ist ein zweischneidiges Schwert: Der Nutzer kann lange verweilen, weil die Inhalte hoch interessant sind; er kann aber auch viel Zeit investieren müssen, wenn die Website schlecht organisiert ist und die relevanten Inhalte schwer zu finden sind. Deshalb ist hier in jedem Falle zu ermitteln, ob eine lange Verweildauer mit den angestrebten Conversions korrespondiert oder nicht. **Qualitatives Feedback** liefert wertvolle Hinweise auf das „Warum?" der Nutzung und sollte regelmäßig eingeholt werden. **Registrierungen für den Newsletter** stellen wiederum ein sehr aussagefähiges Erfolgskriterium dar – zumindest dann, wenn nachvollzogen werden kann, über welchen Weg im Conversion Funnel der Nutzer zum Newsletter-Abonnement gelangt ist.

Dieser Blick auf das Controlling des Content Marketing macht deutlich, dass noch ein großer Optimierungsbedarf besteht, um Content Marketing langfristig als **Werttreiber der digitalen Markenführung** zu etablieren. Alle, die Content Marketing einsetzen, sollten deshalb bei jeder Maßnahme Instrumente einbinden, um den Erfolg (oder Misserfolg) der entsprechenden Maßnahmen zu ermitteln (vgl. Abb. 1.28). Nur so kann Content Marketing einen wichtigen Beitrag im Zuge der digitalen Markenführung leisten.

Content Marketing ist ein breites und spannendes Aufgabenfeld, das sich in den nächsten Jahren immer mehr Unternehmen erschließen werden. Dieses Buch soll einen wichtigen Beitrag dafür leisten, mit möglichst überzeugenden Konzepten den Einstieg in das Content Marketing zu vollziehen.

1.5   Zum Stellenwert von Content Marketing im Unternehmen

Eine Herausforderung im Content Marketing ist die abteilungsübergreifende Zusammenarbeit. Durch Einzelleistungen kann keine Vernetzung stattfinden, deshalb sind regelmäßige Redaktionssitzungen notwendig. Somit sind Veränderungen in der Organisation und Kommunikation erforderlich. Klassische Unternehmensstrukturen müssen deshalb verändert werden. Das ist nach meinen Erfahrungen aus der Beratung nicht einfach, weil Silos

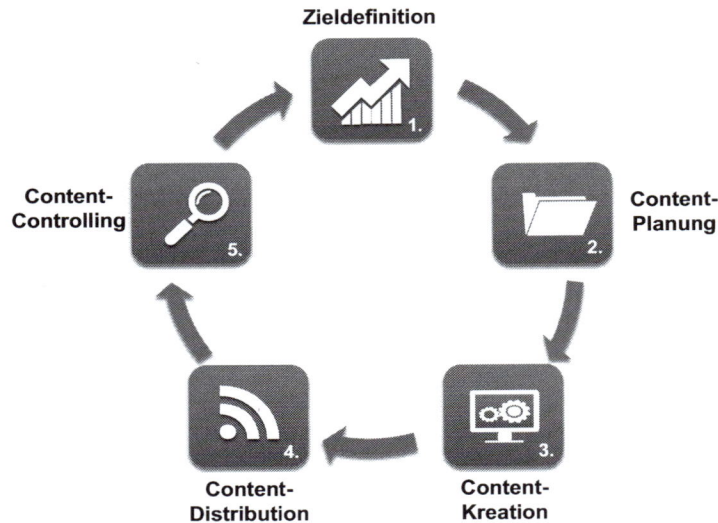

Abb. 1.28 Closed Loop des Content Marketing

und Fürstentümer überwunden werden müssen. Es gelingt nur mit Unterstützung der Geschäftsführung, einem Veränderungsprozess im Marketing und einer gezielten Strategie. Eine Content-Strategie ist umso notwendiger, je mehr Autoren bzw. Inhaltsproduzenten es im Unternehmen gibt. Zudem je mehr verschiedene Medienformate publiziert werden und je unterschiedlicher die Zielgruppen für die Inhalte sind. Jedoch verzetteln sich viele Unternehmen in der Vielfalt der Kanäle. Gleichzeitig sind die Ressourcen begrenzt. Deshalb ist ein Konzept für Content Marketing wichtig, um wirksame Erfolge zu erzielen.

1.5.1 Interview mit Oliver Rosenthal, Industry Leader, Google Germany

Interview mit Oliver Rosenthal, Industry Leader, Google Germany

Was sind die Hürden und Probleme beim Einsatz von Content Marketing in Unternehmen? Zu dieser Fragestellung führte ich ein Interview mit Oliver Rosenthal, Industry Leader bei Google Germany. Der ehemalige Geschäftsführer von Saatchi & Saatchi und Ogilvy One kümmert sich jetzt bei Google um die Beziehungen zu Werbeagenturen. Seine Aufgabe ist es, das Angebot von Google für Markenartikler bei den Kreativen besser bekannt zu machen, um Budgets der großen werbungtreibenden Unternehmen zu gewinnen. Seine Expertise liegt im Bereich digitales Geschäft, Marke, digitale Markenkommunikation und Customer Lifecycle.

Dr. Claudia Hilker: Welche Probleme gibt es im Einsatz von Content Marketing?

Oliver Rosenthal: Grundsätzlich gilt: Content Marketing ist vielseitig. Rund um den Bereich des Content Marketing gibt es viele Rubriken und Themen, die man abdecken sollte.

Claudia Hilker: Welche Probleme gibt es, wenn Unternehmen klassische Marketing-Maßnahmen um Content Marketing ergänzen?

Oliver Rosenthal: Marketing-Experten argumentieren häufig, dass Content Marketing gar keine neue Erscheinung sei, sondern eigentlich schon immer eine Grundlage der Markenkommunikation gewesen sei. Schließlich hätten Marken ja seit den 70er-Jahren versucht, mittels Geschichten und Emotionen zu begeistern. Viele sehen den berühmten Coca-Cola „Hilltop"-TV-Spot („I'd Like to Buy The World a Coke") als Beginn dieser Ära, in der Storytelling den reinen Produktinformationen gegenüber bevorzugt wurde. Diese Aussage ignoriert jedoch den Umstand, dass Werbung bis zum Siegeszug digitaler Medien zum Beginn des 21. Jahrhunderts eine Unterbrecherfunktion hatte: Klassische Werbung, vor allem der TV-Spot, unterbricht Content und stellt zwar ebenfalls Content dar, der aber nicht bewusst ausgewählt wird, sondern von dem eigentlich gewünschten Inhalt abhält.

Digitale Plattformen, allen voran Suchmaschinen wie Google und Videoplattformen wie YouTube, Facebook und Twitter, verändern grundlegend die Art und Weise, wie Menschen Content konsumieren: Sie suchen gezielt nach Inhalten und können Werbung ignorieren, wegklicken oder überspringen. Die gegenwärtige, teils aggressiv geführte Adblocker-Diskussion zeigt den Konflikt zwischen Content und Werbung sehr deutlich: Websites, die kostenlosen Content bereitstellen wie Nachrichtenseiten, blockieren den Zugang, wenn User diese mit Adblocker-unterstützten Browsern aufrufen wollen. Selbst die klassische Bewegtbildplattform Fernsehen wird durch internetfähige TV-Geräte und die steigende Popularität von Streaming-Angeboten – unterstützt durch sehr günstige Plug-ins wie Chromecast von Google, Fire-TV von Amazon oder Apple TV – zur werbefreien Plattform von anspruchsvollem Content. Weltweit erfolgreiche TV-Serien wie „Game of Thrones" oder „The Walking Dead" werden laut Sky von mehr als der Hälfte der Nutzer bereits über digitale Screens wie Tablets abgerufen. Der Siegeszug von Digital Video geht weiter, analoge TV-Angebote verlieren kontinuierlich an Reichweite und erreichen „Digital Natives" fast gar nicht mehr. Für attraktiven Content, wie zum Beispiel zahlreiche anspruchsvolle US-TV-Serien, sind Menschen bereit, Geld zu zahlen, um im Gegenzug den favorisierten Content werbefrei zu bekommen. Um im Zeitalter digitaler Screens und Bewegtbildplattformen also überhaupt noch Menschen mit Marketing-Maßnahmen zu erreichen, muss Werbung selbst zu interessantem Content werden. Er darf nicht mehr als Unterbrechung wahrgenommen werden, sondern als Unterhaltung oder Informationsmehrwert.

Claudia Hilker: Welche Ansätze oder Strategie haben Sie entwickelt?

Oliver Rosenthal: Grundsätzlich gibt es für Marken zwei Möglichkeiten, Menschen mit Content zu erreichen: Unterhaltung oder Information. Aus dieser Erkenntnis heraus ist die digitale Videostrategie „Hero, Hub, Help" von Google entstanden. „Hero" steht in diesem Ansatz für aufmerksamkeitsstarken Content, der emotional ist, unterhält und zur weiteren Auseinandersetzung einlädt, die sich häufig in Nachahmungen oder Parodien äußert. „Help" Content liefert Informationen wie Erklärungen, Anleitungen bis hin zu umfangreicheren Schulungen und ersetzt zunehmend Betriebsanleitungen. „Hub" steht für die organisierende Struktur des Contents. Am Beispiel von YouTube wäre dies für Marken zum Beispiel der „Brandchannel", in dem sämtlicher Bewegtbild-Content einer

Marke zu finden ist und über Inhalte, Playlists und andere Strukturen organisiert wird, um besser gefunden werden zu können. Besonders effektiv wurde dieses Konzept vom schwedischen Automobilkonzern Volvo für eine Kampagne der Sparte Trucks im Jahr 2013 eingesetzt, eröffnet von dem Launch des YouTube Clips „Epic Split" mit Jean-Claude van Damme, der bereits nach kaum mehr als einem Monat die 100-Millionen-Views-Marke erreichte. Weniger stark in der öffentlichen Wahrnehmung waren die vielen weiteren Videos, die Volvo im Rahmen dieser Kampagne produzierte und mithilfe des Brandchannels „Volvo Trucks" sehr effektiv in der Zielgruppe verbreitet hat.

Claudia Hilker: Was ist wirklich wichtig im Bereich Content Marketing für Unternehmen?

Oliver Rosenthal: Egal, für welche Content-Strategie sich Unternehmen entscheiden, ausschlaggebend ist, dass sie überhaupt eine Content-Strategie haben. Um den etwas schwammigen „Content"-Begriff besser zu definieren, empfehle ich, von einer „digitalen Bewegtbildstrategie" zu sprechen. Google hat, angesichts der rasant steigenden Zugriffe auf Inhalte von mobilen Endgeräten aus, den Begriff „Micro-Moments" geprägt. Damit ist gemeint, dass der Begriff der Customer Journey durch mobile Anwendungen in Hunderte Customer Journey-Elemente, also „Micro-Moments" zerbricht, und dies in Echtzeit. Jeder dieser Momente ist eine Möglichkeit für Marken, Entscheidungen und Präferenzen von Menschen zu beeinflussen. Um nur ein Beispiel zu nennen: Eine Person, die an einem Samstagabend um 21 Uhr eine Suchanfrage zu „Thaiküche" über ein Smartphone startet, und zwar in der Stadtmitte, ganz in der Nähe der örtlichen Restaurants, kann natürlich eine Person sein, die sich nur informieren möchte. Der gesamte Kontext deutet aber darauf hin, dass sie jetzt etwas essen will. So geben in der Studie „Consumers in the Micro-Moment" (Google/Ipsos 2015)[8] 90 Prozent der Befragten an, ihr Smartphone generell zu nutzen, um sich bei Entscheidungsprozessen zu informieren und einen Fortschritt hinsichtlich der Entscheidungsfindung zu erzielen. Zugriffe auf die Google-Suche finden in technologisch hoch entwickelten Märkten wie den USA bereits zu mehr als 50 Prozent über mobile Endgeräte statt, YouTube ist die zweitgrößte Suchmaschine der Welt.

Fakt ist: Wir leben in einem Multi-Screen-Zeitalter und wir konsumieren Bewegtbild-Content auf immer mehr Screens in immer unterschiedlicheren Situationen. Marken brauchen im Zeitalter der Screens eine Multi-Plattform-Videostrategie, die sich an vielfältigen „Micro-Moments" orientiert. Bisherige Formatbezeichnungen sind überholt, Bewegtbild-Content wird anwendungsbezogen konsumiert. Oft entscheiden weniger als fünf Sekunden über den Erfolg. Das Format „True View", in dem Pre-Rolls nach fünf Sekunden übersprungen werden können, revolutioniert die Bewegtbildwerbung: Menschen können die Werbung bewusst wegklicken und das werbende Unternehmen zahlt nur, wenn der Spot auch wirklich angesehen wurde. Auf YouTube sind daher bereits mehr als 80 Prozent der ausgespielten Pre-Rolls im True-View-Format.

---

[8] https://think.storage.googleapis.com/docs/mobile-app-marketing-insights.pdf.   Zugegriffen   am 15.08.2016.

Dabei werden Smartphones im Multi-Screen-Zeitalter der wichtigste Screen. Wir werden aber zusätzlich eine massive Digitalisierung der sogenannten Out-Of-Home-Medien (OOH) erleben – eine der wenigen Werbeformen, die in ihrer klassischen analogen Form bereits an Bedeutung hinzugewinnt und durch digitale Bewegtbildmöglichkeiten eine wichtige Ergänzung des mobilen Screens wird. Content rückt somit immer näher an den Menschen heran: Der TV-Spot wird zu Hause, meist außerhalb der Öffnungszeiten angeschaut, das Smartphone ist ständiger Ratgeber am Point Of Sale (POS) und in Verbindung mit Screens direkt im Shop oder dessen Umgebung ergeben sich völlig neue Möglichkeiten für digitales Storytelling.

Die Organisation dieser vielfältigen Content-Formate angesichts einer fragmentierten Customer Journey werden in Zukunft nicht mehr Mediaplaner, sondern Maschinen übernehmen. Das bedeutet, dass der Einkauf von Werbung in digitalen Medien – das sogenannte Programmatic Advertising – automatisiert erfolgen wird. Die Gründe hierfür liegen auf der Hand: Konsumenten erwarten heute von Marken, dass diese in Echtzeit auf ihre Bedürfnisse reagieren. Das gelingt Maschinen aber wesentlich besser als Menschen. Durch Programmatic Advertising können Signale, die Konsumenten senden, in Sekundenschnelle ausgewertet und Anzeigen ausgespielt werden, die optimal den Wünschen und Bedürfnissen der Kunden entsprechen.

1.5.2   Probleme im Marketing: Budgets und Ressourcen

Laut The Digitale 2015 fehlt vielen Unternehmen journalistisches Know-how, um Themen zielgruppenspezifisch aufzubereiten. Es ist weniger das „Ob" als das „Wie", wenn es in den Unternehmen um Content Marketing geht. Dabei ist es völlig normal, dass es bei der Implementierung bzw. im laufenden Prozess zu verschiedensten Herausforderungen kommen kann. Die größten Hürden sehen die befragten Unternehmen in den folgenden Punkten:

- Oftmals mangelt es an dem Aufbau von technischem sowie redaktionellem Know-how (58 Prozent).
- Das Finden von Personen mit journalistischer Expertise ist ein Problem (31 Prozent).
- 26 Prozent empfinden das Implementieren funktionierender Umsetzungs- und Entscheidungsstrukturen als problematisch.

Zudem verschwenden viele Unternehmen einen Großteil des Marketing-Budgets. 40 Prozent der Marketing-Budgets sind nicht sinnvoll angelegt, das zeigt die Umfrage von Eprofessional.[9] Fast jeder dritte Befragte (31 Prozent) geht davon aus, dass 25 Prozent der Marketing-Budgets nicht zielführend investiert werden, weil folgende drei Gründe dies verhindern.

---

[9] http://www.eprofessional.de/news/umfrage-unternehmen-schoepfen-das-potenzial-der-eigenen-daten-nicht-aus/. Zugegriffen am 15.08.2016.

1. **Silodenken und Platzhirsche:** Grund für die mangelhafte Budgetverteilung ist, dass erhobene Kennzahlen sowie Kampagnen- und Kundendaten nicht ganzheitlich betrachtet werden (61 Prozent). Interne Machtkämpfe sind ein weiterer Grund (43 Prozent). Die Verantwortlichen in den einzelnen Bereichen verteidigen ihre Budgets und verhindern damit einen effizienten Mitteleinsatz.

2. **Die Erfolgsmessung fehlt:** Eine weitere Ursache für fehlerhafte Ressourcenallokation sind die fehlenden Kennzahlen (57 Prozent). Budgets werden falsch eingesetzt, weil die verantwortlichen Entscheider gar nicht wissen, was die einzelnen Marketing-Instrumente, -Kanäle und -Technologien tatsächlich leisten können. Das ist fatal. Hier muss Aufklärung betrieben werden, um Verschwendung zu vermeiden.

3. **Datenmassen (Big Data) überfordern Manager:** In einem Punkt sind sich die Online-Marketing-Experten einig: Der Bewältigung der Datenflut kommt aktuell eine große Bedeutung zu. Neben der mobilen Nutzung des Internets (90 Prozent) sehen 82 Prozent Big Data und Datensilos als eine derzeit große bis sehr große Herausforderung im Online-Marketing. Das häufig diskutierte Thema Attribution scheint dagegen noch nicht in den Köpfen der Macher angekommen zu sein: Nur elf Prozent der befragten Experten halten das Thema für einen momentan wichtigen Trend im Online-Marketing.

Silodenken und Platzhirschgehabe sind absolut fehl am Platz, wenn es um den sinnvollen Einsatz von unternehmerischen Ressourcen geht. Bei egozentrierten Denkweisen fehlt die unternehmerische Perspektive mit dem gemeinsamen Ansatz zur Zielerreichung. Alle Marketing-Maßnahmen müssen stringent gesteuert werden und benötigen eine Erfolgsmessung, nur dann entfalten sie ihre ganze Effizienz und erzielen maximale Werbewirkung. Es sind neue Strukturen, mehr Dynamik und Agilität erforderlich.

Nach eigenen Erfahrungen in Beratungsprojekten zum Content Marketing gibt es viele Schwachstellen im Unternehmen, die sich hemmend auf den Einsatz auswirken, siehe folgende Tabelle (Tab. 1.7).

Tab. 1.7 Content Marketing: Organisatorische Mängel und personelle Schwächen

Organisatorische Mängel	Personelle Schwächen
• Silos, Budget, Prozesse	• Methodendefizite wie:
• Produktorientierung	– Journalistisches Know-how
• Fehlende Kundennähe	– Customer Journey/Experience
• Digitale Marketing-Strategie	– Touchpoint Marketing
• Fehlende digitale Markenidentität	– Customer Buyer Persona
• keine Content-Strategien	– System zur Erfolgsmessung
• Unerfahren in der Umsetzung	– Rollen, Aufgaben, Skills,
• Digital Marketing Tools	– Digitale Arbeitsweisen

(Quelle: Hilker Consulting)

1.5.3 Stellenwert von Content Marketing im internationalen Vergleich

Welche Rolle spielt Content Marketing im heutigen Kommunikationsansatz von Unternehmen im internationalen Vergleich? Prof. Dr. Clemens Koob hat in seiner internationalen Studie „Content takes the Lead. Content Marketing international auf dem Vormarsch[10]" 700 Kommunikationsverantwortliche aus den USA, Großbritannien, Norwegen, Belgien, Deutschland, Österreich, Schweiz und Polen befragt und interessante Ergebnisse über Content Marketing herausgefunden. Ziel der Befragung war es, den Status quo und die Zukunft zum Content Marketing im internationalen Vergleich abzufragen.

In den meisten Ländern setzt etwa die Hälfte der Unternehmen schon heute schon auf Content Marketing statt auf werbliche Botschaften. Der Großteil der Unternehmen, die eine inhaltsgetriebene Kommunikationsstrategie über einen werblichen Ansatz stellen, kommt mit 81 Prozent aus Großbritannien. Die DACH-Region (Deutschland, Österreich, Schweiz) liegt mit 55 Prozent in der Mitte. Die USA hinken hinterher, nur 40 Prozent nutzen es.

Theoretisch müssten Unternehmen in der DACH-Region sogar noch mehr Content Marketing betreiben. Denn sie schreiben Inhalten und Storytelling einen extrem hohen Stellenwert zu, um Kunden zu gewinnen und das Markenimage zu verbessern. Mehr noch als der Vorreiter Großbritannien. Eine Frage aus der Studie lautete: „Eine Marke ist nichts ohne Inhalte: Wer Menschen für seine Marke begeistern will, muss Geschichten nutzen."

- DACH: 96 Prozent der befragten Unternehmen stimmen (voll und ganz) zu.
- UK: 78 Prozent der befragten Unternehmen stimmen (voll und ganz) zu.

Unternehmensziele erreichen durch Content Marketing Die in der Studie befragten Firmen finden Content Marketing für viele Unternehmensziele geeigneter als Werbung, vgl. Abb. 1.29.

Ganz klar sehen die befragen Unternehmen darin folgende Vorteile:

- Markenimage verbessern für Kunden, Partner, Mitarbeiter und Bewerber;
- Glaubwürdigkeit herstellen und als Experte positionieren;
- Informationen zum Produkt vermitteln.

Wie ist die Zukunft von Content Marketing? In drei Jahren werden ca. 75 bis 90 Prozent der Unternehmen eine von Content Marketing getriebene Strategie verfolgen.

---

[10]Eine Präsentation zur Studie ist online verfügbar: http://content-marketing-conference.com/wp-content/uploads/2016/03/CMCX2016_Clemens_Koob.pdf. Zugegriffen am 03.04.2016.

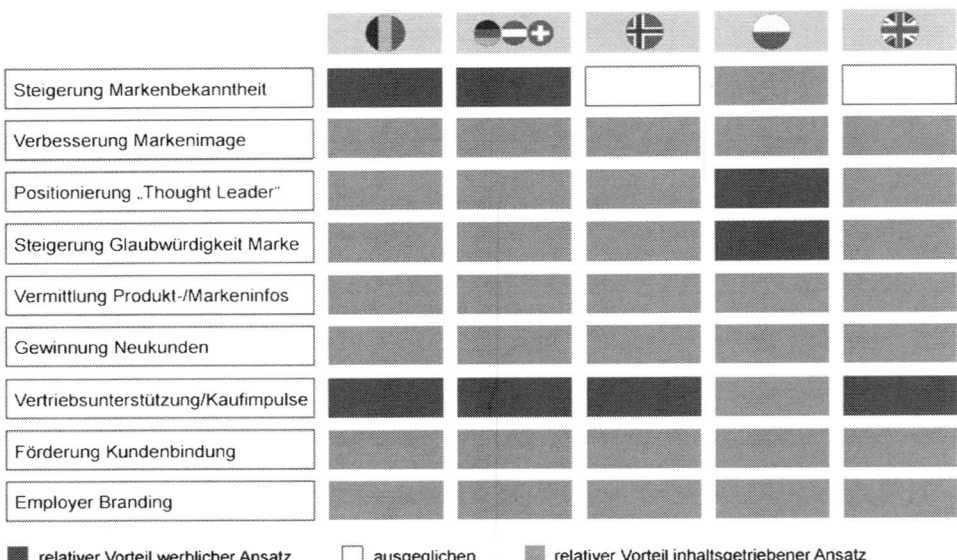

Abb. 1.29 Stärken einer inhaltsgetriebenen Kommunikationsstrategie laut der Studie „Content takes the Lead"

Die Studie zeigt, dass es zwei Herausforderungen für das Content Marketing für Unternehmen gibt:

1. **Strategie-Entwicklung:** Nur 19 Prozent der Unternehmen in DACH und Großbritannien folgen laut Studie einer klar definierten Content-Strategie. In anderen Ländern wie den USA (13 Prozent) sind es sogar noch weniger. Viele Firmen starten ihr Content Marketing ohne Strategie. Dabei ist es wichtig, dass Ziele (zum Beispiel Traffic, Conversion, Image) definiert sein müssen, um die Erfolgsmessung zu ermöglichen. Sie brauchen eine Vorstellung Ihrer Zielgruppen (Personas), um Ihre Inhalte auf allen Plattformen und Kanälen zu steuern. Die Werte Ihrer Firma sollten Sie kennen und alle im Team sollten sich darüber einig sein. Nur so findet man den passenden Kommunikationsstil, der zum Unternehmen passt.
2. **Erfolgsmessung:** International betrachtet sehen die meisten Unternehmen die Erfolgsmessung als größte Herausforderung im Content Marketing. Reichweite und Conversions sowie Likes und Shares haben im Content Marketing große Bedeutung. Nur wenn KPIs festgelegt und regelmäßig gemessen werden, erfährt man, ob man die Zielgruppe auch wirklich erreicht.

Die Studie von Prof. Koob zeigt, dass Content Marketing immer noch in den Kinderschuhen steckt. Unternehmen produzieren und verbreiten seit jeher Content – stellen sich aber leider viel zu selten die Frage, welche Ziele sie damit erreichen wollen, wer ihre Zielgruppe ist und wie die Ergebnisse aussehen sollen. Content Marketing funktioniert nicht ohne Strategie. Hier müssen die Unternehmen bzw. deren Marketers in allen Länder noch ihre Hausaufgaben machen.

Fakt ist: Hochwertige, informative Inhalte funktionieren besser als (oberflächliche) Werbung. Möchte ein Bestandskunde, potenzieller Kunde, Partner oder Bewerber mehr über das Unternehmen erfahren, bekommt er diese Infos über Content Marketing. Redaktionelle Inhalte stellen die USPs eines Produktes ideal heraus, bringen Nutzen und Vorteile auf den Punkt und fördern somit den Bekanntheitsgrad der Marke sowie die Kaufimpulse.

1.5.4 Besonderheiten für B2B-Unternehmen

Content Marketing ist ein wichtiger Marketing-Ansatz für B2B-Branchen. Das zeigten schon die Ergebnisse des B2B-Online-Monitors 2014 (B2B-Online-Monitor 2014). B2B-Anbieter kommen ohne Website, Newsletter oder Microsite heute nicht mehr aus und müssen künftig noch mehr in die Online-Kommunikation investieren. 79 Prozent der teilnehmenden Marketing-Experten bezeichnen Content Marketing zur richtungweisenden Maßnahme für die Zukunft. Dennoch dominiert derzeit noch der klassische Kommunikationsmix bei B2B-Unternehmen, obwohl branchenübergreifend im Marketing Digitalisierungsstrategien angestrebt werden.

Anscheinend wird es nun Zeit, dass B2B-Firmen den digitalen Dornröschenschlaf beenden. Zwar beabsichtigen mehr als zwei Drittel der Unternehmen, eine Digitalstrategie zu entwickeln, allerdings wird gleichzeitig ein Mangel an Know-how beklagt. So gibt die Mehrheit an, dass Management und Mitarbeiter von Unternehmen mehr digitale Medienkompetenz benötigen und die zunehmende Nutzung mobiler Endgeräte mehr Kontextbezug in der Kommunikation erfordere. Auch die fehlende Messbarkeit des Social Media ROI problematisieren die Befragten (52 Prozent).

Es herrscht zwar Aufbruchsstimmung, doch noch haben sich im B2B-Bereich wenig Digital-Marktführer herausgebildet. Die Ziellosigkeit zeige sich daran, „dass Kanäle recht willkürlich bespielt werden oder altgediente Maßnahmen wie Pressemitteilungen noch im Vordergrund stehen" und Online-Instrumente für kurzfristige Maßnahmen wie etwa die Traffic-Erhöhung (58 Prozent) eingesetzt werden, heißt es in der Studienauswertung. 58 Prozent wollen die Produkt- und Markenbekanntheit steigern, 33 Prozent möchten sich von der Masse abheben, weitere 37 Prozent wollen sich als Meinungsführer positionieren. Einem Drittel (33 Prozent) geht es vor allem darum, die Kundenbindung zu fördern. 29 Prozent wollen online in erster Linie den direkten Verkauf unterstützen. Auch beim Thema Mobile besteht laut B2B-Monitor noch Nachholbedarf.

B2B-Unternehmen sollten eine digitale Strategie entwickeln, die auf Content Marketing ausgerichtet ist. Mögliche Bausteine sind – neben der Mobile-Optimierung – Social

Media und Social Communities zur Kundenbindung. Folgende Schritte sind empfehlenswert zum Community-Aufbau:

1. Prüfen Sie, ob eine **Community** in Hinblick auf die wirtschaftlichen Verhältnisse und Ziele, für das Unternehmen und die Kunden wirklich das richtige Mittel ist (Due Intelligence).
2. Erstellen Sie einen **Business-Plan**, der die Community-Ziele klar definiert.
3. Entscheiden Sie sich, ob Sie den Schritt wirklich wagen wollen. Erst wenn alle offenen Fragen und Details klar sind, kann die **Entscheidung** für oder gegen die Community fallen.
4. Nun können Sie in die **Community-Planung** gehen. Entscheidend dabei ist, welche besonderen Bedürfnisse das Publikum/die Nutzer im jeweiligen B2B-Segment haben. Das „Wer" bestimmt in diesem Fall das „Wie" und das „Warum".
5. Füllen Sie die Community mit relevanten Inhalten und lassen Sie Nutzer testen. An dieser Stelle ist es wichtig, dass das Marketing und alle, die die Community betreuen, zusammenarbeiten und einen **Social-Media-Plan** erstellen.
6. Launchen Sie die **Plattform**.
7. Überprüfen Sie den **Erfolg** Werden die gesetzten Ziele erreicht? Gibt es genügend Interaktion? Melden sich genügend Nutzer an? Wie kann der Erfolg gemessen werden?
8. Praktizieren Sie permanent **Controlling und Monitoring** zur Community-Optimierung.

Empfehlungen für B2B Content Marketing   Voraussetzung ist, dass narrative Elemente ohne Verlust relevanter Informationen eingesetzt werden. Dazu gibt es einige Handlungsempfehlungen (Ettl-Huber 2014, S. 57):

- Nutzung verschiedener Medienformate wie Feature, Porträt, Whitepaper, Reportage,
- konsequenter Einsatz von Dramaturgie und Konflikt inklusive einer Auflösung,
- Beachtung der Erzählperspektive und Charakterisierung von Personen,
- Einsatz von direkter Rede durch Dialoge und Zitate der handelnden Personen,
- Ort und Zeit als narrative Strukturmerkmale sowie emotionale Elemente.

▶   Menschen blockieren „Werbung" aus dem Maketing 1.0. Unternehmen erreichen sie zunehmend nur noch mit nutzwerthaltigen Inhalten. Es gibt also einen Markt für Content. Das heißt, es gibt ein Angebot und eine Nachfrage und es gibt Wettbewerb. Wir müssen Content als ein „Produkt" verstehen, das sich „im Markt" bewähren muss durch das Feedback der Dialogpartner.

Zusammenfassend lässt sich resümieren, das Content Marketing durch die Publikation von Inhalten die Markenpositionierung unterstützt und den Vertrieb fördert. in den drei Phasen: Crossmedia Publikation, Digitale Sichtbarkeit und Abschluss wie die Abb. 1.30 zeigt.

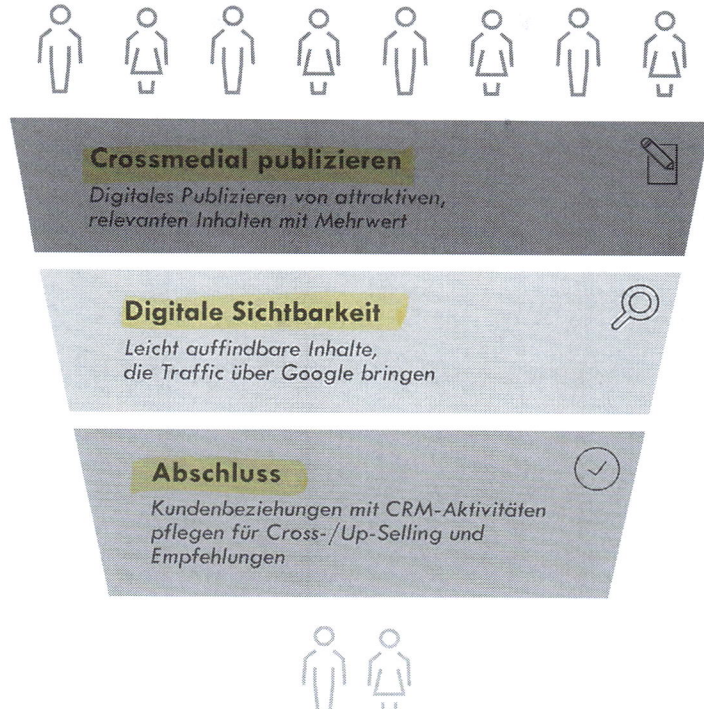

Abb. 1.30 Content-Marketing-Verkaufstrichter. (Grafik Quelle: Hilker Consulting)

1.5.5   Checkliste zur Einführung von Content Marketing im Unternehmen

Fragen zur Einführung von Content Marketing

Diese Checkliste sollten Sie bei der Einführung von Content Marketing abarbeiten:

1. Welche Herausforderungen versuchen wir mit Content Marketing zu lösen?
2. Welche Ergebnisse wollen wir als Nutzen damit erzielen?
3. Welche Ergebnisse hat der Chancen-Risiken-Check ergeben?
4. Wie beziehen wir unseren Markenkern und unsere Geschichten mit ein?
5. Wie ist unser Budget und welche Ressourcen stehen zur Verfügung?
6. Wie werden wir eine Idee dazu ausprobieren und wie viel Zeit geben wir uns dafür?
7. Wie gewinnen wir das Commitment von unserem Top-Management zum Einsatz von Content Marketing?

1.6   Zusammenfassung

In diesem Kapitel wurden die theoretischen Grundlagen des Content Marketing vorgestellt.
Die Basisgrundlagen (Definition, Abgrenzung, Methoden) sowie die strategische Grundlagen (Nutzen, Ziele, Gründe, Erwartungshaltungen) ermöglichen eine fachliche Diskussion
mit einheitlichen Grundlagen. Die ergänzenden Ansätze aus dem identitätstiftenden Marketing, Issue Management und Agenda Setting sind hilfreich zur Strategie-Vorbereitung.
Ebenso sollten die Einflüsse der Digitalisierung auf das Content Marketing dazu dienen, um
den strategischen Rahmen zu definieren und die digitale Medienvielfalt gezielt einsetzen. Es
zeigt sich im Beitrag von Gastautor Prof. Dr. Bürker, dass Content Marketing kein alter
Wein in neuen Schläuchen ist, sondern grundlegend neue Ansätze verfolgt. Unternehmen
müssen ihren Status quo im Content Marketing kritisch hinterfragen, ob sie bereits wirklich
Pull und Inbound Marketing einsetzen. Gastautor Prof. Dr. Kreutzer hat die Erfolgsfaktoren
im Content-Marketing mit Praxis-Beispielen dargestellt. Oliver Rosenthal, Industry Leader
von Google Germany, schildert die Herausforderungen und Hürden von Content Marketing
für Unternehmen. Es zeigt sich, dass ein Problem von Content Marketing die Ressourcen
bzw. die Budgetierung sind. Jedoch belegen die Best Practice Beispiele, dass Content
Marketing Wertschöpfungspotenziale fördert, indem Stakeholder-Perspektiven zeitgemäß
bedient und Anforderungen aus dem Controlling erfüllt werden, so dass eine ROI-Berech-
nung erfolgen kann. Der internationale Vergleich zum Content Marketing Einsatz zeigt die
Besonderheiten der Länder auf. Impulse gibt es auch für B2B-Unternehmen. Die Checkliste
zur Einführung von Content Marketing im Unternehmen schließt das Kapitel mit zahlreichen Handlungsempfehlungen ab. Lesen Sie mehr dazu im Beitrag von Hilker (2017).[11]

Literatur

ARD/ZDF-Onlinestudie. 2015. Knapp 80 Prozent der Deutschen sind online – User nutzen Internet
    häufiger und vielfältiger. http://www.ard-zdf-onlinestudie.de/index.php?id=541. Zugegriffen am
    01.11.2015.
B2B-Online-Montor. 2014. www.diefirma.de/b2b-online-monitor. Zugegriffen am 30.06.2016.
Barca, A. 2014. Unlocking the power of content marketing with SAP's VP of global audience mar-
    keting. http://www.curata.com/blog/unlocking-the-power-of-content-marketing-with-saps-vp-of-
    global-audience-marketing. Zugegriffen am 01.06.2015.
Bitkom. 2013. Die wichtigsten Hightech-Themen 2013. http://www.bitkom.org/de/presse/30739_74757.
    aspx. Zugegriffen am 25.05.2014.
Brenner, M. 2012. SAP invites businesses to envision what's possible with new campaign. http://
    blogs.sap.com/innovation/innovation/sap-invites-businesses-to-envision-whats-possible-with-
    new-campaign-02779. Zugegriffen am 31.05.2015.
Breßler, F. 2015. Content marketing in Deutschland 2014/15. http://de.slideshare.net/fbressler/
    cm-bressler. Zugegriffen am 07.09.2015.

---

[11] http://blog.hilker-consulting.de/blog/wie-content-marketing-strategie-entwicklung. Zugegriffen
am 19.02.2017.

Bruhn, M. 2012. *Marketing. Grundlagen für Studium und Praxis*, 11., überarb. Aufl. Wiesbaden: Gabler.

Bürker, M. 2013. *„Die unsichtbaren Dritten".* Ein neues Modell zur Evaluation und Steuerung von *Public Relations im strategischen Kommunikationsmanagement*. Wiesbaden: Springer VS.

Bürker, M. 2015. Content marketing. 13.2. In *Praxis des PR-Managements. Strategien – Instrumente – Anwendung*. FOM-Edition, FOM Hochschule für Oekonomie & Management, Hrsg. Jan Lies, 429–444. Wiesbaden: Gabler.

Burmann, Christoph; Freiling, Jörg; Hülsmann, Michael. 2005. *Management von Ad-hoc-Krisen. Grundlagen, Strategien, Erfolgsfaktoren*. Wiesbaden: Gabler Verlag (SpringerLink: Bücher).

Burmann, Christoph, Tilo Halaszovich, Michael Schade, und Frank Hemmann. 2015. *Identitätsbasierte Markenführung. Grundlagen – Strategie – Umsetzung – Controlling*, 2., vollst. überarb. u. erw. Aufl. Wiesbaden: Springer Fachmedien Wiesbaden.

Busemann, K. 2013. Wer nutzt was im Social Web? Ergebnisse der ARD/ZDF-Onlinestudie 2013. In *Media Perspektiven* o. Jg., Nr. 7/8:391–399.

CM-Entscheider-Studie. 2015. Relevance – Performance – Technology – Efficiency. https://www.facit-group.com. Zugegriffen am 30.06.2016.

ComMenDo. 2015. „Com-X": Deutscher Kommunikations-Index 2015 – Studie zu Anspruch und Zufriedenheit der Bevölkerung mit der Kommunikation von Unternehmen und Organisationen. http://www.commendo.de/news/com-x-studie-deutscher-kommunikations-index-2015.html. Zugegriffen am 01.11.2015.

Content Marketing Institute. 2013. How content strategy and content marketing are separate but connected. http://contentmarketinginstitute.com/2013/10/content-strategy-content-marketing-separate-connected/. Zugegriffen am 12.05.2016.

Content Marketing Institute. 2016a. B2B content marketing: 2016 benchmarks, budgets, and trends – North America. http://contentmarketinginstitute.com/wp-content/uploads/2015/09/2016_B2B_Report_Final.pdf. Zugegriffen am 07.11.2015.

Content Marketing Institute. 2016b. B2C content marketing: 2016 benchmarks, budgets, and trends – North America. http://contentmarketinginstitute.com/wp-content/uploads/2015/10/2016_B2C_Research_Final.pdf. Zugegriffen am 07.11.2015.

de Sombre, S. 2015. AWA 2015. Die Renaissance der Meinungsführer. Institut für Demoskopie Allensbach. http://www.ifd-allensbach.de/fileadmin/AWA/AWA_Praesentationen/2015/AWA_2015_Meinungsfuehrer_deSombre.pdf. Zugegriffen am 19.11.2015.

DPRG. 2015. *Honorar- und Trendbarometer 2015*. Berlin: Deutsche Public Relations Gesellschaft e.V.

DVorkin, L. 2012. Inside forbes. The birth of brand journalism and why it's good for the news business. http://www.forbes.com/sites/lewisdvorkin/2012/10/03/inside-forbes-the-birth-of-brand-journalism-and-why-its-good-for-the-new-business/. Zugegriffen am 12.05.2016.

Economist Intelligence. 2015. Der Aufstieg des Marketers. Wie Marketingmanager in Europa die Zukunft sehen. http://de.marketo.com/assets/resources/de/EIU-Western-Europe-DE.pdf. Zugegriffen am 05.03.2016.

Eickenberg, V. 2006. *Marketing selbstständiger Versicherungsvertreter. Eine empirische Analyse*. Versicherungswirtschaft, 46, 1. Aufl. Lohmar: Eul.

Ettl-Huber, S. 2014. *Storytelling in der Organisationskommunikation. Theoretische und empirische Befunde*. Wiesbaden: Springer VS.

FCP-Barometer. 2015. Inhouse communication & content marketing. In Hrsg. v. Forum Corporate Publishing e.V. http://www.cp-monitor.de/_data/Studie_FCP_Barometer_2015_1.pdf. Zugegriffen am 07.11.2015.

Felser, G. 2011. *Werbe- und Konsumentenpsychologie*. Berlin/Heidelberg: Springer.

Franck, G. 1999. Jenseits von Geld und Information. Zur Ökonomie der Aufmerksamkeit. *Medien + erziehung* 43(3/1999): 146–153. München.

Gartner. 2015. http://blogs.gartner.com/smarterwithgartner/files/2015/10/HypeCycle.png. Zugegriffen am 30.06.2016.

Godulla, A., und C. Wolf. 2015. Journalistische Langformen im Web: Produktionsbedingungen und Markteinschätzung. Eine Kommunikatorbefragung zu Scrollytelling, Webdokumentationen und Multimediastorys. *Media Perspektiven* (11): 526–532.

Handley, A., und J. Pulizzi. 2015. B2B content marketing benchmarks, budgets, and trends – North America report. Content Marketing Institute. http://contentmarketinginstitute.com. Zugegriffen am 29.06.2015.

Harris, M. 2013. CEO of SAP recruits a chief storyteller – Why?. http://insightdemand.com/story-selling/sap-recruits-chief-storyteller-why. Zugegriffen am 31.05.2015.

Heltsche, M. 2012. *Social Media im Kommunikations-Controlling*. Monitoring und Evaluation (communicationcontrolling.de Dossier Nr. 6). Berlin/Leipzig.

Hilker, Claudia. 2016. *Social-Media-Marketing am Beispiel der Versicherungsbranche*. Dissertation. Slowakische Technische Universität Bratislava.

Hilker, Claudia. 2017. Wie Content Marketing funktioniert. Online verfügbar: http://blog.hilker-consulting.de/blog/wie-content-marketing-strategie-entwicklung. Zugegriffen am 19.02.2017.

Hofbauer, G., und C. Hohenleitner. 2005. *Erfolgreiche Marketing-Kommunikation. Wertsteigerung durch Prozessmanagement*. München: Vahlen.

Holland, H. 2014. *Digitales Dialogmarketing. Grundlagen, Strategien, Instrumente*. Wiesbaden: Springer Gabler.

Horzetzky, D. 2015. Content marketing & native advertising – Not the same, however inseparable!, Vortrag an der HWR, Berlin, 27.05.2015.

Huhn, J., und J. Sass. 2011. Positionspapier Kommunikations-Controlling. In *Deutsche Public Relations Gesellschaft e.V. (DPRG), u. R. Stobbe, Internationaler Controller Verein e.V. (ICV)*, Hrsg. C. v. Storck. Bonn/Gauting: DPRG/ICV.

IBM. 2013. Global C-suite study. http://www-935.ibm.com/services/de/de/c-suite/csuitestudy2013/. Zugegriffen am 13.04.2015.

Koch, W., und B. Frees. 2015. Unterwegsnutzung des Internets wächst bei geringerer Intensität. *Media Perspektiven* (9): 378–382.

Kotler, P. 2012. *Grundlagen des Marketing*, 5., aktualisierte Aufl., 3. Repr. München: Pearson Studium.

Kotler, P., und K. L. Keller. 2012. *Marketing management*, 14. Aufl. Upper Saddle River: Prentice Hall.

Kreutzer, R. 2014. *Praxisorientiertes Online-Marketing, Konzepte – Instrumente – Checklisten*. Wiesbaden: Gabler.

Kreutzer, R. 2015. *Kundenbeziehungsmanagement im digitalen Zeitalter, Konzepte, Erfolgsfaktoren, Handlungsideen*. Stuttgart: Kohlhammer.

Kreutzer, R., und W. Merkle. 2015. *Ausgewählte Aspekte des Digital Branding, Handlungskonzepte für die digitale Markenführung*. Wiesbaden: Gabler.

Kreutzer, R., A. Rumler, und B. Wille-Baumkauff. 2015. *B2B-Online-Marketing und Social Media, Ein Praxisleitfaden*. Wiesbaden: Gabler.

Kroeber-Riel, W., und A. Gröppel-Klein. 2013. *Konsumentenverhalten*, 10. Aufl. München: Vahlen.

Lange, M. 2014. Die acht Hebel des strategischen Content Marketings. http://www.talkabout.de/infografik-die-acht-hebel-der-content-kontrolle/. Zugegriffen am 02.07.2014.

Löffler, M. 2014. *Think content!* Bonn: Galileo Computing.

Mast, C. 2012. Unternehmenskommunikation. In *Unternehmenskommunikation*. Betriebswirtschaftslehre, Kommunikationswissenschaft. Konstanz: UTB.

McKinsey. 2012. Turning buzz into gold. http://www.mckinsey.de/suche/Social_Media_Brochure_Turning_buzz_into_gold.pdf. Zugegriffen am 10.10.2014.

Meixner, J. 2014. emolyzr und NIVEA sagen: Danke, Papa! Fröhlichen Vatertag! http://emolyzr.de/emolyzr-und-nivea-sagen-danke-papa-froehlichen-vatertag. Zugegriffen am 01.06.2015.

Nielsen, J. 2006. The 90-9-1 rule for participation inequality in social media and online communities. https://www.nngroup.com/articles/participation-inequality/. Zugegriffen am 07.11.2015.

O. A. 2015. Deutscher Content Marketing Preis: Audi, Vodafone, Südtirol, WWF und Telekom siegen. http://www.absatzwirtschaft.de/deutscher-content-marketing-preis-audi-vodafone-suedtirol-wwf-und-telekom-siegen-65851/. Zugegriffen am 07.11.2015.

Profilwerkstatt. 2013. Die Zukunft der PR ist Content Marketing. Unternehmen setzen auf ihre eigenen Storys. Erfolgreiche Öffentlichkeitsarbeit für kleine und mittlere Unternehmen mit Owned Media. Whitepaper. http://profilwerkstatt.medialivedesk.com/files/2013/04/White_Paper_PR.pdf. Zugegriffen am 30.06.2016.

PR-Trendmonitor. 2015. Krisen-PR, Frustpotenziale und Content Marketing. In Hrsg. v. news aktuell u. Faktenkontor. http://www.presseportal.de/pm/6344/3062635. Zugegriffen am 07.11.2015.

Qmee. 2014. What happens online in 60 seconds? http://blog.qmee.com/online-in-60-seconds-infographic-a-year-later/. Zugegriffen am 07.02.2015.

Rossmann, A. 2015. Big data report | Teil 2. Perspektiven von Big Data für IT, Marketing und Vertrieb. In Hrsg. v. Reutlingen University: Research Lab for Digital Business. https://www.t-systems-mms.com/fileadmin/mms_upload/04_Unternehmen/Downloads/Big_Data_Report_Teil2.pdf. Zugegriffen am 21.01.2016.

Ruhrmann, G., und R. Göbbel. 2007. *Veränderung der Nachrichtenfaktoren und Auswirkungen auf die journalistische Praxis in Deutschland.* Wiesbaden: netzwerk recherche.

Ryan, D. 2014. *Understanding digital marketing. Marketing strategies for engaging the digital generation.* London: Kogan Page.

Statista. 2014. Umfrage zum Nutzungsanstieg von digitalen Marketingmaßnahmen 2014. http://de.statista.com/statistik/daten/studie/315611/umfrage/zunahme-des-unternehmens-engagements-im-digitalen-marketing-nach-massnahmenarten. Zugegriffen am 16.05.2015.

Statista. 2015. https://de.statista.com/infografik/3792/mediennutzungsdauer-2015/. Zugegriffen am 30.06.2016.

Südtirol. 2016. Was uns begewegt. www.suedtirol.info/wasunsbewegt. Zugegriffen am 30.06.2016.

Tropp, J. 2014. *Moderne Marketingkommunikation. System – Prozess – Management*, 2. Aufl. Wiesbaden: Springer VS.

von Meysenbug, C. 2013. „Danke Mama" – NIVEA lanciert digitale Dachmarkenkampagne zum Muttertag. http://www.beiersdorf.de/presse/news/local/de/all-news/2013/05/2013-05-03-pm-nivea-lanciert-digitale-dachmarkenkampagne. Zugegriffen am 01.06.2015.

Wenske, A. V. 2008. *Management und Wirkungen von Marke-Kunden-Beziehungen im Konsumgüterbereich. Eine Analyse unter besonderer Berücksichtigung des Beschwerdemanagements und der Markenkommunikation*, 1. Aufl. Wiesbaden: Gabler.

Wüst, C., und R. Kreutzer, Hrsg. 2013. *Corporate Reputation Management, Wirksame Strategien für den Unternehmenserfolg.* Wiesbaden: Gabler.

Zerfaß, A., und T. Pleil. 2012. Strategische Kommunikation im Internet und Social Web. In *Handbuch Online-PR*, Hrsg. A. Zerfaß und T. Pleil, 39–82. Konstanz: UVK Verlagsgesellschaft.

Content-Marketing-Strategien

2

Inhalt

© Springer Fachmedien Wiesbaden GmbH 2017
C. Hilker, *Content Marketing in der Praxis*, DOI 10.1007/978-3-658-13883-7_2

Zusammenfassung

Das zweite Kapitel des Buches behandelt die Entwicklung und Bestandteile einer Content-Marketing-Strategie. Es wird gezeigt, welche Strategietypen es gibt und wie Sie bei der Strategie-Entwicklung vorgehen sollten. In dem Kapitel erfahren Sie außerdem, warum Analysen im Content Marketing nicht fehlen dürfen. Sie lernen den Content-Marketing-Audit kennen sowie die Canvas-Methode. Neben der Theorie gibt es auch Beispiele aus der Praxis und verschiedene Content-Marketing-Maßnahmen wie Fachkonzepte zu Inbound Marketing, Crossmedia-Kampagnen oder Instrumente wie Storytelling

2.1 Roadmap: Vorgehensmodell zur Strategie-Entwicklung

Am Anfang jeder Content-Strategie stellt sich die klassische Frage: „Make oder buy?" Wird auf einen externen Content-Strategen gesetzt oder steht intern ein Experte zur Verfügung? In meinen Augen macht es Sinn, vor allem am Anfang einen externen Content-Strategen anzuheuern, der sein Wissen durch Konzeption, Beratung und Workshops an das Team weitergibt. Somit wird die Grundlage geschaffen, das Projekt-Management des strategischen Content Marketing mit der Zeit durch eigene Mitarbeiter zu steuern. Dazu ist es zunächst wichtig eine Roadmap für den Überblick zu erstellen mit den vier Schritten: Content Strategie, Content Planung, Content Umsetzung und Content Produktion, wie die Abb. 2.1 zeigt.

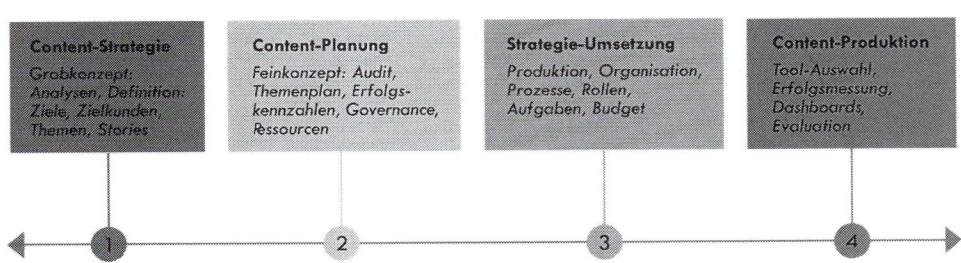

Abb. 2.1 Roadmap zur Content-Marketing Strategie-Entwicklung. (Grafik Quelle: Hilker Consulting)

Um eine effiziente Strategie-Entwicklung für Content-Marketing ergebnisorientiert zu erstellen empfiehlt sich eine systematische Herangehensweise mit den folgenden zehn Schritten:

1. Analyse: Ziele, Zielgruppen, Markt, Mitbewerber und Zukunftstrends müssen definiert werden.
2. SWOT-Analyse mit strategischer und taktischer Empfehlung.
3. Content-Audit, um vorhandenes Material zu verwerten.
4. Leitbild, Leitidee mit Botschaften und Kommunikationszielen sind das Herzstück.
5. Konzeption mit USP, Positionierung, Mehrwert für Nutzer sowie Messbarkeit mit KPIs.
6. Content-Produktion mit Prozessen, Aufgaben und Verantwortlichkeiten.
7. Content-Maßnahmen mit Storytelling, Leit-Stories und Plot.
8. Content Management mit Inszenierung der Beiträge: Themen, Medien, Formate.
9. Guidelines und Governance mit Templates, Corporate Identity/Design.
10. Evaluation mit Monitoring, Dashboards, Tools und KPI-Messung.

Die Roadmap zeigt, dass die Entwicklung einer Content-Strategie sowohl zeitliche als auch finanzielle Ressourcen benötigt. Wie bereits erwähnt ist diese methodische Herangehensweise jedoch elementar. Die hier vorgestellten zehn Schritte stellen eine Orientierung dar – eine Roadmap zum Ziel. Einerseits kommt es auf die individuelle Durchführung jedes einzelnen Schritts an, andererseits darf jeder einzelne Prozess auf keinen Fall isoliert betrachtet werden. Die Zusammenführung der individuellen Erkenntnisse ist der Schlüssel zu einer erfolgreichen Strategie-Entwicklung.

2.1.1   Nutzen einer Content-Strategie

Content Marketing ist ein großer Trend in der Kommunikationsbranche. Es basiert auf der Herausforderung, wirksame Inhalte zu planen und sie auf digitale zielgruppenspezifische Kanäle zu verteilen. Der Umgang mit Content erfordert in Unternehmen eine neue Kommunikationsarchitektur.

Eine Content-Strategie im ganzheitlichen Kommunikationsauftritt eines Unternehmens setzt einen konzeptionellen Schritt voraus, in dem es nicht nur um die konkreten Inhalte geht, sondern um grundsätzliche Entscheidungen zu unternehmerischen Zielen, Zielgruppen, Botschaften und Positionierung. Eine Content-Strategie erfordert zum Gelingen einen integrierten Kommunikationsansatz. Aber oftmals kämpft man in der Praxis zunächst noch mit grundsätzlichen Fragen wie: „Brauchen wir wirklich eine Strategie für Content Marketing? Das Ganze wird doch überbewertet! Wir sind doch schon auf Facebook und posten da unsere Inhalte aus dem Blog. Wie erfolgreich unsere Arbeit ist? Keine Ahnung, wir messen das nicht, aber das kommt schon noch …"

So oder so ähnlich klingen die Vorbehalte gegen eine Strategie-Entwicklung in deutschen Unternehmen. Teilen Sie diese Bedenken? Dann befinden Sie sich in guter Gesellschaft. Denn laut dem Digitalstrategen Klaus Eck (2011) verfügen die wenigsten deutschen Unternehmen über eine schriftliche Content-Strategie. Und wenn, dann handelt es sich meist um ein großes Unternehmen.

Eine Content-Strategie kostet Ressourcen wie Zeit und Geld. Es müssen sowohl Kompetenzen erworben oder eingekauft als auch Strukturen und Prozesse verändert werden. Das ist ein langfristiger Prozess. Ist er einmal angestoßen, dann muss er gemanagt werden. Es ist ein Kreislauf, der zu Anfang hoher Ressourcen bedarf und mit der Zeit an Intensität abnimmt und zu einem integrierten Geschäftsprozess wird. Eine professionelle Content-Strategie ist die Grundlage für ein erfolgreiches Content Marketing. Und erfolgreiches Content Marketing verschafft Ihnen in Zeiten von Informationsfluten einen Wettbewerbsvorteil gegenüber Ihren Konkurrenten.

▶ **Wie wird eine Content-Strategie definiert?** „Eine Content-Strategie ist ein Handlungsleitfaden, der konzeptionelle, strukturelle und taktische Planungen für die Kommunikation von Themen und Inhalten für alle internen und externen Plattformen festlegt." (Schach 2014, S. 73).

Was ist der Nutzen einer Content-Strategie? Die Studie „B2B Technology Content Survey Report 2014"[1] des Content-Entwicklungsunternehmens Eccolo Media belegt anhand einer Befragung von führenden Entscheidern in Unternehmen, dass gut aufgearbeiteter Content die Kaufentscheidung für ein bestimmtes Produkt unterstützen kann. Kunden konsumieren in allen Kaufphasen gerne Content. Insbesondere in der Pre-Sales-Phase nutzen Kunden digitale Inhalte wie Whitepaper oder Case Studies, um sich vor dem Kauf gut zu informieren. In der Kundenkommunikation wird die Informationsqualität immer wichtiger: Nicht die Werbebotschaften stehen im Vordergrund, sondern die Informationen, die darüber hinaus einen Nutzen für die Kunden haben (Das Content-Marketing-Prinzip mit Verkaufstrichter zur Kaufentscheidung zeigt Abb. 2.2).

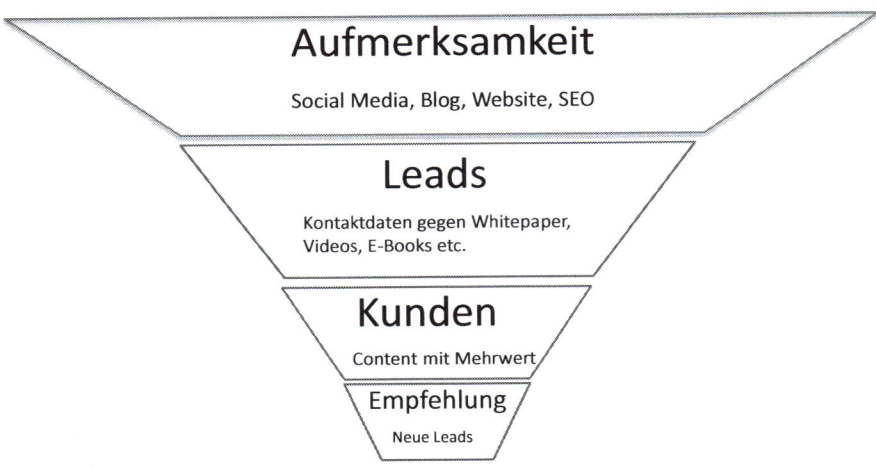

Abb. 2.2 Content-Marketing-Prinzip mit Verkaufstrichter zur Kaufentscheidung. (Grafik Quelle: Hilker Consulting)

[1] http://eccolomedia.com/eccolo-media-2014-b2b-technology-content-survey-report.pdf. Zugegriffen am 04.08.16.

Die vertrieblichen Content-Marketing-Ziele sind erreichbar, indem Unternehmen folgende Maßnahmen durchführen, siehe Abbildung 2.2. Verkaufstrichter:

1. Aufmerksamkeit: Content-Angebote via Social Media, Blogs, Website.
2. Leads: Content gegen Kontaktdaten.
3. Kunden: Content mit Mehrwert bieten.
4. Empfehlungs-Marketing: Kunden empfehlen Marke an Freunde.

Nicht nur große Konzerne können eine Content-Strategie entwickeln. Auch kleine und mittlere Unternehmen, Non-Profit-Organisationen oder Einzelpersonen können ein strategisches Content Marketing erarbeiten. Denn was man in eine Content-Strategie einzahlt, kommt um ein Vielfaches im Content Marketing wieder raus, wenn man es professionell angeht.

2.1.2 Strategiemodell für Content Marketing

Welche Möglichkeiten gibt es, um eine nachhaltige Content-Strategie zu entwickeln? Aus eigener Erfahrung weiß ich, dass sich im Content Marketing alles um die richtige Strategie für die Ziele eines Unternehmens dreht. Ohne Strategie und Steuerung gelingt kein Content Marketing. Warum ist eine klar definierte Content-Marketing-Strategie so wichtig? Weil nur auf diese Weise die Ziele des Content Marketing effizient und vor allem nachhaltig erreicht werden können. Dies gilt für die Prozesse sowohl der Content-Produktion und -Distribution als auch der -Evaluation. Grundsätzlich ist eine gut durchdachte Content-Marketing-Strategie umso notwendiger, je mehr Mitarbeiter in den Prozess involviert sind, je größer die Anzahl der verschiedenen Medienformate ist und je unterschiedlicher die Zielgruppen sind. Eine funktionierende Strategie verhindert blinden Aktionismus und sichert so den messbaren Erfolg im Content Marketing.

Woran erkennt man ein Unternehmen mit einer ausgereiften Content-Strategie? Laut Eck und Eichmeier (2014) erkennt man ein Unternehmen mit einer ausgereiften Content-Strategie daran, dass sämtliche Inhalte optisch und inhaltlich wie aus einem Guss wirken. Damit sind nicht nur die Inhalte auf der Website und der Social-Media-Kanäle gemeint, sondern auch der gesamte Brand Content. Wenn man sich die Mühe macht und das gesamte Content-Angebot zusammenträgt, das ein Unternehmen produziert und veröffentlicht, kommt schnell Einiges zusammen.

Wie sieht ein wirksames Strategiemodell für Content Marketing aus? Viele Content-Experten sind besonders kreativ und entwickeln komplexe Modelle. Doch in der Praxis zeigt sich, dass ein Strategie-Modell einfach strukturiert werden muss, damit es verständlich, pragmatisch und handhabbar für die Praxis ist (vgl. Abb. 2.3). Wenn man erst 50 Powerpoint Charts zur Content-Strategie lesen muss, dann hat man den Inhalt am Ende schon wieder vergessen. Doch wie gelingt ein einfache Strategie-Entwicklung, wenn doch die Wirkungszusammenhänge recht komplex sind? Es funktioniert nach meinen Erfahrungen nur, indem das Projekt in vier Phasen unterteilt und in sieben Arbeitsschritten umgesetzt wird. 1) Markt-Analyse, 2) Strategie-Entwicklung, 3) Umsetzung, 4) Erfolgskontrolle

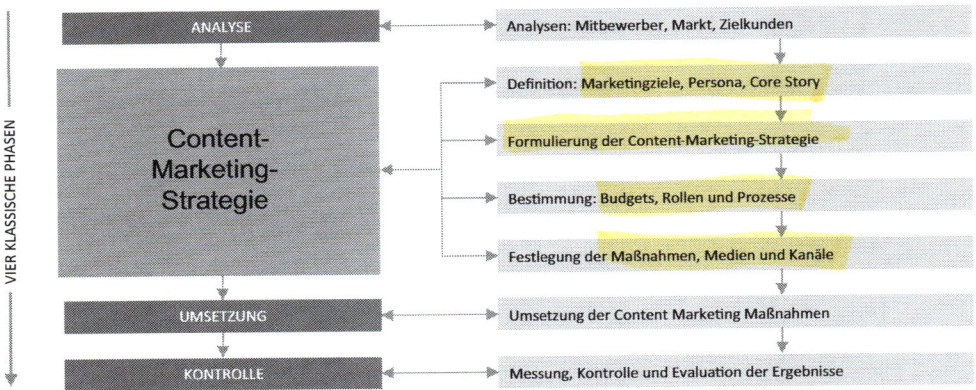

Abb. 2.3   Content-Marketing-Strategie. (Grafik Quelle: Hilker Consulting)

2.1.3   Strategie-Ausrichtungen im Content Marketing

Jedes Unternehmen benötigt eine individuelle Ausrichtung der Content Marketing Strategie. Die Ausrichtung bestimmt den wesentlichen Erfolgsfaktor und sollte somit strategisch geplant werden. Miriam Löffler (2014) beschreibt in ihrem Buch „Think Content!"
vier Phasen zur Erstellung einer Erfolg versprechenden Content-Strategie:

1. **Content-Audit:** Bewertung des bestehenden Angebotes mit dem bereits online gestellten Content.
2. **Content-Planung:** Festlegung, welche Inhalte in welcher Form für die Zielgruppe vorhanden sein müssen. Interpretation der Ergebnisse des Audits.
3. **Content-Produktion:** Festlegung von Zuständigkeiten, Qualitätskontrolle, Zeit und
   Kostenplan.
4. **Content Management:** Umsetzung und Management der Inhalte im Tagesgeschäft.

Insbesondere Unternehmen, die auf den Digital-First-Ansatz setzen und ihre Inhalte vor-
nehmlich digital produzieren, benötigen eine Content-Strategie für eine zielgerichtete
Kommunikation. Die Content-Strategie umfasst die Analyse, Organisation und Planung
von Inhalten, die in der Kommunikation eingesetzt werden – häufig in einem ganzheitlichen Ansatz unter Einbeziehung von Online- und Offline-Formaten. Der folgende Abschnitt beschreibt die Herausforderungen dieser neuen Aufgabe, die Merkmale einer

Content-Strategie und den exemplarischen Weg zur Entwicklung einer Kommunikations-architektur und eines Themenplans.

Wie ist das Vorgehen? Vergleichbar mit einem klassischen Kommunikationskonzept werden zunächst die Zielsetzungen einer Content-Strategie festgelegt, zu deren Errei-chung die Maßnahmen entwickelt werden. Beispiele für Ziele bzw. Paradigmen für die Entwicklung einer Content-Strategie können sein:

1. **Digital-First-Ansatz:** Die Organisation der gesamten internen und externen Kommuni-kation wird auf digitale Plattformen umgestellt, um zukunftsorientiertes Themen-Management sicherzustellen und die Verlängerung von Inhalten in andere, auch analoge Formate zu erläutern.
2. **Integration und Zentralisierung:** Integration auf der horizontalen und vertikalen Ebene, um mehr Synergien in der Produktion und Umsetzung zu erreichen. Eine zentrale Super-vision und Lenkung von Themen sollte bereichsübergreifend die Kommunikation steuern.
3. **COPE-Ansatz (Create Once, Publish Everywhere):** Durch eine konsequente Verlän-gerung digital erstellter Contents soll die Effizienz der Kommunikation gesteigert und Botschaften konsistenter vermittelt werden (Schach 2014, S. 74).

In der Vorbereitung einer Content-Marketing-Strategie geht es darum, die geeigneten Pro-jektteilnehmer zu finden:

- **Erstellen einer „Content Task Force".** Sie besteht aus Vertretern aller relevanten Be-reiche in einem Unternehmen, zum Beispiel Sales, PR, Marketing, Support, Unterneh-menskommunikation, IT und Social Media. An der Seite dieser Task Force sollte ein erfahrener externer Content-Stratege stehen, der objektiv berät (und nicht nur die Dienstleistungen seiner Agentur verkaufen will). Später kommen weitere Experten ins Team, die zum Beispiel Tools und Prozesse integrieren. Auch das Team für die opera-tive Umsetzung entwickelt sich erst später.
- **Das Team sollte so groß sein,** dass jeder Stakeholder im Unternehmen vertreten ist. Gleichzeitig sollte es so klein sein, dass die Gruppe arbeitsfähig bleibt. Sind potenziel-le Kandidaten gefunden, müssen diese in Einzelgesprächen über das Projekt aufgeklärt und dafür begeistert werden. Es ist nicht Erfolg bringend, einfach irgendjemanden für das Projekt abzustellen. Die Teammitglieder müssen von der Idee einer Content-Strategie überzeugt sein, um sich langfristig zu engagieren.
- **Strategie mit Nachhaltigkeit**[2]: Zuerst sollte „die ideale Welt" (nicht die utopische) definiert werden. Danach wird geschaut, wie realistisch konkrete Arbeitsschritte dahin aussehen. Der erste Schritt der Umsetzung der Strategie sollte einfach, machbar und logisch verständlich sein. Dabei sind auch die folgenden Schritte zu berücksichtigen, wie Produktion und Evaluation. An der Strategie sollte nicht gespart werden, denn sie

---

[2] Mehr zur Nachhaltigkeit einer Content-Strategie zeigt der Blogbeitrag: http://blog.hilker-consul-ting.de/blog/nachhaltiges-marketing-mit-einer-content-strategie. Zugegriffen am 08.04.2016.

ist das Fundament für den späteren Erfolg. Eine undifferenzierte, vor allem Konkurrenten nacheifernde, „Me to"-Einstellung funktioniert nicht. Eine Content-Strategie Entwicklung ist anspruchsvoll.

- **Planen einer intelligenten Umsetzung:** Neue Ideen brauchen Offenheit. Mit der neuen Denkweise ergeben sich neue Möglichkeiten: Wenn Content für alle Bereiche genutzt werden kann, kann er auch finanziert werden. Content kann durch Recycling mehrfach verwendet werden. Es braucht nicht für jeden Kanal neuen Content, vielmehr helfen kampagnenbezogene Lösungen. Marketers brauchen eine Vision und Kreativität. Wenn es eine professionelle Strategie gibt, dann ist die Chance groß, die sorgfältige Umsetzung mit qualifizierten Mitarbeitern zu erzielen.

Wie lassen sich die Strategie-Ausrichtungen im Content-Marketing klassifizieren? Die folgende Tab. 2.1 zeigt Strategie-Ausrichtungen im Überblick, indem die markanten Strategie-Merkmale als Besonderheit und führend in der Ausrichtung nachfolgend erläutert wird.

Natürlich gibt es die Strategie-Ausrichtung nicht nur in Reinform, sondern auch im Mix. Es ist keine vollständige Liste, sondern ein Vorschlag zur Klassifikation mit ausgewählten Cases, die erweiterungsfähig ist. Die Klassifikation mit den definierten Ansätzen wird im Folgenden mit Praxisbeispielen kurz erläutert.

1. Die Strategie-Ausrichtung **Image/Branding** mit dem Ziel detaillierte Produktvorteile zu vermitteln, um hohe Aufmerksamkeit zu für das Image erzielen, zeigen Gestaltungsansätze mit hochwertigen Medien (Videos, Bilder) wie Praxisbeispiele von BMW, der hochwertige Inhalte als mobile App und Web-App für Zielkunden bereit hält (www.bmwmagazine.com).
2. Die Ausrichtung **Information/Aufklärung** zur Vermittlung von gezielten Informationen zur Einflussnahme (rational, emotional, manipulativ, provokativ) zeigen die Praxisbeispiele von Greenpeace (Kampagnen), Oetker (Koch- und Backtipps) und Dr. Beckmann (Ratgeber zur Flecken-Entferner) und Loreal (Haar-/Frisur-/Styling-Tipps), Die Website von Schwarzkopf wirkt wie ein Modemagazin mit redaktionell aufbereiteten Inhalten rund um Haare, Frisur und Styling (vgl. Abb. 2.4). Auf der Startseite sind keine Produkte zu sehen. Sie befinden sich erst in zweiter oder dritter Ebene passend zum jeweiligen Thema. Die radikale Kursänderung bei der Online-Marketing-Strategie von Schwarzkopf hatte einen Grund: Die Suchanfragen aus den Suchmaschinen waren eher unbefriedigend. Es zeigte sich, dass die Menschen nicht nach Produkten suchen, sondern eher nach Lösungen und Antworten auf Fragen wie „Wie färbe ich meine Haare schonend?" oder „Wie frisiere ich eine Hochsteckfrisur?" Die neue Content-Marketing-Strategie scheint bis dato ein voller Erfolg für Schwarzkopf zu sein. Das zeigt zumindest die deutlich höhere Sichtbarkeit in Google. Dies führt zu hohem Website Traffic, ohne hohe Werbegelder zu investieren – ein Erfolg auf ganzer Linie!

Abb. 2.4 Content-Produktion von Schwarzkopf

3. In der **Kampagnen-Orientierung** sollen durch crossmediales Publishing hohe Reichweiten erzeugt sollen, um Ziele wie Branding, Community-Aufbau und Bekanntheitsgrad zu erreichen. Praxisbeispiele dazu sind z. B. Starbucks, Oral-B, Red Bull siehe
   Crossmedia-Kampagnen, Kapitel 2.3.2.
4. Zur **Differenzierung** und zur einzigartigen Positionierung mit ungewöhnlichem
   Wow-Effekt eignet sich die Nutzung von innovativen neuen Plattformen wie Snapchat
   wie die Audi Superbowl-Kampagne, siehe Kampagnenteil, Abschn. 2.3.3.
5. Die **Markt- bzw. Zielgruppenerschließung** zur individuellen Ansprache neuer Zielgruppen zur Umsatzsteigerung nutzen z. B. Parship und Elitepartner. Die emotionale
   Ansprache und die Betonung von Nutzenvorteilen auf wissenschaftlicher Basis (psy-
   chologische Test mit Gutachten zur Partnersuche nach Matchingpoints) sollen den
   Abschluss online zur Partnervermittlung durch Glaubwürdigkeit fördern. Im Content
   Bereich dominieren Blogbeiträge mit Tipps für Partnersuche, Dating und auch Service wie Online-Coaching.
6. Zur **Kontaktanbahnung** werden definierte Zielgruppen emotional angesprochen,
   z. B. Privat- oder Geschäftskunden durch Anzeigenmotive mit Mitarbeiter/Kunden
   zum Vertrauensaufbau z. B. Commerzbank (Werbung), Fielmann (TV-Spots).
7. Content mit der Ausrichtung **Service-Community** kann das Beziehungsmanagement
   fördern. Content-Marketing wird dabei mit Online-Service und User-generated-
   Content verbunden werden. Der Self-Service online für Kunden und Interessenten

ermöglich Wissensaustausch online, Community-Aufbau und fördert die Reputation. Beispiele sind Allianz (Allianz-hilft), Telekom hilft, Bahn (@DB_Bahn). Das Motto lautet: Kunden-helfen-Kunden in Communities. Der Pionier Telekom (telekomhilft. telekom.de) hat vorgemacht, wie eine Self-Service-Community funktioniert. Heute nutzen auch konservative Branchen solche Lösungen wie Energieversorger (RWE-hilft), Deutsche Bahn (@DB_Bahn) und Versicherungen (Allianz-hilft unter: https://forum.allianz.de). Noch ist der Anteil im Content Marketing niedrig, doch der Trend Content-Marketing, Online-Service mit User-generated-Content zu verbinden ist unverkennbar, denn Communities erlangen als Servicekanal der Zukunft für viele Unternehmen einen hohen Stellenwert, denn Social Care spart Unternehmen viel Geld (Online-Wissensmanagement statt Callcenter) und macht Kunden zufriedener, weil sie schneller und autonomer ihre Anliegen befriedigen können (2012).[3] Vor allem in der Telekommunikationsbranche haben sich Service-Communities durchgesetzt, z. B. Swisscom Support Community. Im Kundenservice 2.0 werden die Kunden selbst zum Kern eines neuen Geschäftsmodells: Beispielsweise übernehmen beim Mobilfunkanbieter Giffgaff die Kunden einen aktiven Part, indem sie als Kundenberater, Ideengeber und Beschwerdemanager für das Unternehmen agieren.[4] Der Übergang zur Kundenbindung ist fließend, siehe (Abb. 2.5).

8. Für die **Lern-Community** (Community of practice) erstellt ein Unternehmen Inhalte in einer Online-Akademie, um mit qualifizierten Partnern ein neues Geschäftsmodell zu generieren. In der Community lernen die Teilnehmer qualifizierte Kenntnisse und der Anbieter gewinnt neue Wachstumschancen. Typische Beispiele: Hornbach vermittelt mit how-to Video-Tutorials Laien, wie DIY-Maßnahmen durchgeführt werden und fördert somit den Produktverkauf. Das Baumarktunternehmen bietet auf seinem YouTube-Kanal damit Hobbyheimwerkern nützliche „How-to-do-Videos" zur Beantwortung von Fragen wie „Wie streiche ich meine Wände?" oder „Wie verlege ich eine Fußbodenheizung?" Im Do-it-Yourself-Bereich besteht eigentlich immer Informations- und Beratungsbedarf – sehr praktisch für einen Baumarkt, der auch gleich die passenden Materialien parat hat. Die Vorteile für Hornbach: Einerseits wird viel Traffic generiert und andererseits werden Know-how und Kompetenz vermittelt – und das wird gerne und oft von Usern weiterempfohlen und fördert den Produktverkauf. Der Hornbach Case wird auch im Gastbeitrag von Prof. Dr. Bürker im Kap. 1.3.5 erläutert. Die Online-Akademie von Google vermittelt Wissen über SuchmaschinenMarketing und fördert die Google Adwords Vertrieb. Mit dem Inbound Marketing Zertifikat in der Online-Akademie gewinnt Hubspot Agenturen, die das Produkt an Unternehmen vertreiben.

---

[3] http://hsimmet.com/2012/08/16/communities-eine-neue-ara-im-kundenservice-bricht-heran/. Zugegriffen am 15.08.2016.

[4] www.haufe.de/marketing-vertrieb/crm/die-digitale-disruption-im-kundenservice/trends-im-digitalen-service_124_264878.html. Zugegriffen am 15.08.2016.

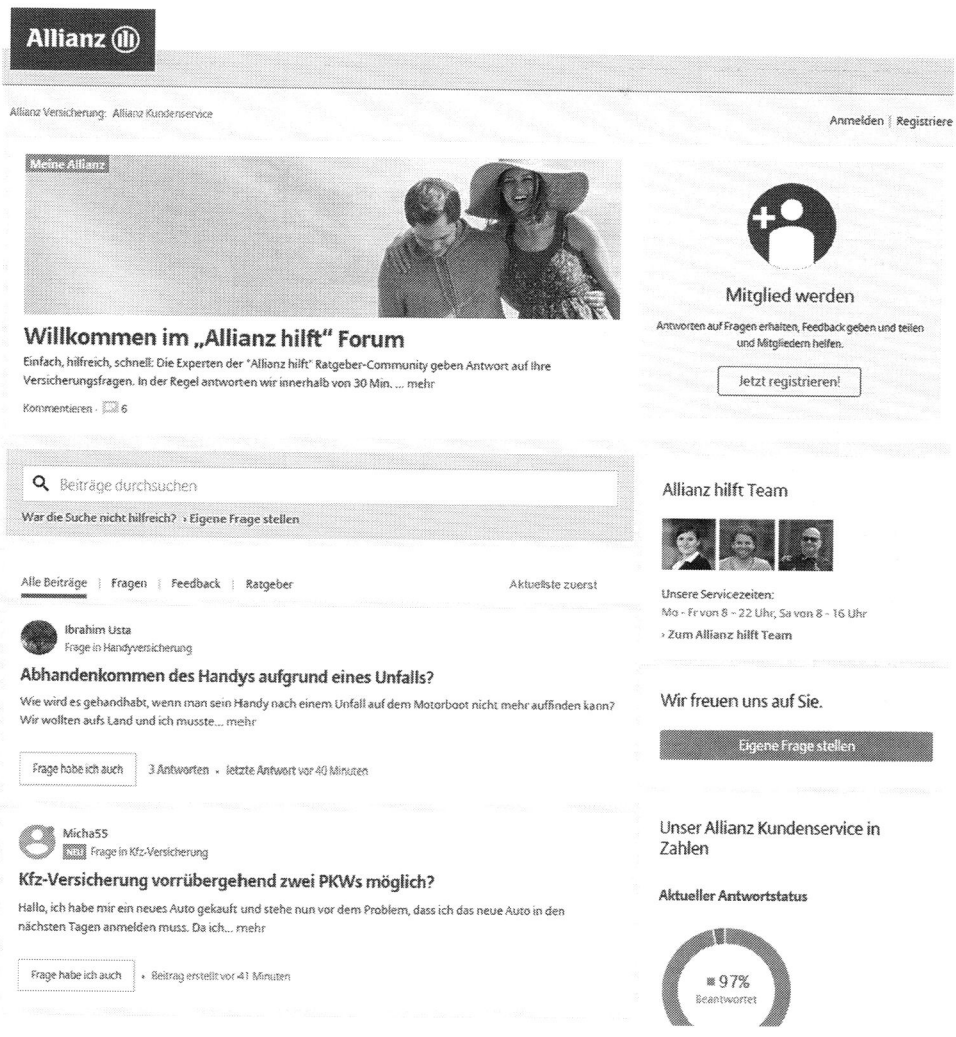

Abb. 2.5   Self-Service Community hilft

9. Im **Employer Branding** werden Mitarbeiter als Markenträger zum Aufbau von Vertrauen und Kundenbindung eingesetzt. Zappos, Audi und Google nutzen diese Ansätze (Hilker 2011) sowie auch Adidas, Immobilienscout 24. Typisches Beispiel ist die Krones Kampagne: Lächelnde Mitarbeiter als Sympathieträger. Krones ist ein weltweiter Hersteller von Anlagen für die Abfüllung und Verpackung von Flüssigkeiten in Flaschen und Dosen und verbreitet seit 2010 auf verschiedenen Social-Media-Plattformen

Informationen aus dem Arbeitsalltag. Offene Stellen schreiben sie ebenfalls auf der Facebook-Fanpage aus, in der Kategorie „Career". Für Charles Schmidt, Social-Media-Manager von Krones, ist dies zur Fachkräftegewinnung im „War of Talents" ein wichtiges Instrument. Ziel in Krones Social-Media-Strategie ist es, den Dialog mit Krones zu fördern und die freundschaftliche Beziehung zu den Interessenten wie Bewerbern zu vertiefen. Krones erreicht das, indem via Social Media Geschichten geliefert werden, die Einblick in das Unternehmen geben. Der interaktive Dialog erfolgt über Twitter, Xing, YouTube und Facebook („KronesAG"/„Krones-Academy").

10. Die **Vertriebsorientierung** im Content Marketing dient zur Umsatzförderung durch Neukundengewinnung mit Inbound Marketing und benötigt hochwertigem Content. Ein typisches Muster zur Vorgehensweise ist nach der Erstellung von Kampagne, Personas und Keyword-Analyse eine Landingpage anzulegen, wo hochwertige Inhalte (wie Whitepaper) gegen Kontaktdaten getauscht werden. Unternehmen wie Haufe, SAS, Hubspot und Adobe nutzen diese Ansätze, siehe Abschn. 2.3.2.

11. Bei der Ausrichtung auf **Event-/Kongress-Marketing** sollen Reichweiten und Wirksamkeit von Events gesteigert werden. Mögliche Ziele sind Kundengewinnung und Customer Experience Management: Teilnehmer-Erlebnisse sollen jederzeit und überall möglich sein, auch mobil und international. Durch Livestream Maßnahmen wie Google Hangouts, Periscope, Webinar Tools wird der Teilnahmekreis in Echtzeitzeit vergrößert und das Event-Erlebnis wird als Film „konserviert" für nachträgliche Event-Konsumenten. Drei Beispiele werden nachfolgend erläutert: Re:publica, Kongress: Business After Future (Hilker 2017, S. 427–444):

    a. Die Wirtschaftswoche und Euroforum richten gemeinsam die Business After Future-Veranstaltung aus. Zentrales Element der Content Marketing-Maßnahmen sind regelmäßige Blogbeiträge auf der Veranstaltungswebsite.

    b. Als Vorzeigebeispiel im Kongressmanagement bezüglich des Einsatzes von Content Marketing gilt die re:publica (vgl. Abb. 2.7). Sie ist eine Konferenz zum Themen *digitale Gesellschaft*. 2016 fand die zehnte Jubiläumsausgabe „re:publica TEN" in Berlin statt mit einer Teilnehmerzahl von 8.000 Teilnehmern. Wesentlicher Erfolgsfaktor der Veranstaltung ist deren Content Marketing. Das Herzstück ist die Website der re:publica, dort laufen alle Content-Stränge zusammen. Dort setzen sie vor, während und nach der Veranstaltung sowohl auf Textbeiträge (z. B. Blogbeiträge) als auch auf Videosequenzen (z. B. Livestreams, Vlogs). Jeder dieser Beiträge wird im Newsroom archiviert und ist dauerhaft abrufbar. Durch dieses Vorgehen ist mittlerweile ein enorm großer Pool an Informationen entstanden, was jeder User kostenlos abrufen kann. Durch diese qualitativ hochwertigen und vielseitigen Beiträge ist eine Wissensplattform mit Alleinstellungsmerkmal entstanden, die neue Besucher anzieht – eine bessere Eigenwerbung gibt es nicht (Hilker 2016a).

c. Auch der Social Media Club Düsseldorf (http://www.social-media-club-duessel-dorf.de/) setzt Content-Marketing ein – vor, während und nach dem Event. **Vor der Veranstaltung** soll der Content (zumeist Blogbeiträge) möglichst viel Aufmerksamkeit generieren, um den Bekanntheitsgrad zu steigern und möglichst viele Anmeldungen zu gewinnen. Während des Events werden die Teilnehmer aufgefordert zu twittern, um die Community mit Inhalten zu unterhalten. Zudem werden möglichst Formate wie Twitter-Walls, Video-Dreh, Foto-Galerie, Live-Streaming (Google Hangouts, Periscope) eingesetzt. **Nach dem Event** werden Blogbeiträge über die Veranstaltung publiziert und über Social Media geteilt. Insgesamt lässt sich festhalten, dass sich professionelles Content Marketing positiv auf die Reputation des Veranstalters auswirkt. Den Kunden sollte ein Rundum-Erlebnis verschafft werden, das sowohl unterhaltenden als auch informativen Charakter haben kann. Durch dieses Vorgehen kann sich die Veranstaltung in der Branche als Highlight etablieren (Hilker 2017).

12. **Experten-Positionierung**: Die Expertise wird über Experten-Beiträge im Content Marketing vermittelt. Maßnahmen wie Maillisten, Blog-Marketing, Webinare, Videos und Whitepaper werden eingesetzt. Berater, Trainer und Autoren wie Brian Solis und Charlene Li von Altimetergroup, Robert Rose von Content Marketing Institute sind typische Beispiele dafür.

13. Im **E-Commerce** wird Content zum Produktverkauf eingesetzt. Oftmals wird es gekoppelt mit Suchmaschinen-Marketing wie Google Adwords. Typische Beispiele sind: Ebay, Zalando, Otto.

14. Auch im **B2B Bereich** wird Content Marketing gezielt zur Kundenbindung eingesetzt. Geschäftskunden werden über Content Marketing gebunden, indem relevante Inhalte mit Mehrwerten (Whitepaper, Service-Leistungen, Wissensarchive, Chat-Beratung) für Geschäftspartner online ausgetauscht werden. Praxisbeispiele für Geschäftskunden Community sind: IBM (auch: Blog-Marketing), Telekom, Dell und Bosch Bob Community.

15. Ursprüngliche **Corporate Publishing** Ansätze haben Magazin-Formate genutzt. Heute haben die Marketers diesen Bereich modernisiert und die Magazin-Inhalte werden im modernen Stil responsive-optimiert und barrierefrei mit multimedialen Ergänzungen vermittelt. Praxisbeispiele sind die Allianz Magazine (Frauen/1890 Magazin) und das Online-Magazin der Krones AG. Die Krones AG hatte erkannt, dass das klassische Marketing nicht mehr funktioniert, denn die Kosten (wie Mediakosten) steigen und die Wirksamkeit (Response) sinkt. Mit dem Online-Magazin von der Krones AG werden alle Inhalte zentral im Netz für alle Social-Media-Kanäle zur Verfügung gestellt. Das Architektursystem meidet Verzettlung und sorgt für Übersicht und Struktur (Hilker 2012, S. 140). Die Abb. 2.6 zeigt die Online-Präsenzen der Krones AG. Besonders der YouTube Channel Krones TV ist beeindruckend aufgrund der Vielzahl der Filme, abwechslungsreichen Themen und Mehrsprachigkeit. Das Ergebnis durch hohe Klickraten bestätigt den Erfolg.

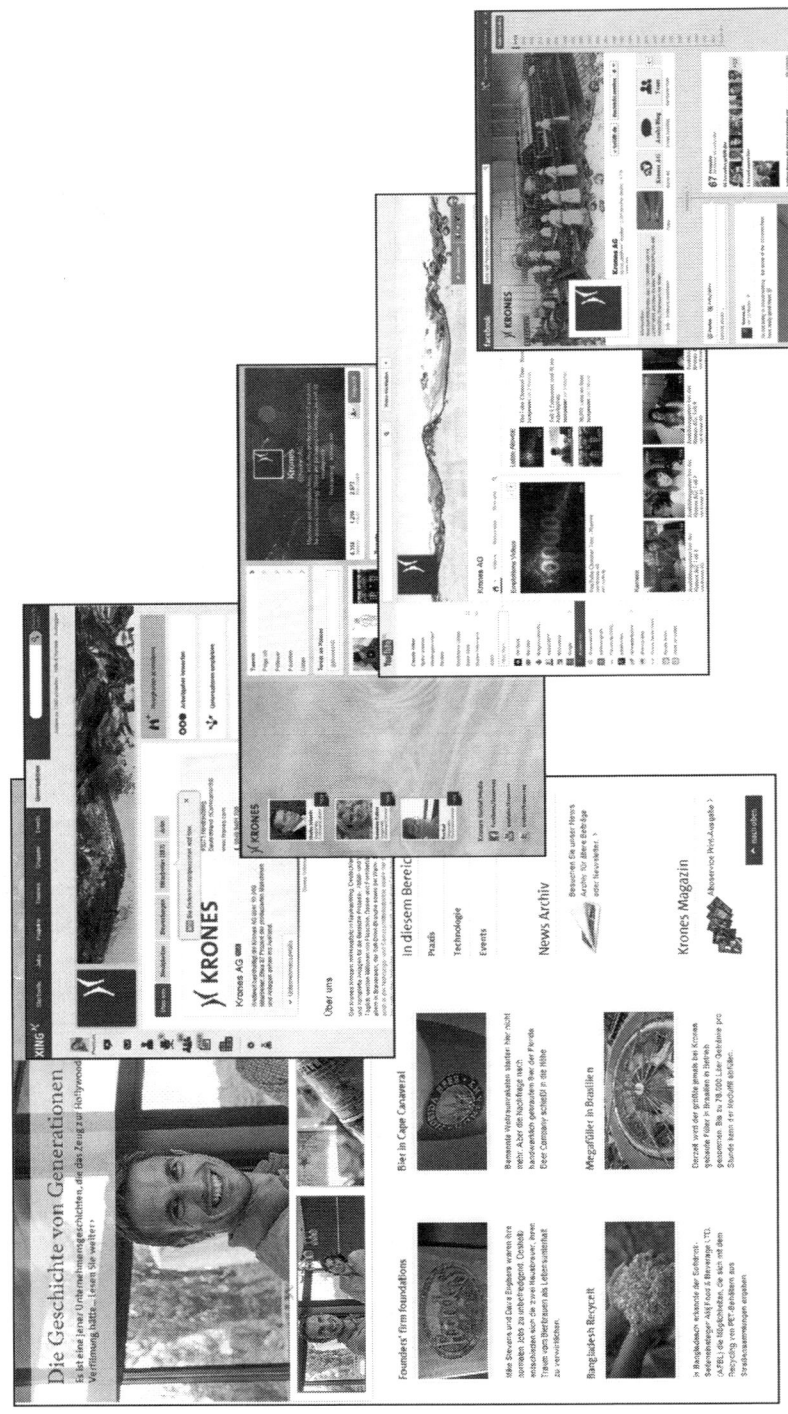

Abb. 2.6 Content-Beispiele der Krones AG

Abb. 2.7 Content Marketing für Events am Beispiel Re:publica. (http://16.republica.de/archive/16/sessions)

16. Geschichte werden zum Treiber im Content Marketing. Das **Storytelling** vermittelt Zusammenhänge und verschafft Erlebnisse. Best Practice Beispiele sind Coca Cola (Liquid Storytelling), Review, Siemens (siehe Abschn. 2.3.3).

Diese Liste mit den Clustern der Strategie-Ausrichtungen zeigt, dass es vielzählige Ausrichtungen je nach Ziel gibt. Es ist also wichtig, die Ziele vorab im Workshop zu definieren, damit die stategische Ausrichtung im Konzept gelingt. Kommen wir nun zu den Überlegungen zum Strategie-Workshop (Abb. 2.7).

Tab. 2.1 Strategie-Ausrichtungen im Content Marketing

Strategie-Ausrichtung	Ziele	Gestaltungsansätze	Praxisbeispiele
1 Image/Branding	Produktvorteile sollen vermittelt werden	Hohe Aufmerksamkeit mit hochwertigen Medien (Videos, Bilder)	BMW, Mercedes
2 Information/Aufklärung	Vermittlung von gezielten Details zur Einflussnahme	rational, emotional, evtl. manipulativ und provokativ	L'oreal, Greenpeace, Oetker, Dr. Beckmann
3 Kampagnen-Orientierung	Kampagnen sollen hohe Reichweiten erzeugen durch crossmediales Publishing	Zumeist geht es um Branding, Community-Aufbau und Bekanntheitsgrad	Starbucks, Oral-B, Red Bull
4 Differenzierung	Innovative Positionierung mit ungewöhnlichem Wow-Effekt	Nutzung von innovativen neuen Plattformen wie Snapchat	Audi (Superbowl-Kampagne)
5 Markt- bzw. Zielgruppenerschließung	Ansprache neuer Zielgruppen zur Umsatzsteigerung im Nischen-Segment	Emotionale Ansprache, Betonung von Nutzenvorteilen mit fundierten Lösungen	Parship, Elitepartner
6 Kontaktanbahnung	Gewinnen bestimmter Zielgruppen, z. B. Privat- oder Geschäftskunden	Personlisierte Anzeigenmotive (Mitarbeiter/Kunden) zur Differenzierung durch Authentizität	Commerzbank (Werbung), Fielmann (TV-Spots)
7 Service-Community	Content-Marketing soll mit Online-Service und User-generated-Content verbunden werden	Self-Service online für Kunden und Interessenten ermöglich Wissensaustausch online, Community-Aufbau und Reputationsförderung	Allianz (Allianz-hilft), Telekom hilft, Bahn (@DB_Bahn)
8 Lern-Community	Lern-Inhalte werden erstellt, um mit qualifizierten Partnern ein neues Geschäftsmodell zu generieren	In der Lern-Community lernen die Teilnehmer zur qualifizierten Anwendung und der Anbieter gewinnt neue Wachstumschancen	Hornbach (how-to Video-Tutorials) sowie Akademien von Google, Hubspot
9 Employer Branding	Mitarbeiter als Markenträger zum Aufbau von Vertrauen und Kundenbindung	Krones Kampagne: Lächelnde Mitarbeiter als Sympathieträger	Krones AG, Adidas, Immobilienscout 24

10 **Vertriebsorientierung,**	Umsatzförderung durch Neukundenkontakte mit Inbound Marketing	Ziellink führt zur Landing Page, wo Daten gegen Mehrwert getauscht werden	Haufe Verlag, SAS Software
11 **Event/Kongress-Marketing**	Die Reichweite und Wirksamkeit von Events soll gesteigert werden, Teilnehmererlebnisse sollen jederzeit und überall möglich sein, auch mobil und international	Durch Livestream Maßnahmen wie Google Hangouts, Periscope, Webinar Tools wird der Teilnahmekreis in Echtzeitzeit vergrößert und das Event-Erlebnis im Film „konserviert" für nachträgliche Event-Konsumenten	Re:publica, Kongress: Business After Future: Social Media Club Düsseldorf
12 **Experten-Positionierung**	Die Expertise wird über Experten-Beiträge im Content Marketing vermittelt	Maßnahmen wie Maillisten, Blog-Marketing, Webinare, Videos und Whitepaper werden eingesetzt	Brian Solis und Charlene Li von Altimetergroup, Robert Rose von Content Marketing Institute
13 **E-Commerce/Produktorientierung**	Content zum Produktverkauf	Oftmals gekoppelt mit Suchmaschinen-Marketing wie Google Adwords	Ebay, Zalando, Otto
14 **B2B Bereich**	Geschäftskunden werden über Content Marketing gebunden	Mehrwerte (Service, Wissen, Beratung) für Geschäftspartner wird ausgetauscht	Telekom, Dell, IBM (Geschäftskunden Community),
15 **Corporate Publishing**	Der Content Ansatz stammt ursprünglich aus dem Magazin bereich und wird modernisiert	Die Magazin-Inhalte werden mit modernen Stil responsive-optimiert und barrierefrei vermittelt	Allianz Magazine: Frauen/1890 Magazin; Krones AG
16 **Storytelling**	Geschichte werden zum Treiber im Content Marketing	Storytelling vermittelt Zusammenhänge und verschafft Erlebnisse	Coca Cola (Liquid Storytelling), Review, Siemens

(Quelle: Hilker Consulting)

2.1.4   Methodische Überlegungen zum Strategie-Workshop

Die Grundlage für professionelles Content Marketing ist die Festlegung von Zielen, Zielgruppen, Botschaften und Inhalten. Schließlich müssen Instrumente bzw. Maßnahmen definiert werden, mit deren Hilfe die Inhalte den Rezipienten vermittelt werden sollen. Unverzichtbar ist außerdem, Effektivität und Effizienz der durchgeführten Maßnahmen im Rahmen der Evaluation zu messen und zu bewerten.

In Anlehnung an Michal Bürker (2015) folgen hier die Überlegungen, die Unternehmen im Vorfeld einer Strategie-Entwicklung machen sollten:

1. **Was interessiert die Zielgruppe?** Damit Inhalte gegen die Konkurrenz bestehen, müssen Unternehmen ihre Kunden und Leser ganz genau kennen. Wer ist die Zielgruppe? Wofür interessiert sie sich? Und welche Fragen wollen die Kunden beantwortet haben?
2. **Unternehmensziele:** Die Ziele im Content Marketing werden, wie für andere Bereiche ebenfalls, von den strategischen Unternehmenszielen abgeleitet. Für das Content Marketing stehen meist das Gewinnen und Binden von Kunden ganz oben. Bei Neukunden heißt das in kleinen Schritte: mediale Kontakte aufbauen, Aufmerksamkeit gewinnen, relevante Informationen vermitteln, sowie die Kaufbereitschaft erhöhen. Bei bestehenden Kunden gilt es, die Kommunikation aufzubauen, positive Erlebnisse zu schaffen und Loyalität zu fördern.
3. **Zielgruppe mit Unternehmenszielen verbinden:** Im nächsten Schritt müssen Unternehmen die Ziele und Bedürfnisse ihrer Kunden mit den eigenen Zielen abstimmen. Daran müssen Kompetenzen und Stärken herausgearbeitet werden, um sich von Mitbewerbern abzugrenzen.
4. **Main Story festlegen:** Neben den Zielen müssen Unternehmen aber auch eine Hauptstory definieren, die sie über das Content Marketing nach außen tragen. Dabei geht es vor allem um die Position und das Image in der Öffentlichkeit. Dazu braucht es nach Brücker eine *Story Map*.

▶   Die Story Map beinhaltet: Zuhören, Mitreden und Akzente setzen. Beim Zuhören werden Social-Media-Kanäle beobachtet, Kundengespräche analysiert und Monitoring betrieben. Daran können Unternehmen erkennen, auf welchen Kanälen ihre Zielgruppe wie unterwegs ist. Mitreden meint dann die eigentliche Umsetzung von Content Marketing, also das bewusste Streuen von Stories. Bei erfolgreichem Content Marketing wird der Akzent in Form eines bleibenden Eindrucks hinterlassen.

2.1.5   Entwicklung einer Customer Buyer Persona

Nach den Strategie-Ausrichtungen erfolgt nun der Fokus auf die Zielgruppen. Die Erstellung der Customer Buyer Persona ist eine grundlegende Basis zum Gelingen der Content-Strategie. Im folgenden Abschnitt soll Ihnen darauf aufbauend ein Instrument vorgestellt werden, welches die Bestimmung und die konkrete Definition der Zielgruppe wesentlich vereinfacht: die Customer Buyer Persona.

Online herrscht ein harter Kampf um die Aufmerksamkeit potenzieller Kunden. Im Abschn. 3.1.3 habe ich die Ergebnisse der Wave-8-Studie vorgestellt, aus denen hervorgeht, dass erfolgreiches Content Marketing ein Schlüssel zum Erfolg in Social Media sein kann. Jedoch erfolgt dies nur unter der Bedingung, dass der Content für die jeweilige Zielgruppe relevant ist. Daraus ergibt sich die Schlussfolgerung, dass es für die Entwicklung einer zielführenden Content-Marketing-Strategie von grundlegender Bedeutung ist, dass die Zielgruppe ausreichend bekannt ist.

Meist müssen sich Unternehmen anfangs von der Idee verabschieden, alle Menschen gleichzeitig ansprechen zu können. Warum? Relevanz ist ein individuelles und zusätzlich dynamisches Empfinden und dadurch schwer zu erfassen. Dementsprechend gilt: Je klarer die Zielgruppe formuliert werden kann und sich nach außen abgrenzen lässt, desto leichter ist es, relevante Themen herauszuarbeiten. Trauen Sie sich und beschränken Sie sich!

▶ **Was ist eine Customer Buyer Persona?** Bei der Definition der Zielgruppe ist die Entwicklung einer Customer Buyer Persona äußerst hilfreich. Unter einer Customer Persona versteht man einen detailliert beschriebenen Charakter, der sich der eigenen Zielgruppe zuordnen lässt. Es ist zu beschreiben, was sie beruflich macht, was ihre Hobbys sind, welche Probleme sie beschäftigen und was sie grundsätzlich umtreibt. Erst dann kann mithilfe des Brand Content die passende Lösung angeboten werden. Falls unterschiedliche Zielgruppen vorliegen, kann es natürlich auch mehrere verschiedene Customer Personas geben. Außerdem können je nach Branche andere Faktoren bei der Beschreibung der Persona von Bedeutung sein. Zur Veranschaulichung zeigt Abb. 2.8 ein Beispiel für eine Customer Buyer Persona:

Maxi Mustermann

Marketing Mitarbeiterin eines mittelständischen Finanzdienstleister | 25 Jahre alt | Düsseldorf

„Aktuell bin ich dabei, die alten Kommunikationsstrukturen aufzubrechen und an die modernen Gegebenheiten anzupassen."

Diesen Wandel einzuläuten erfordert viel Energie und Überzeugungskraft. Manchmal fühle ich mich wie ein Einzelkämpfer – einer gegen alle.

PROBLEME

Sie kämpft gegen veraltete und starre Strukturen. Die Geschäftsführung zweifelt Sinnhaftigkeit des Wandels an. Ständiger Kampf ums Budget und Schwierigkeiten Marketingwissen auf die Finanzbranche zu übertragen.

Persönliche Ziele

» Digitalisierung des Unternehmens meistern.

» Selbstbewusst und mit fachlicher Kompetenz für den Wandel einstehen und sich durchsetzen.

Lösungsmöglichkeiten

» Input bezüglich der Umsetzungsmöglichkeiten.

» Argumente für neue Investitionen (Best-Practice-Beispiele).

» Instrumente um Erfolge z. B. in Social Media zu messen.

Abb. 2.8 Beispiel für eine Customer Buyer Persona. (Quelle: Hilker Consulting)

▶ Folgende Schritte helfen dabei, eine Customer Persona detailliert zu beschreiben:

- Nutzen Sie die **Website-Analyse**: Wer sind Ihre Besucher? Welche Keywords nutzen sie?
- Entwickeln Sie die Persona im **Team**: Jeder, der in irgendeiner Art und Weise Kundenkontakt hat, kann etwas Wertvolles dazu beitragen.
- Analysieren Sie Ihre **Social-Media-Kanäle**: Wer sind Ihre Follower? Welche Fragen werden gestellt? Welche Diskussionen finden statt?
- Fragen Sie Ihre **Zielgruppe**: Befragen Sie Ihre Kunden. Führen Sie Interviews durch.

Nutzen der Customer Buyer Persona: Mithilfe der Erarbeitung der Customer Persona(s) und dem damit erreichten Wissen über die Zielgruppe kann nun der darauf aufbauende Schritt folgen: Unternehmen müssen wie ihre Zielgruppe denken! Auf den Problemen, Zielen und Bedürfnissen der Kunden können Unternehmen aufbauen und sich überlegen, was die Lösung dafür wäre. Dieses strategische Vorgehen hilft, den Content direkt auf die Zielgruppe auszurichten. Wenn das gelingt, dann erreicht der Content ein sehr hohes Maß an Relevanz für den Kunden.

Von der Persona zur Content-Strategie: Basierend auf der ausgearbeiteten Customer Persona kann mithilfe des *Content Marketing Canvas* der nächste Schritt eingeleitet werden: Anhand der folgenden sechs Punkte können auf die Zielgruppe abgestimmte Inhalte für die Content-Strategie entwickelt werden.

1. **Kontext:** Der Rahmen, für den der Content entwickelt werden soll, muss bestimmt werden.
2. **Customer Persona:** Der Name der entwickelten Customer Persona wird schriftlich festgehalten.
3. **Interessen**: Ein bis zwei Themengebiete zu den Interessen, die die Brands bedienen, sollten bestimmt werden.
4. **Bedürfnisse und Fragen:** Die Bedürfnisse und Fragen, die die Persona beschäftigen, müssen berücksichtigt werden. Diese sollten, wenn möglich, schon in Bezug zum festgelegten Kontext und zum definierten Themenbereich stehen.
5. **Vorteile und Antworten:** Anhand der Themenfelder Ideen/Vorteile werden Lösungen entwickelt, mit denen die Bedürfnisse der Persona gestillt werden können. Mit diesen Ideen sollten die Fragen der Persona beantwortet werden.
6. **Publikationen:** Die gesammelten Fragen und Antworten sollten zusammengefasst und passende Titel für neue Inhalte entwickelt werden. Falls Unternehmen mehrere Kanäle bespielen, können sie diese ebenfalls vermerkt.

Dieses strategische Vorgehen erfordert, Analyse, Strategie und Konzeption jedoch zahlt es sich am Ende aus. Nun können Unternehmen mithilfe der Ergebnisse einen eigenen, abgestimmten Themenplan für das Content Marketing erstellen.

Die Erarbeitung einer Customer Buyer Persona (siehe Abschn. 2.1.5) sollte stets am Anfang einer Content-Marketing-Strategie-Entwicklung stehen. Die Customer Persona ist dementsprechend ein hilfreiches Instrument, um eine Zielgruppenanalyse durchführen zu können. Eine gut durchdachte Customer Persona sorgt schlussendlich dafür, dass der richtige Content von den richtigen Usern gefunden wird. Je fundierter und strukturierter zu Beginn gearbeitet wurde, desto höher sind die Aussichten auf erfolgreiche Ergebnisse.

2.1.6 Canvas: Content-Marketing-Strategie

Um diese Erkenntnisse und die in den vorangegangenen Abschnitten erarbeiteten Aspekte zusammenzuführen, stellt der folgende Abschnitt das *Content Marketing Canvas by Claudia Hilker* vor. Ziel ist es, ein umfassendes Modell zu präsentieren, das bei der Erstellung der Content-Strategie bedeutend hilft.

Die Canvas-Methode oder auch Business Model Canvas nach Alexander Osterwalder (Pigneur und Osterwalder 2011) hat grundsätzlich zum Ziel, Geschäftsmodelle übersichtlich darzustellen und ggf. weiterzuentwickeln. Das Original Modell umfasst neun zentrale Schlüsselfaktoren: Kundensegment, Werteversprechen, Kanäle, Kundenbeziehungen, Einnahmequellen, Schlüsselressourcen, Schlüsselaktivitäten, Schlüsselpartner, Kostenpunkte. Die einzelnen Faktoren sind nicht isoliert, sondern im Zusammenhang zu betrachten. Zusammenfassend hilft es, mögliche Fehlerstellen aufzudecken und ein umfassendes Grundmodell zu erarbeiten. Abb. 2.9 zeigt die von mir definierte Strategie des Canvas Content Marketing. Meine Content Marketing Canvas weicht vom Original Modell in der Struktur, denn sie hat sieben definierte Strategie-Felder. Dies vereinfacht die Arbeitsweise. Die sieben Strategie-Felder werden in der Abb. 2.9 visualisiert und mit zielführenden Fragen erläutert:

1) Customer Buyer Persona,
2) Bedarf, Probleme, Fragen,
3) Ziele, Themen, Nutzen,
4) Story, Formate, Medienplan,
5) Publikationen, Aktionen, Zeitplan,
6) Content-Marketing-Kosten und
7) Content Marketing Controlling.

2.1.7 Reifegradmodell zum Content Marketing

In welchem Reifegrad befindet sich Ihr Projekt Content Marketing? Abb. 2.10 zeigt die verschiedenen Reifegrade zur Orientierung im Überblick.

In der **ersten Stufe des Content-Reifegradmodells,** dem Projektstart, müssen die Rahmenbedingungen für die Strategie-Entwicklung geklärt werden. Es ist zu definieren, welche zeitlichen und finanziellen Ressourcen aufgebracht werden sollen und was das ausgesprochene Ziel ist. Aufgaben und Verantwortlichkeiten müssen vergeben und das grundlegende Vorgehen besprochen werden.

Stufe 2: beschreibt anschließend den Start der Umsetzung: Es gilt u. a. zu überlegen, wie die SEO-Optimierung der Online-Präsenzen zielführend umgesetzt werden kann. Die Themenfindung hierfür lässt sich zu diesem Zeitpunkt am besten über abteilungsübergreifende Redaktionssitzungen organisieren. Des Weiteren sollte ein Newsroom eingerichtet werden. Nach dieser Phase folgt die technische Umsetzung,

Canvas: Content-Marketing-Strategie von Claudia Hilker

1) Customer Buyer Persona

- Welche Merkmale haben die Personas?
- Wie sind deren demografischen Daten wie: Alter, Geschlecht, Position?
- Welche Ziele, Erwartungen, Interessen und Visionen haben sie?

2) Bedarf, Probleme, Fragen

- Welche Bedürfnisse, Probleme und Fragen haben die Personas?
- Welche Angebote, Lösungen und Erlebnisse suchen sie?
- Welche typischen Fragen haben sie zum Kontext?

3) Ziele, Nutzen, Themen

- Welche Ziele verfolgt das Unternehmen im Content Marketing?
- Welche Themen sollen gewählt werden, um eine hochwertige Marken-Positionierung zu erzielen und gleichzeitig Lösungen für kundenzentrierte Anliegen zu bedienen?
- Welchen Nutzen erbringt die Leistungsangebote?
- Welche Verkaufsargumente überzeugen?

4) Story, Formate, Medienplan

- Wie ist die Key Story?
- Wie sind die Botschaften formuliert?
- Wie ist die Tonalität?
- Welche Maßnahmen sind erforderlich wie Blog, Landingpage, Social Media Marketing?
- Wie ist der Mediaplan konzipiert: Paid Media, Owned Media, Earned Media, Social Media?
- Wie erfolgt die Promotion, z.B. mit Influencer Marketing?

5) Publikation, Aktion, Zeitplan

- Welche Publikationen (wie Whitepaper, Blog-, Video-Serien) sollen erstellt werden?
- Welche Aktionen (z. B. Kampagnen, Webinare) sollen geplant werden?
- Wie sind die Leitmotive der Kampagnen?
- Welche Formate (wie Texte, Video, Bilder) sollen geplant werden?
- Wie ist der Kampagnen-Zeit- und Budgetplan, um die Ziele zu erreichen?

6) Content-Marketing-Kosten: Produktion, Prozesse, Tools

- Wie ist der Kosten-Rahmen für die Content-Produktion?
- Wie erfolgt die Content-Produktion: intern oder extern?
- Wie sind die Rollen, Aufgaben, Prozesse und Verantwortlichkeiten definiert?
- Wie werden Governance und das Qualitätsmanagement gesteuert?
- Welche Kosten erfordert die Content-Promotion?

7) Content-Marketing-Controlling mit der Balanced Scorecard

Welche Kennzahlen sollten zur Erfolgsmessung gewählt werden für:

- die finanzielle Perspektive
- die Kundenperspektive
- die interne Prozessperspektive
- die Lern- und Wachstumsperspektive?

Erstellt von Claudia Hilker [CC BY-SA 1.0 (http://creativecommons.org/licenses/by-sa/1.0)] via Wikimedia Commons

Abb. 2.9 Canvas: Content-Marketing-Strategie von Claudia Hilker. (Quelle: Hilker Consulting)

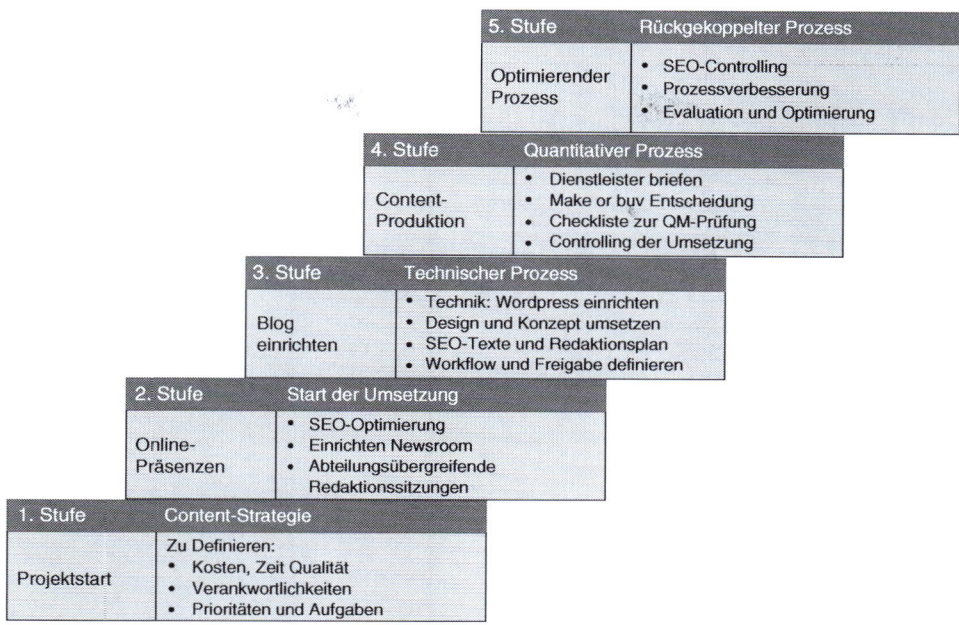

Abb. 2.10 Das Content-Marketing-Reifegradmodell. (Quelle: Hilker Consulting)

Stufe 3: Zu diesem Zeitpunkt steht die Herstellung der technischen Gegebenheiten auf der To-do Liste: Wordpress für den Blog einrichten, Design und Konzepte umsetzen, die Überlegungen zu SEO und den Redaktionsplan finalisieren sowie Workflow- und Freigabeprozesse festlegen.

Stufe 4: Nachdem die strategischen und technischen Grundlagen geschaffen sind, steht nun die Content-Produktionim Fokus, sodass der Prozess ins Rollen kommen kann. Eine primäre Überlegung ist an dieser Stelle, ob die Content Produktion selbst übernommen oder eingekauft werden soll. Treffen Sie Ihre persönliche Make-oder-buy-Entscheidung. Dementsprechend müssen Mitarbeiter oder Dienstleister gebrieft werden. Für ein reibungsloses Vorgehen empfiehlt sich eine Checkliste zur Qualitäts-Mmanagement-Prüfung. Nach der Konzeption dieses Instruments sollten die Controlling-Prozesse in den Workflow integriert werden.

Stufe 5: Zudem ist es wichtig, SEO-Controlling durchzuführen, wichtige KPIs zu messen und Prozessverbesserungsvorschläge zu entwickeln und umzusetzen. Durch diesen rückgekoppelten Prozess wird der Reifegrad des eigenen Content stets weiterentwickelt.

2.2 Analysen im Content Marketing

Um Content Marketing zu gestalten, bedarf es einer eingehenden Analyse. Die Phase der Content-Analyse ergänzt die gewonnenen Daten um weitere Informationen. Dazu folgen einige Vorgehensmodelle und Handlungsempfehlungen.

▶ Warum sollten Inhalte analysiert werden? Babak Zand meint dazu in seinem Blog:
    „Eine Analyse deckt Herausforderungen im Content-Marketing auf, die bisher
    unbeachtet geblieben sind. Sie schützt davor, Inhalte zu produzieren, die weder
    die Markenbotschaft beinhalten, noch relevant für die Zielgruppe sind. Zudem
    hilft sie dabei, unnötige Kosten bei der Content-Produktion zu vermeiden. Einer
    der wichtigsten Gründe ist die Aussagekraft einer Analyse, auf der man das ope-
    rative Content-Marketing aufbauen kann und welches vor oben genannten Her-
    ausforderungen schützt" (www.babak-zand.de. Zugegriffen am 30.06.2016.)

Eine Content-Analyse kann interne und externe Analysen beinhalten. Damit werden neue
Erkenntnisse gewonnen, die ggf. Einfluss auf das Projektziel und auf interne Unterneh-
mensprozesse haben. Der Nutzen liegt darin, dass Unternehmen Erkenntnisse im Bereich
von Themen, Strukturen und Prozessen gewinnen, die dabei helfen, die Qualität des Contents zu steigern. Folgende interne Analyseperspektiven können für die Content-Strategie
hilfreich sein:

- In der **Zielgruppenanalyse** geht es darum, herauszufinden, welche Zielgruppe durch
  das Content Marketing angesprochen werden soll und welche Prioritäten zum Erreichen
  der Unternehmensziele gelten. Wie der Einsatz einer Customer Persona diesbezüglich
  hilfreich sein kann, wird detailliert im nachfolgenden Kapitel Abschn. 2.1.5 diskutiert.
- **Kommunikationsbotschaften:** werden in der Regel von den Anspruchsgruppen unterschiedlich verstanden. Es geht darum, die Zielgruppen mit den richtigen Botschaften zu
  erreichen. Dabei handelt es sich nicht nur um die reine Botschaft, sondern auch um
  eingesetzte Keywords, die Tonalität der Zielgruppenansprache auf den verschiedenen
  Kommunikationskanälen sowie die Kommunikation des Unternehmensleitbildes, die
  als übergeordnete Kommunikationsbotschaft etabliert werden muss.
- **Crossmedia:** Im Content Marketing werden nicht nur die digitalen Kommunikationskanäle bespielt, sondern auch die Offline-Kanäle. Darum sollten die Kommunikationsbotschaften der Inhalte crossmedial, konsistent und komplementär sein. Damit dies
  gelingt, ist es wichtig, alle bestehenden Kanäle aufzulisten und den Content zu analysieren.
- **Prozessanalyse:** Neben der Zielgruppe und den Kommunikationskanälen müssen die
  bestehenden Prozesse bei der Erstellung von Inhalten analysiert werden. Sie bieten
  Potenzial, erfolgreiche Strukturen zu übernehmen und veraltete bzw. ineffektive zu
  eliminieren.

Mit den Ergebnissen der Analyse ist die benötigte Informationsbasis für eine gelungene
Content-Strategie-Entwicklung geschaffen. Weil nun die Urteile der Stakeholder und der
Markenexperten mit den Erkenntnissen aus der Unternehmensanalyse kombiniert werden
können, erfahren Unternehmen, in welchen Abteilungen, Prozessen und Strukturen
Schwachpunkte bestehen, die die Content-Qualität als Ganzes gefährden, und wo es Sy-
nergiepotenziale sowie Chancen zur Kosteneinsparung und Effizienzsteigerung gibt. Mit

diesen Ergebnissen werden Qualitäts- und Verbesserungspotenziale ans Licht gebracht. So können zum Beispiel folgende Fragen beantwortet werden zum Abgleich der Erwartungen aus Stakeholder -und Markenperspektive:

- In welchen Punkten passen die Content-Urteile der Stakeholder und der Markenexperten zusammen und in welchen nicht?
- Sind die Content-Wünsche der Stakeholder mit den aktuellen Strukturen und Prozessen erfüllbar? Beurteilen die Stakeholder die Inhalte einzelner Abteilungen unterschiedlich?

▷   Je größer die Differenzen sind, desto intensiver müssen Unternehmen die Gründe
     für diese Diskrepanz ermitteln und den Content nachbessern. Für Content-Offer-
     ten, die Stakeholder besser bewerten als Ihre Markenexperten, sollten Ideen ent-
     wickelt werden, wie die Marke dezent, aber gezielter als bisher betont werden
     kann. Umgekehrt sollten Unternehmen bei Content-Angeboten, die von Marken-
     experten goutiert werden, aber bei den Stakeholdern durchfallen, Ideen entwi-
     ckeln, wie die Markenbotschaft auf andere Weise deutlich gemacht werden kann.

Bei der externen Analyse braucht es den Blick über den Tellerrand eines Unternehmens und es muss untersucht werden, was die Konkurrenz macht, wie Nutzer mit Inhalten agieren und welche Influencer für die Content-Strategie relevant sind.

- **Nutzeranalyse**: Dabei geht es darum, den anvisierten Personenkreis eines Unternehmens zu definieren. Durch eine Analyse des Nutzungsverhaltens Ihres Contents können Sie Rückschlüsse auf den in Zukunft zu produzierenden Content schließen.
- **Web-Analyse**: Sie liefert quantitative Daten, die mit den Daten aus der Nutzeranalyse ein detaillierteres Bild über die Verwendung der Inhalte liefern. Welche Daten gemessen werden sollten, kann im Kick-off Meeting definiert und im Content Workshop angeglichen werden.
- **Wettbewerbsanalyse**: Um eine strategische Entscheidung im Content Marketing treffen zu können, ist es notwendig, zu wissen, welche Inhalte die Branchenkonkurrenz verwendet. Durch die interne Analyse, den Content-Audit und die Konkurrenzanalyse kann man somit eventuelle Content-Lücken entdecken. Diese Content-Lücken können die späteren Ziele im Content Marketing beeinflussen.
- **Influencer-Analyse**: Neben der Konkurrenzanalyse ist die Untersuchung von potenziellen Influencern ein weiterer Aspekt der externen Analyse. Influencer[5] sind Personen oder Ressourcen, deren Meinung ausschlaggebend für das Bild eines Unternehmens bei dessen Kunden ist.

In der Analysephase werden differenzierte Analysen durchgeführt, die in einem Dokument zusammengefasst, dokumentiert und ausgewertet werden. Die Ergebnisse werden im

---

[5] Mehr zu Influencer Marketing zeigt der Blog-Beitrag http://blog.hilker-consulting.de/blog/was-ist-influencer-marketing. Zugegriffen am 08.04.2016.

Content Workshop, zusammen mit den Ergebnissen aus dem Content-Audit, in einer finalen Analyse präsentiert. Die finale Analyse wiederum sollte in einer einfach aufbereiteten Form mit den Kernaussagen sämtlichen Projektmitgliedern mit einer Management Summary zugesandt werden. Das Dokument ist dann in Zukunft die Basis für weitere Entscheidungen im Content Marketing und sollte ständig aktualisiert werden. Damit alle Projektteilnehmer darauf Zugriff haben, ist es zu empfehlen, das Dokument allen zugänglich zu machen und dessen Nutzung durch eine Rollenverteilung (Lesen/Bearbeiten) zu reglementieren.

Fazit

Die verschiedenen Analysen sind in ihrer Erstellung oftmals aufwendig. Dafür liefern sie aber wertvolle Informationen für die späteren Content-Marketing-Maßnahmen. Oftmals sind verschiedene Analysen bereits durchgeführt worden. Dann gilt es zu prüfen, ob die Ergebnisse auf das Content Marketing übertragbar sind. Wenn nicht, dann sollten sich Unternehmen die Zeit nehmen, neue Analysen durchzuführen. Sobald analysiert wurde, wer die Zielgruppe ist und was deren Bedürfnisse sind, geht es im folgenden Schritt darum, den Ist-Zustand festzustellen. Dabei hilft ein Content-Marketing-Audit.

2.2.1 Content-Marketing-Audit Gastbeitrag von Babak Zand

Die folgenden Abschnitte sind durch die Zusammenarbeit mit Babak Zand inspiriert, der einen informativen und verständlichen Blog-Beitrag zum Thema verfasst hat.[6] Babak Zand ist Blogger und Content-Stratege. Er ist davon überzeugt, dass KMUs, Start-ups und Solopreneure auch mit kleinem Budget in der Lage sind, durch strategisches Content Marketing ihre Unternehmensziele zu erreichen. Auf www.babak-zand.de bietet er deshalb fundierte Analysen und praktische How-to-Anleitungen rund um das Thema Content-Strategie und Content Marketing an.

▶ **Content-Marketing-Audit:** Ein Content-Marketing-Audit ist eine Inventur bestehender Inhalte. Content muss mit einer systematischen Herangehensweise geprüft und im Anschluss bewerten werden. Ein gezieltes Vorgehen in der Analyse ermöglicht es, eine Übersicht über Quantität und Qualität der Inhalte zu gewinnen. Damit wissen Unternehmen auch, welche Aufgaben zu planen sind.

Babak Zand zeigt, dass interne und externe Analysen wiederum aus mehreren unterschiedlichen Analyseschritten bestehen. Ohne diesen Schritt beruhen weitere Maßnahmen, zum Beispiel im Bereich der Content-Planung oder der Content-Produktion lediglich auf Annahmen. Es wird gezeigt:

- warum es notwendig ist, vor jeder Planung eine eingehende Content-Analyse von internen und externen Faktoren durchzuführen;
- welche internen und externen Analysen für die Content-Strategie gebraucht werden;

---

[6] http://www.babak-zand.de/welche-daten-ein-content-audit-fuer-ihre-content-strategie-liefert/. Zugegriffen am 08.04.2016.

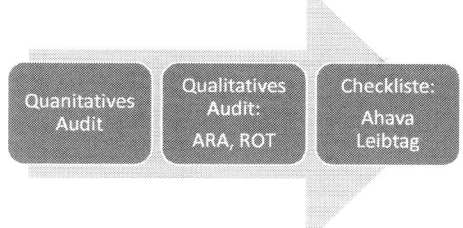

Abb. 2.11 Mehrstufiges Content-Marketing-Auditmodell. (Quelle: Hilker Consulting)

- welche Arten der verschiedenen Content-Analysen es gibt;
- wie bestehende Analysen für die Content-Strategie aufbereitet werden können;
- wie die Ergebnisse im Rahmen der Content-Strategie dokumentiert werden sollten.

Zum Überblick der folgenden Inhalte enthält Abb. 2.11 eine Grafik zum Vorgehensprozess im Content-Audit:

2.2.2 Content-Auditarten: quantitative und qualitative Methoden

Es gibt unterschiedliche Content-Audit-Arten, zum Beispiel quantitative und qualitative Content-Audits. Sie untergliedern sich bei Bedarf in weitere Content-Audits. Zunächst erfolgt der quantitative Content-Audit, danach der qualitative Audit. Der Übergang kann jedoch fließend sein. Je länger das Projekt dauert, desto mehr Daten liefert das Content-Audit und desto genauere Aussagen können über das weitere Projekt bezüglich Kosten und Ressourcen getroffen werden.

Das quantitative Content-Audit (Löffler 2014; Eck und Eichmeier 2014; Bloomstein 2012); erfasst alle notwendigen metrischen Daten von Inhalten. Mit dem quantitativen Content-Audit beginnt das Auditverfahren. Es listet alle notwendigen Metadaten auf. Folgende Daten können zum Beispiel erhoben werden:

- ID (Nummerierung der Pages),
- Link Name (meist Titel des HTML-Dokuments),
- Dokumententyp (Produktseite, Kontaktformular, AGBs etc.),
- Keywords und Meta-Tags,
- Ersteller der Page,
- Content-Eigentümer,
- Datum der Inhaltserstellung,
- Datum des letzten Updates,
- Content-Format,
- Fremdsprache,
- ausgehende Links,
- eingehende Links.

Zudem kann eine erste Bewertung der Inhalte vorgenommen werden, indem in einer zusätzlichen Spalte eine Empfehlung zum weiteren Vorgehen (Keep/Update/Archive/Delete) festgehalten wird.

Das qualitative Content-Audit im Ist- und Soll-Abgleich: Im Anschluss an das quantitative Audit folgt das qualitative, das heißt die inhaltliche Bewertung des Contents. Während in der quantitativen Analyse nur der Umfang der Arbeit grob umfasst wurde, liefert die Bewertung der Qualität der Inhalte Informationen, mit denen präzisere Aussagen über anfallende Kosten, Ressourcenbedarf und Zeitplan getroffen werden können. Daten aus dem qualitativen Audit bieten Informationen, die einen Überblick über die vorhandenen Content-Formate liefern und aus denen man Rückschlüsse ziehen kann, zum Beispiel welche personellen Ressourcen man zur Bearbeitung sowie zur späteren Verwaltung von Inhalten benötigt oder welche Optionen der Inhalt dem Nutzer zur Information und Interaktion bietet. Dies liefert einen Überblick über den Arbeitsumfang der späteren Inhaltspflege. Zudem bietet es einen Einblick in die bisherige Qualität der Inhalte und welche Lücken zwischen Ist-Status (existierender Content) und dem Soll-Status (nach Unternehmensleitbild bzw. Kommunikationsbotschaften) bestehen.

Qualitative Analyseverfahren im Content-Audit: Content-Qualität muss messbar sein. Dazu gibt es einige Analyseverfahren, mit denen man qualitative Inhalte quantifizierbar macht. Bevor eine qualitative Analyse jedoch durchgeführt wird, muss das Verfahren definiert und standardisiert werden. Nur so wird sichergestellt, dass es zu vergleichbaren Analyseergebnissen kommt. Besonders wichtig ist dies, wenn mehrere qualitative Content-Audits bei unterschiedlichen Websites parallel durchgeführt werden. Zur Veranschaulichung werden in den nächsten drei Abschnitten drei hilfreiche Analysemethoden detailliert vorgestellt.

2.2.2.1 Die ARA-Analyse

Die ARA-Analyse gibt es unter diesem Namen nicht im deutschsprachigen Raum, sondern ist die Zusammensetzung aus den Wörtern „Aktuell, Relevant, Angemessen". Diese sind wiederum Übersetzungen aus einer Beschreibung von Margot Bloomstein „Content Strategy at Work" zur qualitativen Content-Analyse (Bloomstein 2012, S. 60 f.). Im Anschluss an das quantitative Audit gewinnt man mit der ARA-Analyse einen Überblick, wie viel Ressourcen die Optimierung des bestehenden Content erfordert. Dazu wird der Content auf drei Faktoren geprüft:

- **Aktuell:** Aktualität lässt sich durch verschiedene Faktoren bestimmen. Sind auf der Website veraltete Informationen? Werden zum Beispiel Termine angekündigt, die bereits verstrichen sind?
- **Relevant:** Sind die Inhalte auf der Website für den Nutzer relevant? Stehen Informationen zur Verfügung, die mit dem Produkt nicht im Zusammenhang stehen? Ist der Inhalt in der Customer Journey aussagekräftig und überzeugend genug?
- **Angemessen:** Dabei geht es um den Faktor der Übereinstimmung bzw. Dissonanz zwischen Unternehmensleitbild bzw. Kommunikationsbotschaften und Informationen.

Das kann zum Beispiel das Corporate Image des seriösen Dienstleisters sein, das durch eine laxe Tonalität gestört wird.

Die Inhalte müssen die Botschaften des Unternehmens in allen Situationen transportieren und diese in Kontext zueinander setzen. Mit dem Analyseverfahren können im ersten Schritt die Inhalte dahingehend untersucht werden, ob und wie sie die drei Faktoren erfüllen. So lässt sich eine erste Aussage über die Qualität des Inhaltes treffen. Werden nicht alle Faktoren erfüllt, muss entschieden werden, ob der vorhandene Content so bleibt, er upgedatet oder gar gelöscht wird.

2.2.2.2 Die ROT-Analyse

Die exklusive ROT-Analyse (Bloomstein 2012, S. 61 f.) bietet sich an, wenn Inhalte vor einem Website Relaunch bewertet und unnötige Arbeit während des Audits vermieden werden soll. Der Content wird ebenfalls auf drei Faktoren untersucht.

- **Redundanz:** Dabei wird geprüft, ob Inhalte zusätzliche und ergänzende Informationen liefern oder nur bestehende Inhalte kopieren. Liefert die Landing Page zum Beispiel einen Überblick über die Hauptthemen oder handelt es sich einfach um dupliziertem Content einer anderen Seite?
- **Outdated:** ähnlich wie der Faktor „Aktuell" aus der ARA-Analyse. Ist der dargestellte Inhalt noch aktuell?
- **Trivial:** Dieser Faktor erfordert einen Einblick in die Web-Analyse. Existieren Inhalte, die laut der Messzahlen keinen oder kaum Traffic auf sich ziehen?

Die ROT-Analyse empfiehlt sich zu Beginn eines Auditverfahrens, auch wieder im Anschluss an die quantitative Analyse. Sie wird durchgeführt, um im Ausschlussverfahren bestehenden Content zu eliminieren und somit den Arbeitsaufwand bei der Migration von Inhalten in ein neues Design/Content-Management-System zu verringern. Voraussetzung dabei ist, dass im Vorfeld eine klar definierte Liste an Ausschlusskriterien erstellt wird, an denen man sich beim Audit orientieren kann.

Was die ARA- und ROT-Analysen nicht bieten, ist eine tiefergehende Bewertung der Inhalte. Gelten Inhalte zum Beispiel laut eines Kriteriums als veraltet, liefert die ROT-Analyse keine Information darüber, was für ein Inhalt es ist. Handelt es sich um das Kontaktformular? Oder um einen Artikel, der eine dokumentarische Funktion übernimmt und somit nicht gelöscht werden darf? Dann muss der Inhalt archiviert und darf nicht gelöscht werden. Diese Möglichkeiten müssen bei der Erstellung der Ausschlusskriterien berücksichtigt und ggf. ein weiterer Prüfungsprozess vor der Löschung von Inhalten eingebaut werden.

> ▷ Die ARA- und die ROT-Analysen sind geeignet, um zu Beginn eines Auditverfahrens erste Aussagen über die Projektanforderungen zu treffen sowie den Arbeitsaufwand zu minimieren. Wird eine tiefergehende qualitative Analyse angestrebt, kann die Content-Qualitätscheckliste hilfreich sein (Abb. 2.12).

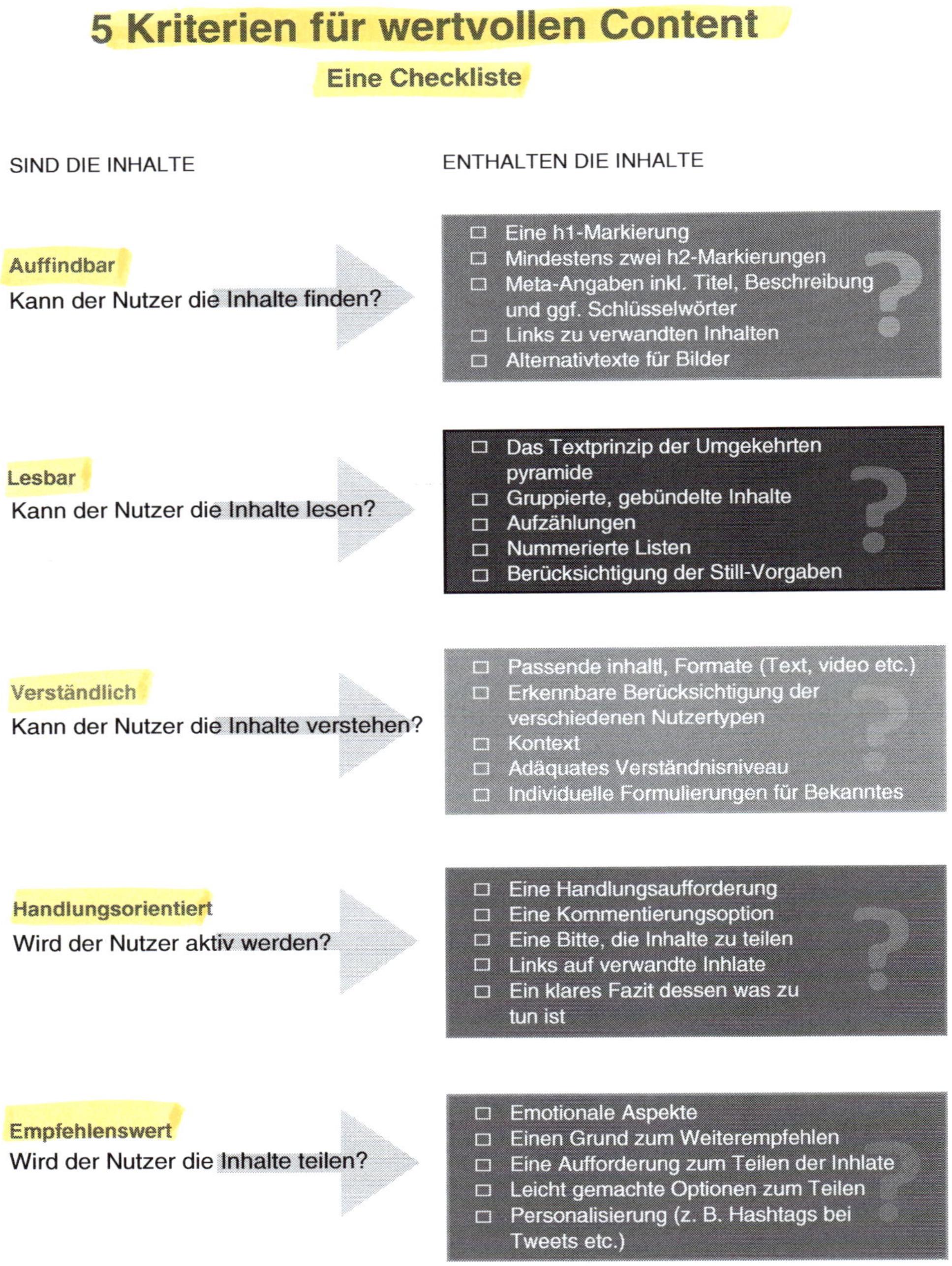

5 Kriterien für wertvollen Content

Eine Checkliste

SIND DIE INHALTE   **ENTHALTEN DIE INHALTE**

Auffindbar

Kann der Nutzer die Inhalte finden?

- ☐ Eine h1-Markierung
- ☐ Mindestens zwei h2-Markierungen
- ☐ Meta-Angaben inkl. Titel, Beschreibung und ggf. Schlüsselwörter
- ☐ Links zu verwandten Inhalten
- ☐ Alternativtexte für Bilder

Lesbar

Kann der Nutzer die Inhalte lesen?

- ☐ Das Textprinzip der Umgekehrten pyramide
- ☐ Gruppierte, gebündelte Inhalte
- ☐ Aufzählungen
- ☐ Nummerierte Listen
- ☐ Berücksichtigung der Still-Vorgaben

Verständlich

Kann der Nutzer die Inhalte verstehen?

- ☐ Passende inhaltl, Formate (Text, video etc.)
- ☐ Erkennbare Berücksichtigung der verschiedenen Nutzertypen
- ☐ Kontext
- ☐ Adäquates Verständnisniveau
- ☐ Individuelle Formulierungen für Bekanntes

Handlungsorientiert

Wird der Nutzer aktiv werden?

- ☐ Eine Handlungsaufforderung
- ☐ Eine Kommentierungsoption
- ☐ Eine Bitte, die Inhalte zu teilen
- ☐ Links auf verwandte Inhlate
- ☐ Ein klares Fazit dessen was zu tun ist

Empfehlenswert

Wird der Nutzer die Inhalte teilen?

- ☐ Emotionale Aspekte
- ☐ Einen Grund zum Weiterempfehlen
- ☐ Eine Aufforderung zum Teilen der Inhlate
- ☐ Leicht gemachte Optionen zum Teilen
- ☐ Personalisierung (z. B. Hashtags bei Tweets etc.)

Abb. 2.12 Checkliste für wertvollen Content. (Quelle: Original: Ahava Leibtag 2011, Deutsche Fassung: Walburga Wolters, Berlin 2011)

2.2.2.3 Die Content-Qualitätscheckliste nach Ahava Leibtag

Mit einer Content-Qualitätscheckliste wird eine tiefergehende qualitative Analyse durchgeführt. Dazu werden wieder bestimmte Faktoren und deren Parameter definiert und durch das Audit untersucht. Eine passende Checkliste wurde dazu von Ahava Leibtag (2011) erstellt.[7]

Content-Audit als Performance-Index Rollierende Content-Audits werden regelmäßig für bestimmte Bereiche einer Website durchgeführt. Dabei kann es sich um quantitative und/oder qualitative Audits handeln. Im Idealfall wurde bei der Schaffung von Arbeitsprozessen ein Verfahren eingeführt, mit dem die Content Owner regelmäßig Auditverfahren nach einem standardisierten Muster durchführen und die Ergebnisse einer zentralen Stelle mitteilen. Daten aus dem Content-Audit sind wertvoll. Zum einen, um zu Beginn eines Projektes den Arbeitsumfang sowie benötigte Ressourcen und Zeitbedarf besser einschätzen zu können. Zum anderen, um aus den gewonnenen qualitativen Analyseverfahren Rückschlüsse für die strategische Ausrichtung des Content Marketing zu ziehen. Die investierte Zeit und Arbeit zu Beginn einer Content-Strategie, die in der Regel mit dem Content-Audit beginnt, zahlt sich somit bei der späteren Auswertung aus. Wie diese theoretischen Erkenntnisse in die Praxis zur Strategie-Entwicklung übertragen werden können, thematisiert der folgende Abschnitt.

2.2.3 Content-Marketing-Strategie für Fertighäuser am Beispiel Huf Haus

Es folgt das Praxisbeispiel Huf Haus, das zeigt, wie eine Content-Marketing-Strategie für ein Blog entsteht. Da es viele Blogs von Hausbesitzern oder Bauinteressierten gibt, war es besonders wichtig für das Reputationsmanagement von Huf Haus, eine eigene Plattform zu kreieren, auf der die Spielregeln (Stichwort Netiquette) festgelegt und wahrheitsgemäße Fakten vermittelt werden konnten. Das Thema Content Marketing kam durch ein neues Blog-Projekt (vgl. Abb. 2.13) im Unternehmen Huf Haus auf. Doch vor der Umsetzung war es unbedingt notwendig, die eigentlichen Ziele des Huf Haus Blogs[8] festzulegen, die auch als Grundlage für die Content-Strategie dienen sollten.

---

[7] http://contentmarketinginstitute.com/2011/04/valuable-content-checklist/, deutsche Fassung: Walburga Wolters. Berlin 2011, www.netzstoff.de. Zugegriffen am 30.6.2016. Originalfassung: Ahava Leibtag, 2011. http://contentmarketinginstitute.com/wp-content/uploads/2011/04/5-Kriterien-fuer-wertvollen-Content.pdf.

[8] Das Blog von Huf Haus finden Sie hier: http://www.huf-haus-blog.com/. Zugegriffen am 08.04.2016.

Abb. 2.13 Huf Haus Blog. (Quelle: /www.huf-haus-blog.com)

- Kernziel:
  - Positionierung für Themen rund um den Fertighausbau.
- Übergeordnete Ziele:
  - Lead-Generierung,
  - Brand Awareness,
  - Reputationssteigerung,
  - Erhöhung der Sichtbarkeit bei Google.

- Zielebene Rezipient:
  - Informationsziele,
  - Unternehmen vorstellen, Sachverhalte und komplexe Prozesse erklären, Servicein-formationen anbieten, Falschaussagen in Form von Informationen richtigstellen,
  - Einstellungs- und Verhaltensziele,
  - Vertrauen fördern, Dialoge anregen, Kontaktaufnahme erreichen, User dazu bewe-gen, sich aus der Anonymität zu bewegen.

Motivierende Ziele zu finden war eine der leichteren Aufgaben. Im Anschluss kam die Frage auf, für wen der Blog überhaupt ins Leben gerufen werden sollte.

2.2.3.1 Content braucht Kontext

Die Herausforderung beim Content Marketing besteht grundsätzlich darin, die Informati-onsbedürfnisse der unterschiedlichen Zielgruppen zu befriedigen. Hierzu ist es hilfreich, sich vor Augen zu führen, wer die verschiedenen Stakeholder sind, wo diese Gruppen momentan stehen und wo sie in einem bestimmten Zeitraum stehen sollen. Für die inhalt-liche Erarbeitung des Blogs musste sich deshalb eine große Runde Gedanken machen, wer die zukünftigen Rezipienten sein sollten. Während sich der potenzielle Kunde fragt, worin der Vorteil eines Bauvorhabens mit Huf Haus liegt, interessiert den existierenden Besitzer, wie ein Umbau oder Anbau realisiert werden kann. Potenzielle Azubis möchten wissen, was das Unternehmen bietet und ob eine Ausbildung dort das Richtige für sie ist. Je besser also der individuelle Content, desto effektiver können die selbst gesetzten Ziele erreicht werden. Ein Beispiel zeigt die Tab. 2.2. Die Fülle der Zielgruppe macht schon deutlich, dass eine Corporate Website die Informationslücken nur in Teilen schließen kann. Der Blog liefert viel mehr Spielraum für Dialoge und persönliche Geschichten. Beide Instru-mente müssen aber zwingend Hand in Hand gehen (Corporate Design, Anspruch an Bild und Text usw.).

2.2.3.2 Flexibilität in der Content-Planung

Ann-Kathrin Laskowski PR-Leiterin von Huf Haus

Mithilfe von Personas fällt es automatisch leichter, einen gut strukturierten Themenplan zu erstellen. Dieser Themenplan hilft, innerhalb des Projektteams, das aus Mitgliedern verschiedener Abteilungen bestehen sollte, eine Struktur zu schaffen und Freigabeprozesse zu vereinfachen. Die Unternehmensziele sollten sich in den Themen grundsätzlich wiederfinden.

Tab. 2.2 Beispiel für eine Stakeholder-Analyse von Huf Haus

Stakeholder	Wissensstand heute	Wissenstand + 1 Jahr
Huf Haus Besitzer	Kennen das Unternehmen und die Produkte bzw. die Details zu ihrem Huf Haus	Kennen weitere Optionen wie An- und Umbauten, Modernisierungen oder Energiekonzepte
Potenzielle Kunden	Beschäftigen sich intensiv mit den gegebenen Informationen aus Internet und Print. Unsicherheit, wer der beste Partner ist. Vergleichen oft mehrere Hersteller miteinander	Vertrauen ist durch persönliche Geschichten der Bauherren und Informationen über das Familienunternehmen gestärkt. Kennen die Vorzüge und Qualitätsmerkmale der HUF-Häuser.
Fans von Huf Haus	Kennen das Unternehmen nur oberflächlich. Interesse an schönen Bilder	Dienen als Multiplikator für Bilder und relevante Informationen. Lernen das Unternehmen und die Produkte weiter kennen.
Mitarbeiter, Auszubildende, Bewerber, Lieferanten	Wenig Einblicke in das übergreifende Unternehmensgeschehen.	Intensive Einblicke in einige Unternehmensbereiche.

▶ Es ist hilfreich, sich zunächst eine Art Jahresübersicht zu gestalten, in der man Termine, wie zum Beispiel in diesem Fall den „Tag des deutschen Fertigbaus" oder „Die Lange Nacht der Musterhäuser", einträgt. Darüber hinaus gibt es oftmals schon Pläne, die das Unternehmen im kommenden Jahr umsetzen möchte. Dazu gehören beispielsweise Musterhauseröffnungen oder Kundenevents. Um diese fixen Punkte herum werden dann die Inhalte für die verschiedenen Monate, in Berücksichtigung der Ziele und der Stakeholder-Gruppen entwickelt. Selbstverständlich müssen die Informationen auch zur jeweiligen Jahreszeit passen. Weihnachtsdekoration im Huf Haus macht im Herbst/Winter weitaus mehr Sinn als im Frühjahr und auch ein Beitrag über Outdoor-Pools findet sicherlich in den Sommermonaten mehr Anklang als in den kalten Monaten des Jahres.

Trotz einer guten Planung habe ich die Erfahrung gemacht, dass sich Content nicht hundertprozentig planen lässt. Die Geschäftsleitung muss so viel Vertrauen in das Projektteam haben, dass auch spontan neue Themen integriert werden dürfen, ohne dass es langwieriger bürokratischer Prozesse bedarf. Ein Beispiel: Die Abteilung ServiceART (zuständig für Kundendienstarbeiten, An- und Umbauten, Modernisierungen etc.) schlug vor, einen Brief zu veröffentlichen, den ein Huf Haus Besitzer zugeschickt hatte. Er berichtete im Detail über den Kundendienstbesuch von Huf Haus und schilderte seine positiven, aber auch kritischen Eindrücke. Dieses authentische Schreiben wurde, nach Rücksprache mit den Bauherren, in den Themenplan integriert und den Lesern zur Verfügung gestellt. Eine gute Planung ist grundlegend für abwechslungsreichen und informativen Content, man muss jedoch flexibel bleiben und situationsbedingt umdenken.

Interview mit Ann-Kathrin Laskowski, Leitung PR bei Huf Haus

Claudia Hilker: Welche Vorteile hat Huf Haus von einem Blog überzeugt?

Ann-Kathrin Laskowski: Das einfache Erstellen und schnelle Verbreiten von Inhalten ist mit einer Blog Software wie *Wordpress* effizient. Man hat nun die Möglichkeiten, Diskussionen auf einer eigenen Plattform anzuregen und zu moderieren. Die Blog-Leser erfahren somit aktuelle Neuigkeiten von Huf Haus schnell und auf einen Blick. Durch Blog-Funktionen wie Teilen, Kommentieren und RSS Feeds verbreiten sich unsere Botschaften enorm schnell und erzeugen eine hohe Reichweite im Web. Aktuelle und stark verlinkte Einträge von öffentlichen Blogs bringen Huf Haus in eine verbesserte Google-Platzierung. Wir haben damit ein wirksames Werkzeug für die interaktive Online-Kommunikation mit B2B- und B2C-Zielkunden eingerichtet.

Claudia Hilker: Wie erstellen Sie Inhalte für Ihr Blog: extern oder intern?

Ann-Kathrin Laskowski: Bei uns werden die Beiträge für das Blog von den eigenen Mitarbeitern geschrieben. Dadurch wird die Arbeit abwechslungsreicher und weckt neuen Tatendrang. Außerdem können die Mitarbeiter ihre Kreativität beim Schreiben entfalten und übernehmen die Verantwortung für den Redaktionsplan sowie die regelmäßige Betreuung des Blogs.

Claudia Hilker: Wie haben Sie den Blog-Start gemeistert?

Ann-Kathrin Laskowski: Wir haben diese Herausforderungen mit allen Abteilungen gemeinsam gemeistert. Es gab einen runden Tisch aus Geschäftsleitung, Marketing, Vertrieb, Kommunikation und Service. Nun wird auf regelmäßigen Redaktionssitzungen der Themenplan erstellt und externe Partner und Azubis mit eingebunden. So schafft Huf Haus Synergien und setzt die Ressourcen sparsam ein.

Claudia Hilker: Welche Tipps können Sie anderen Unternehmen geben, die ein Blog planen?

Ann-Kathrin Laskowski: Zum Einstieg helfen ein Workshop und ein Experten-Coaching, beides hat Huf Haus von Hilker Consulting erhalten. Somit konnte zusammen ein effektives Konzept entwickelt werden. Dies ist besonders wichtig, damit die nachhaltige Content-Produktion gesichert ist (vgl. HUF Blog (http://www.huf-haus-blog.com/)).

Warum brauchen wir ein Blog, wenn wir eine Website haben? Wozu ist das gut und wer sind überhaupt diese Cyber-Trolle? Diese Fragen hat sich Huf Haus 2012 auch gestellt, als es um das große Thema „Social Media" ging. Aber die Online-Medien sind kein Neuland für Huf Haus. Als europäischer Marktführer für Fachwerkhäuser aus Holz und Glas mit über 100-jähriger Tradition wurden bereits 1999 die ersten Gehversuche im Online-Bereich gemacht. 2001 hatte man bereits eine eigene Website. 2012 wurde zusammen mit Hilker Consulting ein Social Media Workshop für die Geschäftsleitung und Abteilungsleiter von Huf Haus organisiert. Durch die rasante Entwicklung der neuen Medien und deren wachsende Bedeutsamkeit für das Marketing musste wieder eine einheitliche Wissensbasis im Unternehmen geschaffen werden. Wer nicht informiert ist, bleibt skeptisch. Wer hingegen für ein Thema sensibilisiert wird, traut sich, auch Neues auszuprobieren. Die Herausforderung für Huf Haus bestand im Kern darin, das bereits existierende Marketing-Konzept zu ergänzen und das Blog als Online-Medium harmonisch zu integrieren. Besonders in Bezug auf die Corporate

Website von Huf Haus sollte kein Konkurrenzprodukt geschaffen werden. Vielmehr war es wichtig, Synergien zu schaffen, die beide Plattformen weiter nach vorne bringen sollten. Anmutung und Aufbau des Blogs wurde in Anlehnung an das Design der Corporate Website geplant, um den Wiedererkennungswert zu steigern und das Markenbild zu wahren.

2.2.3.3 Erfolge und Evaluation

Die technische Evaluation erfolgt über das Instrument Google Analytics. Neben den Seitenaufrufen, Besuchen und Klickraten werden auch Verweildauer und Absprungrate analysiert. Die Evaluation ist für die Themenplanung daher ein ausschlaggebender Punkt. Ann-Kathrin Laskowski, PR-Leiterin von Huf Haus berichtet über ihre Erfahrungen.

> „Von der technischen Seite abgesehen erhalten wir auch sehr viel persönliches Feedback zu unserem Blog. Eine Überraschung hierbei war, wie gut die gesamte Belegschaft von Huf Haus auf das Projekt angesprochen hat. Wir führen regelmäßig auch Interviews mit den Mitarbeitern und stellen diese online. Was daran spannend ist? Die Artikel kommen bei den Usern sehr gut an und die Mitarbeiter erfahren eine besondere Wertschätzung. Niemand kann fundierter über den komplexen Prozess einer Abbundmaschine berichten als der Verantwortliche selbst. Es hat sich eine großartige Eigendynamik entwickelt, die uns dabei hilft, den Blog mit Leben zu füllen. Dieses Szenario gilt übrigens auch für unsere Bauherren. Mit Stolz schicken sie uns ein Bild ihres Richtfests oder ein Foto im neuen Haus, das wir online stellen dürfen."

▶ **Learning von Huf Haus: Content Marketing ist Teamarbeit**

Tipps, um erfolgreiches Content Marketing im eigenen Blog zu betreiben:

1. **Ressourcen planen**: Ein Blog lässt sich nicht nebenbei betreiben und guter Content braucht Zeit. Finanzielle, personelle und zeitliche Ressourcen sollten im Vorhinein mit der Geschäftsleitung abgeklärt werden.
2. **Vielschichtiges Projektteam**: Das Team sollte aus Vertretern verschiedener Abteilungen und Führungsebenen bestehen, damit Expertenwissen zusammenfließen kann. Das Brainstorming für die Themenplanung wird dadurch vielseitiger.
3. **Autoren mit Profil**: Wenn die Autoren ein Gesicht und eine Geschichte haben, entsteht mehr Authentizität. Warum nicht auch ein Profil für den Chef als Autor anlegen, der von Zeit zu Zeit etwas berichtet?
4. **Storytelling**: Spannend sind wahre Geschichten, im Beispielfall von Bauherren oder Mitarbeiten, die etwas erlebt haben. Bilder oder Videos gehören auch unbedingt mit dazu!
5. **Flexibel bleiben**: Der Themenplan gibt zwar Struktur, sollte aber nicht stoisch verfolgt werden, wenn spontan ein relevanteres oder spannenderes Thema auftaucht!
6. **Kommentare**: Schnell, aber sachlich fundiert reagieren. Antworten sollten zeitnah formuliert werden, aber auch inhaltlich einwandfrei sein.

Checkliste mit Fragen zum Thema Content-Marketing-Strategie

- Auf welche verschiedenen Content-Arten kann Ihr Unternehmen zurückgreifen?
- Haben Sie Customer Buyer Persona für Ihr Content Marketing erstellt?

- Welche Methode zur Content-Marketing-Analyse bevorzugen Sie?
- Welche Rolle spielt ein Redaktionsplan in Ihrer Content-Marketing-Produktion?

2.2.3.4 Zusammenfassung zum Praxisbeispiel

Zusammenfassend hat sich herausgestellt, dass die Entwicklung einer Content-Marketing-Strategie ein langwieriger, zeitintensiver Prozess mit nicht zu vernachlässigendem personellem Aufwand ist. Jedoch dürfte auch klar geworden sein, dass ein striktes methodisches Vorgehen der Schlüssel zum letztlichen Erfolg ist. Der User kann schnell relevanten von irrelevantem Content unterscheiden. Daher gibt es für Unternehmen nur wenige Stellschrauben, an denen sie drehen können, um die Aufmerksamkeit des Kunden in dieser kurzen Zeit auf sich zu lenken. Berücksichtigt ein Unternehmen die vorangegangenen Empfehlungen, sind die Voraussetzungen gegeben, dass der Kunde sich aufgrund der erkannten Relevanz der Inhalte für dieses Angebot entscheidet. Es ist deshalb von Bedeutung, mit qualitativ hochwertigem Content auch längerfristig zu überzeugen und den Kunden dadurch zu binden. Die Relevanz des Content ist dementsprechend sowohl für den Erstkontakt als auch für die Beständigkeit der Beziehung zwischen Kunde und Unternehmen von enormer Bedeutung.

Checkliste: Content Strategie

Eine Content-Strategie

- gibt Antworten darauf, welcher Content, warum und wie publiziert werden soll;
- identifiziert Themen, die für die Leser relevant sind, und definiert Schlüsselthemen und Botschaften;
- zeigt die Lücke zwischen bestehendem und benötigtem Content auf (Content-Audit);
- baut die Brücke zwischen Unternehmenszielen und den gewünschten Inhalten der Anspruchsgruppen;
- überbrückt die Grenzen zwischen On- und Offline und ist abteilungsübergreifend;
- verbessert die Konsistenz von Inhalten über alle Kanäle, Medien und Sprachen hinweg;
- steigert die Effizienz bei der Erstellung und Verbreitung von Inhalten;
- bestimmt die Metadaten für Frameworks;
- verbessert die Benutzerfreundlichkeit (User Experience) von Webseiten;
- definiert und optimiert die notwendigen Daten für die Suchmaschinen (SEO und SEM);
- beinhaltet, wie und wo Inhalte verteilt und verwaltet werden;
- gibt Auskunft über die passenden Content-Management-Arbeitsprozesse.

2.3   Content-Marketing-Fachkonzepte

Einige Beispiele für Content Marketing Fachkonzepte werden aufgezeigt. Inbound Marketing eignet sich als Ansatz für vertriebsorientierte Fachkonzepte. Inbound Marketing gewinnt für Unternehmen immer stärker an Interesse. Doch was ist das überhaupt? Welche Vorteile hat Inbound Marketing für Unternehmen und wie läuft es ab?

2.3.1   Entwicklung einer Medienstrategie

In der Kanalstrategie definieren Marketers die Medien und Kanäle für das Content Marketing. Die Auswahl der Kanäle erfolgt im Hinblick auf Zielgruppe, Produkte und Markt. Zentrale Fragen dabei können sein:

- Stimmt die Auswahl der Kanäle mit der Mediennutzung der Zielgruppe überein?
- Passen die gewählten Kanäle zu den eigenen Zielen, zum Produkt und zur Marke?
- Sind die Erfordernisse der integrierten Kommunikation und des Datenschutzes erfüllt?
- Welche Response- und Interaktionsmöglichkeiten hat der User?
- Gibt es ein Zielmedium, in welches die Konsumenten geleitet werden?
- Reicht der Mehrwert, um den User zu Likes, Kommentaren und Teilen zu aktiveren?
- Welche Erfolgsmessungen sollen in den Kanälen in welcher Frequenz erfolgen?

Die Gestaltung der vier Medienbereiche   Die Auswahl der Kanäle für die Kampagne ist abhängig von den Zielen der Marketing-Strategie. Unternehmen können dabei vier Medientypen verwenden, wie die Abb. 2.14 zeigt (Hilker 2012a, S. 136):

1. **Owned Media:** Content-Veröffentlichung auf eigenen Plattformen, zum Beispiel Website, Blog.
2. **Paid Media:** Content auf anderen Plattformen, auf denen das Unternehmen kostenpflichtige Werbung schaltet, zum Beispiel Banner-Werbung.
3. **Earned Content:** Content mit hohem Nachrichtenwert kostenfrei auf anderen Plattformen platziert, zum Beispiel über Medienkooperationen und Pressearbeit.
4. **Social Media:** Content in sozialen Netzwerken, den die User selbst generieren.

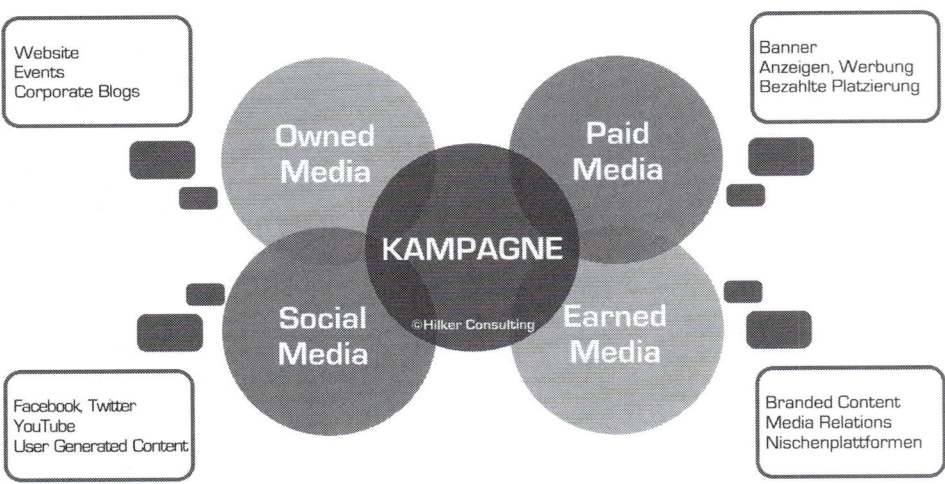

Abb. 2.14   Medienarten für crossmediale Kampagnen. (Hilker 2012a, S. 136)

2.3.1.1 Social-Media-Strategie und Netzwerk-Auswahl

Im Social Media Marketing ist es wichtig, die aktuellen Entwicklungen der Social-Media-Netzwerke zu kennen. Welches sind die relevanten Social-Media-Netzwerke für Unternehmen? Wie lassen sich deren Merkmale charakterisieren? Wie können Unternehmen sie im Marketing strategisch nutzen?

Wie gelingt die Social-Media-Kanalauswahl im strategischen Content Marketing? Natürlich reichen zur Kanalauswahl die Nutzerzahlen nicht aus. Weitere Auswahlkriterien sind in der digitalen Marketing-Strategie zu definieren. Selbstverständlich muss ein Unternehmen nicht alle Social-Media-Kanäle einsetzen. In der Praxis hat es sich bewährt, dass sich Unternehmen in der Kanalauswahl an individuellen Zielen, Zielgruppen und Nutzen orientieren. Das sollte in der Digitalstrategie auf Basis von Unternehmens- und Marketing-Zielen konkret definiert werden.

Zehn relevante Social-Media-Netzwerke für Unternehmen: Wie lassen sich die charakteristischen Merkmale der relevanten Social-Media-Netzwerke für Content Marketing prägnant skizzieren? Online finden Sie hierzu eine Infografik: „Top-Ten Social-Media-Netzwerke für Unternehmen":[9] Die Zahlen stammen u. a. aus der ARD/ZDF-Onlinestudie (2015). Die zehn Netzwerke werden ausführlich definiert im Beitrag von Hilker (2015).

1. **Facebook**: Das größte Netzwerk für private und berufliche Anliegen hat monatlich rund 1,5 Milliarden aktive Nutzer weltweit. Die ARD/ZDF-Onlinestudie meldet 23,5 Millionen aktive deutsche Facebook-Nutzer.
2. **Twitter**: Microblogging bietet viele Kommunikationsmöglichkeiten. Twitter hat 320 Millionen monatlich aktive Nutzer weltweit und wächst kaum noch. Je nach Messmethode schwankt die Zahl der deutschen Nutzer. Die ARD/ZDF-Onlinestudie geht von knapp vier Millionen deutschen Twitter-Nutzern aus.
3. **YouTube** ermöglicht kostengünstiges Werben durch Webvideos und virale Effekte. YouTube ist eines der größten Social-Media-Netzwerke. Obwohl bereits ein Drittel aller Internet-Nutzer weltweit – nämlich eine Milliarde Unique Visitors – Videos auf YouTube ansehen, wächst die Plattform mit mehr als zehn Prozent pro Jahr weiter. Knapp 35 Millionen Deutsche nutzen Videoportale im Internet. Einer internationalen Studie zufolge ist knapp ein Viertel aller Nutzer auf YouTube aktiv, das wären etwa sechs bis acht Millionen aktive YouTube-Nutzer in Deutschland.
4. **XING**: Das Netzwerk für berufliches Networking hat laut Quartalsbericht (Q3/2015) 9,2 Millionen Mitglieder in der DACH-Region (davon 869.000 zahlende Mitglieder). Die ARD/ZDF-Studie schätzt, dass rund die Hälfte der Mitglieder aktiv ist.
5. **LinkedIn** ermöglicht Online-Reputation, internationales Networking und Mitarbeitersuche. Ca. 7,5 Millionen deutschsprachige Nutzer hat das Portal inzwischen. Weltweit hat LinkedIn mehr als 400 Millionen Mitglieder. Nur ein Drittel der

---

[9] http://socialmedia-fuer-unternehmer.de/infografik-zehn-relevante-social-media-netzwerke-fuer-unternehmen/. Zugegriffen am 30.06.2016.

Mitglieder ist aktiv, glaubt man der ARD/ZDF-Studie, das wären deutlich weniger als bei XING.

6. **Google+** wird zumeist für SEO-Effekte im Content Marketing genutzt. Google+ hat laut ARD/ZDF-Studie ca. sechs Millionen aktive Google+ -Nutzer in Deutschland. Allerdings misst die Datenerhebung bei der ARD/ZDF-Studie keine Nutzungszahlen, sondern befragt Menschen zu ihrem Nutzungsverhalten.

7. **Instagram** ermöglicht das Teilen von Bildern und Videos über das Smartphone. Instagram wächst weiter im dreistelligen Bereich pro Jahr. Über 400 Millionen Nutzer gibt es weltweit und über fünf Millionen deutsche Instagram-Nutzer laut ARD/ZDF-Studie.

8. **Foursquare** bietet Located based Marketing für lokales Content Marketing, wie etwa-Rabatt auf einen Starbucks-Kaffee beim Einchecken. Foursquare hat durch die Aufteilung in zwei Apps (Foursquare und Swarm) zahlreiche Nutzer verloren. Foursquare selbst meldet „mehr als 55 Millionen Menschen weltweit" (Statista 2016). Schätzungsweise 600.000 Foursquare-Nutzer gibt es in Deutschland.

9. **Pinterest** ist ein Netzwerk für visuelles Marketing mit ca. 100 Millionen aktiven Nutzern weltweit. Die ARD/ZDF-Studie schätzt knapp zwei Millionen deutsche Nutzer.

10. **WhatsApp** als Instant Messenger dürfte weltweit etwa eine Milliarde Nutzer haben. Schätzungsweise gibt es etwa 35 Millionen Nutzer in Deutschland, insbesondere Jugendliche.

Eine ständige Marktbeobachtung ist im Social Media Marketing erforderlich. Außerdem bedarf es einer individuellen Social-Media-Strategie mit qualifizierten Mitarbeitern zur erfolgreichen Umsetzung mit einem Controlling der Ergebnisse. Mehr Infos dazu finden Sie in den Social Media Büchern von Claudia Hilker (2010, 2012).

2.3.1.2 Social-Media-Herausforderungen

Anne Grabs

Interview mit Anne Grabs, Social Media Managerin, Freiberuflerin, Exit Media GmbH Berlin

Claudia Hilker: Welche Herausforderungen gibt es bezüglich Social Media im Content Marketing?

Viele Unternehmen produzieren heute interessante Inhalte, so wie es das Content Marketing verlangt. Doch oft erreichen diese Inhalte die User in Social Media überhaupt nicht. Denn in Social Media herrscht der Kampf um Aufmerksamkeit und Sichtbarkeit: Nur fünf bis zehn Prozent Ihrer Facebook-Fans sehen überhaupt Ihre Inhalte. Und das liegt nicht daran, dass die User nicht immer online sind, wenn Sie etwas posten. Der Grund ist vielmehr: Facebook bewertet alle Inhalte durch seinen Algorithmus und kontrolliert, welche Inhalte die Nutzer und Fans überhaupt sehen.

Abb. 2.15 Facebook wird mehr und mehr zum Werbenetzwerk

Neben dem sogenannten „Facebook Newsfeed Algorithmus" (früher „Edgerank"
gennant) haben Unternehmen in Zukunft auch noch mit dem Instagram-Algorithmus
zu kämpfen. Nachdem Facebook die mobile Community Instagram im Jahr 2012 gekauft hat, wird Instagram nach und nach mit dem Facebook-Algorithmus unterfüttert.
So hat es der Netzwerkriese im März 2016 angekündigt.[10] Die Bilder werden nicht
mehr chronologisch angezeigt, sondern nach Suchhistorie, nach beliebten Bildern in
der Community und nach ähnlichen Profilen gewichtet. Facebook erlangt somit auch
in diesem Netzwerk die Hoheit über den Content und sichert sich ein weiteres Stück
vom Werbekuchen der Unternehmen.

Da fragen sich die Unternehmer natürlich schnell: Warum soll ich so viel Zeit und
Energie in gute Inhalte stecken, wenn sie am Ende nur wenige User oder gar niemand
sieht? Social Media ist ein wichtiger Traffic-Lieferant für Ihre Website und/oder Online-
shop. Für das Marken-Branding ist es unersetzlich, denn die Internetnutzer sind nun einmal in Social Media zu Hause. Social Media ist das Nadelöhr, über das die Onliner zu den
Inhalten im Netz gelangen. Somit ist jeder Webseiten- und Onlineshop-Betreiber angehal-
ten, die Nutzer mit guten Inhalten in Social Media anzusprechen und auf die eigenen Angebote zu lenken. Allerdings kommt Social Media ohne Paid Media nicht mehr aus. Für
Unternehmen heißt das: Gute Inhalte müssen gut vermarktet werden. In Abb. 2.15 sehen

---

[10] (http://blog.instagram.com/post/141107034797/160315-news. Zugegriffen am 06.05.2016).

Sie, wie sehr Facebook mehr und mehr zum Werbenetzwerk wird. Mit allen drei Werbeformaten, die in dieser Abbildung zu sehen sind, versuchen Unternehmen, mehr Besucher auf ihre Webseite oder Onlineshop zu lotsen.

Claudia Hilker: Wie löst man diese Herausforderung?

Eigentlich ist es ganz einfach. Facebook filtert die Inhalte, wertet schlechten Content ab und zeigt nur die guten Inhalte in der Timeline des Nutzers. Damit Ihre eigenen Inhalte zu solchen „guten Inhalten" werden, müssen Sie Folgendes beachten:

1. **Schalten Sie Facebook-Anzeigen!**

   Mit Sponsored Posts pushen Sie den Content an Ihre Fans in Facebook und Follower auf Instagram. Dieser „Content-Anstups" kostet noch nicht einmal so viel. Pro Posting müssen Sie etwa 20 Euro bis 50 Euro ausgeben und erhalten somit mehr Reichweite und höhere Interaktionsraten. Und das Beste daran: Sie bekommen mittels Targeting die Likes, Kommentare und Shares von Ihrer Zielgruppe.

2. **Produzieren Sie hochwertigen Content!**

   Die Zeiten von Schnappschüssen und verwackelten Videos in Social Media sind passé. Wenn Sie Inhalte für Facebook, Instagram, YouTube & Co produzieren, erwarten die User anspruchsvolle Inhalte. Das bedeutet, Produktfotos müssen professionell gemacht oder in Photoshop oder Lightroom bearbeitet werden. Das Beispiel von Zalando in Abb. 2.16 zeigt, wie eine Produktinszenierung in Social Media aussehen sollte. Nebenbei: Dass Zalando Facebook zur Verkaufsförderung nutzt, ist vollkommen in Ordnung und von der Community akzeptiert. Die weit verbreitete Regel, dass man Social Media nicht für den Absatz von Produkten einsetzen dürfe, ist längst nicht mehr gültig. Auf den richtigen Content-Mix kommt es an. Zalando unterhält seine Community mit witzigen Inhalten und postet dazwischen seine Produkte, siehe Abbildung 2.16.

   Wenn es also um Ihre Bilder geht, lassen Sie lieber einen Fotografen oder Designer ran. Oder Sie nehmen selbst eine gute Kamera in die Hand (zum Beispiel iPhone 6) und rücken anschließend die Bilder ins rechte Licht. Es gibt Hunderte Apps, die Sie zum Bearbeiten Ihrer Bilder nutzen können. Folgende Apps seien an dieser Stelle empfohlen: „Cortex Camera", wenn das Tageslicht nicht mitspielt, „SKRWT" für den Perspektivenwechsel im Bild, „VSCO" für die richtigen Filter (besser als Instagram-Filter), „Snapseed" für noch mehr strahlendes Licht im Bild.

   Übrigens: Bei Snapchat ist es derzeit noch schwierig, die gewohnte Content Excellence darzustellen, da Sie dort keine bearbeiteten Fotos hochladen können. Das macht das Netzwerk Snapchat aber gerade so beliebt.

3. **Interagieren Sie!**

   Man kann es nicht oft genug sagen. Interagieren Sie, denn es lohnt sich. Guter Content ist auch bei der Community beliebt und wird häufig kommentiert. Viele Unternehmen interessieren diese Kommentare jedoch nicht. Im Zuge des Hypes um Content Marketing ist das bewährte Community Management ins Abseits geraten. Eine lebendige

Abb. 2.16   Zalando nutzt Facebook auch als Absatzkanal

Community sorgt jedoch für hohe Interaktionsraten und gerade das Engagement ist das relevante Maß für den Vergleich mit dem Wettbewerb und noch wichtiger als die Reichweite!

2.3.1.3 Keyword-Analysen im Content Marketing

Auch wenn der Content nun perfekt auf eine Zielgruppe abgestimmt ist, muss er noch von den richtigen Personen gefunden werden. Dafür hilft eine Keyword-Liste, um den Content zu optimieren. Für das Erstellen einer solchen Keyword-Liste gibt es zwei Herangehensweisen:

- Wie sollen die Produkte oder Dienstleistungen beschrieben werden und welche Keywords lassen sich daraus ableiten?
- Welche Probleme und Fragestellungen beschäftigt die Customer Persona und welche Lösung bietet sich dafür an? Diese können die Keyword-Liste ergänzen.

▶ Es sollten möglichst konkrete Keywords verwendet werden. Je spezifischer das Keyword ist, desto höher ist die Treffergenauigkeit. Mehr dazu zeigt der Blog-Beitrag von Hilker Consulting „SEO-Strategien: Wie findet man das richtige Keyword?":[11]

Die Keyword-Analyse ist eine zentrale Aufgabe zur SEO-Optimierung und die ermöglicht, dass das Unternehmen bzw. das Produkt überhaupt online gefunden wird. In Abschn. 3.3 wird detaillierter auf die SEO-Optimierung eingegangen. Mehr dazu erläutert Melanie Tamblé in ihrem Gastbeitrag Abschn. 3.3.4.

2.3.2 Crossmedia-Kampagnen im Content Marketing

▶ Crossmedia Marketing konzipiert die Umsetzung von Kommunikationsmaßnahmen mit einer durchgängigen Leitidee in verschiedenen und für die Zielgruppe relevanten Medien, die inhaltlich, formal und zeitlich integriert sind. Die Ansprache soll vernetzt und interaktiv erfolgen, um Interessenten einen Nutzwert und Mehrwerte zu bieten. Crossmedia Marketing kennzeichnet den gesamten Ansatz der integrierten Kommunikation über alle Medientypen. Crossmedia Publishing fokussiert die Prozesse zur Veröffentlichung. Crossmedia-Kampagnen konzentrieren sich auf die Aktionen und Crossmedia Management auf die Steuerung.

Das Management crossmedialer Kampagnen erfordert von Unternehmen, die Ressourcen und Aktivitäten sämtlicher relevanter Aktivitäten integrieren und koordinieren zu können. Eine Voraussetzung dafür ist, dass die Strukturen dementsprechend aufgestellt sind. Eine crossmediale Vernetzung von Dialogmaßnahmen muss vorab geplant werden können. Gerade aber diese Bedingung wird von vielen Experten als Haupthindernis gesehen (Holland 2014). Die Planung einer crossmedialen Dialog-Marketing-Kampagne sollte auf Grundlage zuvor definierter Prozessschritte erfolgen, um eine effiziente Verzahnung zu ermöglichen. Die Abb. 2.17 zeigt den Prozess der Planung und Realisierung einer crossmedialen Dialog-Marketing-Kampagne.

Das Modell umfasst die Schritte von der Planung über die Umsetzung bis zur Ergebniskontrolle. Für die konkrete Realisation in den zielgruppenrelevanten Dialogmedien und Media-Kanälen sollten Tests in die Planung aufgenommen werden, um anhand von

---

[11] http://socialmedia-fuer-unternehmer.de/seo-strategien-wie-findet-man-das-richtige-keyword/. Zugegriffen am 06.05.2016.

Planung
*Idee, Produkt,
Budget*

Effizienz-Analyse
Aufwand vs. Erfolg

Segment
Zielgruppe

Response
Analyse

Form, Ansprache,
Inhalt, Kanäle

Nachfass-
Kampagne

Organisation, Handling,
Prozesse, Information,
Zeitraum

Messung
Response

Kampagne: Mail,
Brief, SMS, CallCenter,
Rechnungsbeilage

Abb. 2.17   Bestandteile im Kampagnen Management als Modell (Grafik Hilker Consulting)

Marktforschungsergebnissen Rückschlüsse auf Optimierungspotenziale zu erhalten. Als
Teil des strategischen Managements ist die strategische Kontrolle eine wichtige Führungs-
aufgabe. In einem iterativen Prozess muss stetig geprüft werden, ob die eingesetzten Res-
sourcen den gewünschten Erfolg erzielen. In der Planung müssen geeignete Prüf-,
Kontroll- und Feedback-Instrumente eingesetzt werden. Auf der operativen Ebene im
Kommunikations-Controlling sind dies in der Regel Soll-Ist-Vergleiche anhand geeigneter
Kennzahlen (Holland 2014, S. 811).

Bei der Prozesskontrolle geht es vorwiegend um die Frage der Integration der unterschiedlichen Disziplinen und Prozesse im Rahmen der crossmedialen Kampagnengestal-
tung. Cross-Impact-Analysen und Scoring-Modelle können dazu beitragen, Aufschluss
über den Erfolg oder Misserfolg der crossmedialen Kampagnenplanung zu geben. Dabei
kann zum Beispiel der Grad der Vernetzung ein hilfreiches Kriterium sein. Gerade im
digitalen Bereich gibt es dazu für Werbetreibende zahlreiche Tools, um die Kommunika-
tionsintensität über das eigene Unternehmen oder dessen Produkte und Services zu

messen. Beispielhaft seien Internet Monitoring oder Blogsearch genannt. Relevante Kenngrößen lassen sich besonders im digitalen Bereich gut definieren. So können mittels Tracking-Verfahren u. a. Klickraten, Leads oder Conversion Rates bestimmt und Kenngrößen wie CPC (Cost per Click), CPO (Cost per Order) und „Anzahl qualifizierte Leads" – damit CPL (Cost per Lead) – gebildet werden. Online-Maßnahmen sind durch Response-Raten, Awareness, Cost per Mail, Cost per Call, Cost per Response quantitativ gut messbar.

Doch die Wirkungsmessung crossmedialer Kampagnen ist ein komplexes Unterfangen. Während die Wirkung einzelner Kanäle relativ leicht messbar ist, gilt die Messung der *Wirkung integrierter Kampagnen* als besondere Herausforderung. Eine Möglichkeit der Messung stellt die crossmediale Reichweite dar, die jedoch in der Praxis kontrovers diskutiert wird. Transferraten von einem zum anderen Medium wiederum sind gut messbar und geben Aufschluss über das Nutzungsverhalten der Kanäle durch den Nutzer. Dies bietet vor allem die Möglichkeit, zukünftige Kampagnen zu optimieren. In der Praxis werden beispielsweise eigens Ziel-Links auf unterschiedlichen Medien platziert, um explizit deren Wirkung auf die erfolgreiche Lenkung von Zielkanälen getrennt zu prüfen. Auch unterschiedliche Telefonnummern dienen dem Tracking von Nutzerströmen. Die Effizienzkontrolle bezieht sich auf die Leistungsfähigkeit im ökonomischen Sinn, um die Wertigkeit des gesamten Kommunikationsprozesses ins Verhältnis zum damit verbundenen Aufwand zu setzen. In diesem Zusammenhang stellt sich die Frage, ob der vermeintliche Synergieeffekt der crossmedialen Kampagne den erhöhten Komplexitätsaufwand kompensiert. Hier sind im Rahmen der Effizienzkontrolle die Prozesskostenrechnung oder Total-Cost-of-Ownership-Rechnung nennenswerte Optionen, den Nutzen von Crossmedia zu kalkulieren.

Die Conversion stellt eine gute Messgröße zur Steuerung von crossmedialen Kampagnen dar. Die größte Reichweite oder Response nützt nichts, wenn die Kampagne keinen Mehrumsatz generieren konnte. Deshalb sind es vor allem performance-orientierte Kenngrößen, die einen hohen praktischen Stellenwert haben. Mögliche Messungen funktionieren beispielsweise über eine Null-Messung einer Vergleichsgruppe und einen Abgleich mit Erfahrungswerten bei Messungen nach der Kampagne.

Content Marketing für Kampagnen Management: Durch gute Kampagnen besteht die Möglichkeit, für einen definierten Zeitraum viel Aufmerksamkeit bei den Kunden zu gewinnen. Zum eigenen Content können Inhalte aus der Website und einem Blog zählen mit Fotos und Videos. Zielen Kampagnen und Apps auf hohe Interaktionsraten ab, stehen bei der Content-Strategie die sozialen Netzwerkeffekte im Vordergrund, um die Inhalte online zu diskutieren. Fans sollen sie ihren Freunden empfehlen und in anderen Kanälen verbreiten und das Engagement (Interaktion durch Likes, Sharing, Kommentare) erhöhen. Häufig trifft man diese Strategie bei Zeitungen und Nachrichtenportalen an. Oft werden die Inhalte speziell für soziale Netzwerke entwickelt. Eigens produzierter Content bietet den Vorteil, dass man seinen Fans/Kunden einzigartige Informationen präsentieren kann.

Abb. 2.18 Vorgehensmodell im Kampagnen-Marketing mit Prozessen. (Qelle: Hilker Consulting)

Auf Facebook und Google+ kommt noch der Vorteil mit dazu, dass Interaktionen speziell bei Fotos hoch ausfallen. Zusätzlich ist dieser Content-Typ auch für den mobilen Einsatz gut geeignet.

Eigener Content hat in sozialen Netzwerken hohen Wert. Mit Blick auf die Entwicklung von Instagram und Pinterest wird nochmals deutlich, wie wichtig die Produktion eigener Bilder ist. Die neue Fotoansicht auf Facebook[12] wird dazu ebenfalls beitragen, denn sie verleiht Bilder nochmals mehr Gewicht. Zudem sind Fotos auch gut mit Links kombinierbar, die zusätzlichen Traffic generieren. Die Content Produktion für eine Kampagne erfordert ein fachliches Konzept zur Vorgehensweise, vgl. Abb. 2.18.

---

[12] Fotoansicht Facebook: http://newsroom.fb.com/news/2012/07/a-more-beautiful-view-of-photos/. Zugegriffen am 08.04.2016.

Die Arbeitsschritte im Kampagnen-Management zeigt die Abbildung von der Analyse über die Strategie bis zum Controlling. Mit der Zieldefinition wird die Leitidee entwickelt, die in einer Core Story mündet. Auf Basis einer Copy-Strategie werden Grafik und Botschaften erstellt. Dann folgt die Planung von Maßnahmenmix, Kanalauswahl, Projekt- mit Zeitplan zur Kampagnendurchführung. Das Controlling schließt die Kampagne mit der Evaluation ab.

Wie bei Kampagnen gibt es auch bei eigenem Content die verschiedensten Ansätze. Fotos und eigene Blog-Inhalte sind die wohl am häufigsten verwendeten Content-Arten, aber auch Videos spielen eine immer wichtigere Rolle. Meiner Ansicht nach wird es zukünftig in die Richtung von mehreren kurzen Videos gehen. Die Produktion von Content wird immer mehr zunehmen und schon heute gibt es Marken, die pro Woche Hunderte von Fotos und Videos erstellen und veröffentlichen. Das bedeutet für Unternehmen einen höheren Aufwand, aber auch die Möglichkeit, sich von den Wettbewerbern abzusetzen. Einen kompakten Überblick zu diesem Thema finden Sie auch in dem Whitepaper „Content-Marketing für Unternehmen".[13]

Beispiele für die Kampagnen-Ausrichtung: Einige Unternehmen feilen immer an neuen Ideen für Kampagnen und verfolgen damit mehrere Ziele. Zu Beginn steht meist der Reichweitenaufbau im Vordergrund und zu einem späteren Zeitpunkt sollen durch Kampagnen Interaktionen und soziale (virale) Effekte kreiert werden. Gleichzeitig dient die Kampagne als Inhalt für die Präsenzen in sozialen Netzwerken und bestimmt die Diskussionen (als Beispiel „Oral B" vgl. Abb. 2.19). Natürlich gibt es auch Beiträge die zwischen einzelnen Kampagnen veröffentlicht werden, diese stellen aber häufig nur Füllmittel dar, bis die nächste Kampagne durchgeführt wird.

Der Vorteil ist, dass das Unternehmen viel Aufmerksamkeit auf die eigene Kampagne lenken kann. Produkte werden neben Beiträgen, hauptsächlich in den Kampagnen kommuniziert und es wird versucht, den Kunden ein interaktives Erlebnis auf Facebook und Co. zu bieten. Weitere Kampagnenbeispiele wie Starbucks werden im Kapitel Crossmedia-Kampagnen im Content Marketing Kapitel 2.3.2 präsentiert.

Wie funktioniert eine Crossmedia-Planung in der Praxis? Es folgen einige Best-Practice Beispiele von Audi, Hornbach und Zurich.

Crossmedia-Kampagnen-Marketing mit Praxisbeispielen: Im Folgenden gewinnen Sie Einblicke in die Praxis von crossmedialen Kampagnen im Content Marketing, die eine Möglichkeit zur Inspiration darstellen sollen.

Snapchat-Kampagne von Audi: Audi nutzt dabei das Content Marketing als treibende Image-Kraft in einem innovativen Format (vgl. Abb. 2.20). Das Ziel der Kampagne war simpel. Audi wollte sich von anderen Unternehmen und ihren Werbespots beim Superbowl abheben. Neue Zielkunden sollten erreicht werden, vor allem junge User der Generation Y und Millenials, denn gerade diese Jugendlichen nutzen Snapchat für Millionen Fotos und

---

[13] Das Whitepaper gibt es auf dem Blog von Hilker Consulting: http://www.hilker-consulting.de/contentmarketing/. Zugegriffen am 08.04.2016.

Abb. 2.19   Facebook-Kampagne von Oral-B Deutschland

Videos. Damit die Kampagne aber auch möglichst viele am Tag des Superbowls erreichte, musste Audi sich erst mal SnapChat-Follower verschaffen. Das erfolgte in vier Schritten[14]:

1. **Content:** In den Wochen vor dem Superbowl hat Audi bereits verrückte Bilder und Sprüche bei SnapChat verbreitet. Ein frecher, humorvoller Ton war entscheidend, der besonders die jugendliche Zielgruppe anspricht.
2. **Networking:** Andere Unternehmen und Influencer, die bei der Zielgruppe bereits beliebt waren, wurden ins Boot geholt und gemeinsame Postings wurden gesetzt. So erweiterte sich die Reichweite enorm.
3. **Social Media:** Social Media über herkömmliche Plattformen, wie Facebook oder Twitter, hat Audi immer wieder auf ihre Aktion am Superbowl aufmerksam gemacht.
4. **Low-Tech:** Alles, was Audi dann am Superbowl brauchte, waren die Fotos und ein Smartphone. Schon gingen die Bilder um die Welt.

SnapChat Audi, Content-Marketing, Quelle: Audi | SnapChat-Kampagne Superbowl 2014

---

[14] Siehe: http://socialmedia-fuer-unternehmer.de/snapchat-echtzeitkommunikation-im-content-marketing/. Zugegriffen am 15.08.2016.

Abb. 2.20 Facebook Post von Audi USA

Die Kampagne ging durch die Decke. 100.000 Aufrufe während dem Superbowl. 37 Millionen Eindrücke in den Social Media. Allein am Superbowl-Tag hat Audi 9.600 Follower auf SnapChat dazu bekommen und auch bei Twitter (2.500 Follower) und Facebook (9.000 Fans) hat der Konzern viel Aufmerksamkeit gewonnen. Damit war Audi eines der am schnellsten wachsenden Profile, die es je gab. Das Video von Audi zeigt die Kampagne und ermöglicht ein gutes Verständnis:

> **Fazit**
> Unternehmen können Content-Strategien zur Werbung nutzen. Fotos und Videos bieten die Möglichkeit, Kunden mobil und überall schnell zu erreichen. Dementsprechend muss der Content auch aufbereitet werden. Spontan, emotional, fesselnd und auf den Punkt gebracht. Plattformen wie Snapchat helfen Unternehmen dabei, authentisch zu wirken. Wichtig ist jedoch der Umgang mit Keywords, der Bilderauswahl und Storytelling, um virale Effekte zu erzeugen und eine Community aufzubauen.

Crossmedia Marketing: „Hornbach Hammer": Hornbach setzte bei seinem Storytelling auf Originalität und Polarisierung. Die crossmediale Kampagne „Hornbach Hammer" ist tatsächlich ein Hammer! Die Geschichte: Hornbach hat einen alten tschechischen

Abb. 2.21   Cityplakat Hornbach Hammer – https://www.youtube.com/watch?v=_1rngcRIvPQ

Panzer erworben, den Stahl geschmolzen und daraus 7.000 „Hornbach Hammer" gefertigt und in dieser limitierten Auflage verkauft. Begleitet wurde die ganze Aktion von einer einmaligen Social-Media-Kampagne. Vor dem Verkaufsstart des Hammers wurden in sozialen Netzwerken immer wieder kurze Teaser verbreitet, die die Nutzer der Netzwerke dazu anregten, über den Rest der Entstehungsgeschichte nachzudenken, und so blieb der Hammer im Gedächtnis. Als der Hornbach Hammer auf den Markt kam, war er in kürzester Zeit ausverkauft. Dafür siegte Hornbach auch beim Grand Prix Wettbewerb des Art Directors Club (ADC) 2014 mit der Begründung, dass sie „so innovativ, so konsequent und so exzellent in vielen Teilen ausgeführt" wurde (Abb. 2.21).

Crossmedia Marketing: Zurich Versicherung: Unter dem Motto „Für alle, die wirklich lieben" hat die Zurich Versicherungsgruppe eine globale Crossmedia-Marketing-Kampagne entwickelt. Damit positioniert sich Zurich als eine Versicherung, die die geliebten Werte ihrer Kunden schützen möchte (vgl. Abb. 2.22). Mit emotionalen und witzigen Videos versprühte sie ein Feuerwerk der Emotionen und berührte die Menschen.

Ist Ihre Crossmedia Kampagne wirklich „crossmedial"? Prüfen Sie es mit der folgenden Checkliste (Mahrdt 2009)

1. **Durchgängige Leitidee:** Ist ein durchgehendes Leitmotiv, eine durchgehende Leitidee, eine Story etc. erkennbar?
2. **Geeignete Medienwahl im Hinblick auf Zielgruppe, Produkte und Markt:** Eignet sich die Wahl der Medien für die Mediennutzung der Zielgruppe? Passen die gewählten Medien zum Produkt und zur Marke?

3. **Zeitliche, formale und inhaltliche Integration:** Sind die Erfordernisse integrierter Kommunikation erfüllt?

4. **Redaktionelle und werbliche Vernetzung sowie Hinweisführung:** Welches Medium verweist auf welche anderen? Welche weiteren Hinweise zu anderweitigem Markenkontakt gibt es, abgesehen vom gerade genutzten Medium?

5. **Interaktionsmöglichkeiten und Aktivierung:** Welche Response- und Interaktionsmöglichkeiten hat der Konsument?
Welche Methoden werden angewendet, um den Konsumenten zum „Mitmachen" zu überreden?

6. **Multisensorische Ansprache:** Werden unterschiedliche Sinne angesprochen? Welche der gewählten Medien sprechen welche Sinne an?

7. **Zielmedium, Konvergenz und CRM-Potenzial:** Gibt es ein Zielmedium, in welches die Konsumenten geleitet werden?
Können dort Kundenprofile unter Beachtung der gesetzlichen Richtlinien erstellt werden?

8. **Mehrwert und Nutzwert für den Verbraucher:** Welchen Mehrwert und welchen Nutzen hat der Konsument durch die gewählten Medien?
Wo werden gleichsam Interessen und Bedarf bzw. Bedürfnisse der Konsumenten angesprochen?

Abb. 2.22 Zurich-Kampagne „Wahre Liebe"

2.3.3 Storytelling und Kampagnen im Content Marketing

▷ Eine gute Strategie ist nicht alles, denn auch die Aufbereitung der Inhalte muss stimmen: Storytelling heißt das Zauberwort. Storytelling sorgt für Kribbeln im Kopf. Geschichten zu erzählen ist ein gutes Mittel, um Inhalte gehirnoptimiert zu vermitteln. Packende Stories berühren den Leser, lösen Emotionen aus und blieben damit im Gedächtnis. Es ist also ein effizienter Weg für nachhaltige Kommunikation. Eine Aufzählung von Fakten ist für die meisten uninteressant. Für das Gehirn sind laut Neuromarketing nur Geschichten relevant. Eine Story und Storytelling braucht man für Kampagnen, die zumeist crossmedial die Leitidee mit einheitlichen Botschaften transportieren.

Wir haben bereits erfahren, dass relevanter Content, der nützliche Informationen und praktische Tipps bietet, die am meisten geschätzte Content-Art der Konsumenten ist. Somit kann sich Content Marketing positiv auf die Bekanntheit und Wahrnehmung (Awareness) der Marke durch die Konsumenten auswirken. Nachfolgend kann die Rezeption des Brand Content Neugier auf die Marke wecken (Seek More) oder direkt zum Kauf anregen (Trial).

Beispiele für professionelles Storytelling im Kampagnen-Marketing Jedes Unternehmen hat spannende Geschichten zu erzählen. Jede Marke braucht relevante und interessante Stories, auch beispielsweise im Rahmen von Employer Branding zur Stärkung der Arbeitgebermarke. Denken Sie etwa an Auszubildende, die im Video-Blog ihre Lernerfahrungen schildern. Mitarbeiter können über spannende Projekte und reizvolle Aufgaben berichten. So kann man aufzeigen, wie sich ein Unternehmen in Sachen Nachhaltigkeit oder Kinderbetreuung engagiert. Derartige Beiträge sollten regelmäßig erstellt, in Medien veröffentlicht und online verbreitet werden.

Gutes Storytelling erzeugt lebhafte Bilder. Sie werden im Kopf behalten und oft weitererzählt. Vor allem aber: Wer positiv im Gespräch ist, bei dem wird gerne gekauft und der wird gerne empfohlen. Themen müssen spannende Geschichten sein! Stories lösen Assoziationen und Bilder aus, sie erzeugen vor dem Auge des Lesers einen Film. Diese emotionalen Botschaften kommen direkt im Hirn an und bleiben in Erinnerung. Die mutigen Werbeaktionen von Sixt beispielsweise lassen einen Film im Kopf des Betrachters stattfinden. Storytelling eignet sich auch für komplexe oder feuilletonistische Themen. Einige Beispiele: Unternehmenshistorie, Human Resources und Branding können ebenso mit Stories vermittelt werden. Ein bisschen Nervenkitzel ist dabei förderlich, vgl. Abb. 2.23.

2.3.3.1 Wie Sie Ihre Themen in Geschichten verwandeln

Stories lösen Assoziationen und Bilder aus, sie erzeugen vor dem Auge des Lesers einen Film. Diese emotionalen Botschaften kommen direkt im Hirn an und bleiben in Erinnerung. Ganz wichtig für erfolgreiches Storytelling ist ein Plot, um die Dramaturgie in der Storyline zu erzeugen, wie die Abb. 2.24 zeigt mit Sixt-Werbung.

Abb. 2.23 Storytelling bei Sixt, Billigleim

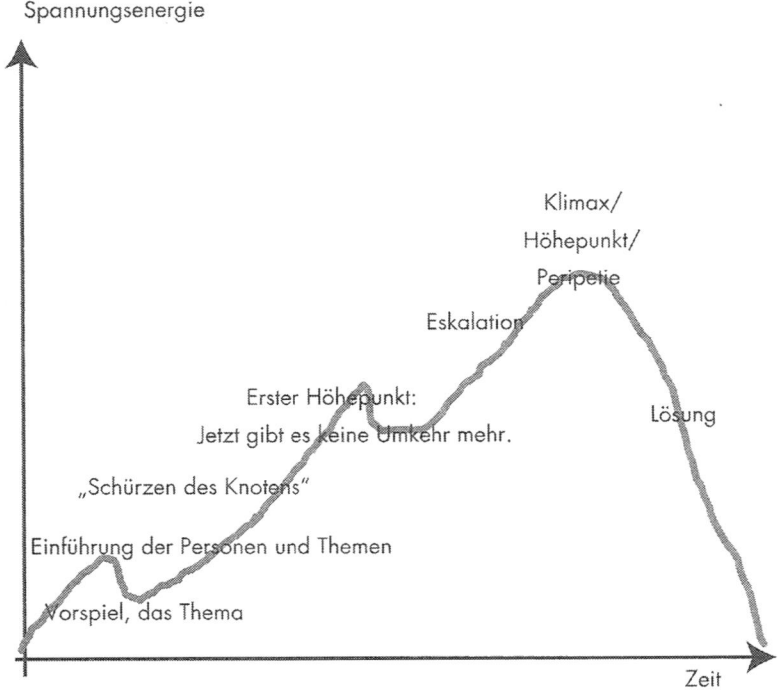

Abb. 2.24 Plot und Dramaturgie zum Storytelling im Content Marketing. (Quelle: Hilker 2009)

Beachten Sie bei der Story-Entwicklung außerdem die folgenden Punkte:

1. **Kurze Geschichten** prägen sich besser ein. Konzentrieren Sie sich auf das Wesentliche.
2. **Die Erzählstruktur** muss logisch aufgebaut sein und zusammenhängend präsentiert werden.
3. **Die markante Hauptperson** braucht typische charakteristische Merkmale.
4. **Eine einfache Erzählung** wird leichter von den Zuhörern aufgenommen.
5. **Happy End**: Menschen bevorzugen positive Geschichten, um die Fantasie anzuregen.
6. **Klare Botschaften** mit einem roten Faden prägen sich besonders gut ein.
7. **Spannung**: Eine gute Geschichte verfolgt immer eine Dramaturgie mit Höhen und Tiefen.
8. **Bilder**: Metaphern und Symbole bringen Zusammenhänge auf den Punkt.

2.3.3.2 Storytelling im B2B-Bereich

B2B-Unternehmen setzen Storytelling bisher selten ein. Diese Ergebnisse ermittelte die Gesellschaft für Konsumforschung (GfK 2015) im Auftrag der Frankfurter Agentur K16. Nur etwa jedes dritte deutsche B2B-Unternehmen kennt Storytelling. Drei Viertel aller B2B-Unternehmen, die Storytelling kennen, wenden diesen Ansatz nicht an. In Zeiten von allgegenwärtiger Medienpräsenz im Content Marketing ist das eine erstaunliche Ergebnis. Sie offenbart das immer noch vorhandene, große versäumte Potenzial, sich durch das Erzählen packender und emotionaler Geschichten vom Wettbewerb abzuheben.

Für ein Viertel aller praktizierenden Storyteller steht der rote Faden dabei im Vordergrund. Nur elf Prozent halten Emotionalität – die Quintessenz guter Geschichten – für das wichtigste Element. B2B-Vermarkter setzen offenbar voraus, dass Geschäftskunden nicht oder deutlich weniger emotional überzeugt werden müssten, als das für B2C-Kommunikation gilt. In spezieller Hinsicht auf Präsentationen ergibt sich ein ähnliches Bild: Eine klare Struktur (22 Prozent) und relevanter Inhalt (19 Prozent) sind nach Ansicht der Marketing-Spezialisten am wichtigsten. Die gute Story finden nur sieben Prozent besonders wichtig.

Dabei profitieren auch B2B-Firmen von guten Geschichten, denn die Kombination von rationalen und narrativen Elementen bringt Mehrwert für die Marke. Befragt wurden deutschlandweit insgesamt 450 B2B-Entscheider, vor allem aus den Bereichen Marketing und Vertrieb. Während die Zahl der Kommunikationskanäle mit Websites, Social Media, Fernsehen und Podcasts immer größer wird, bleibt der Kampf um die Aufmerksamkeit der gleiche. Im B2B-Umfeld müssen rationale und emotionale Inhalte kombiniert werden, da jeder Kaufentscheidung immer sowohl affektive als auch kognitive Elemente zugrunde liegen. Deshalb müssen Rationalität und Emotionalität gleichermaßen im Kaufprozess angesprochen werden, um mit kombinierten Inhalten den Anforderungen der Buying-Prozesse standzuhalten.

2.3.3.3 Storytelling-Typen und Reifegrade im Unternehmen

Jede Storyline basiert auf einem bekannten Plot. Wichtig sind die Details, die eine Geschichte anders und interessant machen. Es gibt fünf klassische Typen, die Ryan Mathews und Watts Wacker in ihrem Buch „What's Your Story?" (Mathews und Wacker 2008) auf Unternehmen übertragen:

1. **Heldengeschichte:** Der Held ist der Hauptcharakter einer Geschichte und muss häufig auf eine wichtige Mission. Er oder sie muss weitreichende Entscheidungen treffen. Wenn der Held erfolgreich ist, dann bringt er seiner Community großes Glück. Im Businessbereich bietet sich die Heldengeschichte an, um die Vision bzw. Mission des Unternehmens zu erzählen und somit Kunden einen Touchpoint zur Identifikation zu geben.
2. **Hintergrundgeschichte:** Wie der Name sagt, liefern diese Geschichten wichtige Informationen zur Herkunft des Helden und zu seinen Beweggründen. Unternehmen können zum Beispiel Hintergrundgeschichten zu ihren Produkten und Dienstleistungen erzählen und interessante Einblicke hinter die Kulissen schaffen.
3. **Transformationsgeschichte:** Dabei durchläuft der Held eine Wandlung und löst darüber einen schweren Konflikt. Für Unternehmen, die auf ihrem Gebiet einen Wandel vollzogen haben, beispielsweise die Branche gewechselt oder innovative Neuerungen entwickelt haben, ist dieses Thema besonders geeignet.
4. **Krise und Vergebung:** Bei diesem Thema sehen sich Unternehmen an einem Scheidepunkt. Sie sind mit einer Krise konfrontiert, die es gilt zu meistern und aus der Asche wieder aufzustehen. Bei Erfolg versteckt sich hier eine emotionale Geschichte, die den Kunden die Transparenz eines Unternehmens verdeutlicht.
5. **Die Qual der Wahl:** Das letzte Thema beinhaltet eine Entscheidung. Dies bedeutet aber auch, in das Ungewisse zu blicken und nicht zu wissen, was passiert, wenn die Wahl getroffen ist. Für Unternehmen heißt das, das Story-Potenzial zu nutzen, wenn sie drohen zu scheitern. Wagnis ist hier das Schlüsselwort.

Reifegrad von Storytelling in Organisationen Es gibt unterschiedliche Integrationsstufen von Storytelling im Unternehmen (Ettl-Huber 2014, S. 20):

- Auf der unbewussten Ebene grassieren Stories im Unternehmen, die aber nicht bewusst für die Kommunikation eingesetzt werden.
- Im pragmatischen Storytelling werden Stories sporadisch eingesetzt, ein Grundwissen über das Potenzial ist also vorhanden.
- Im Nischen-Storytelling werden nur in bestimmten Kommunikationsmaßnahmen oder -instrumenten Stories eingesetzt.

- Im Cross Channel Storytelling wird Storytelling zum Prinzip in der Kommunikation. Die Auswahl und Entwicklung der Geschichten stehen im Zentrum und die Wahl der Kommunikationsinstrumente bzw. der Kanäle erfolgt danach.
- Umfassendes strategisches Storytelling wird nicht mehr nur in einer Sender-Empfänger-Perspektive betrieben. Storytelling wird auch als Rückkanal von den MitarbeiterInnen zur Chefetage genutzt (Wissens-Management). Die in der Organisation vorhandenen Geschichten werden als Spiegel wie auch als Ressource für Botschaften gesehen.

2.3.3.4 Die Core Story: das Herzstück im Content Marketing

Der Kern einer Geschichte ist der wichtigste Teil. Wenn dieser nicht funktioniert oder nicht einmal vorhanden ist, dann fällt das ganze Gerüst in sich zusammen. „Um zum Kern einer Geschichte vorzudringen, müssen Sie alles Überflüssige, alle ‚technischen' Details weglassen" (Heath und Heath 2008). Die perfekte Core Story ist einfach, überraschend, konkret und emotional. Die Leser brauchen nur eine deutliche Botschaft, die in ihrem Kopf hängen bleibt. Lange, ausschweifende Informationen zu Produkten oder Services kann sich niemand merken. Ein einfacher wesentlicher Satz hingegen prägt sich ein. Für die Core Story sind daher drei Fragen bzw. Antworten wichtig:

1. Ein klares Ziel der Geschichte: Was soll mit der Story beim Leser erreicht werden?
2. Prioritäten setzen: Was sind die essenziellen Informationen?
3. Was soll der Rezipient erinnern?

Unternehmen gewinnen mit der Core Story die Möglichkeit, ihre Erfolgsgeschichten zu erzählen, die Unternehmenskultur zu verbreiten, zu inspirieren und Problemlösungen anzubieten. Die Core Story kann Leser und Kunden verbinden und Kreativität beweisen. Es gibt drei Bestandteile in der Core Story (Herbst 2011, S. 84–90):

1. Die Core Story beinhaltet das übergeordnete Belohnungsversprechen. Es gibt Antwort darauf, was die Bezugsgruppen von einem Unternehmen erwarten können und welches Gefühl bei einer Entscheidung für seine Leistungen ausgelöst wird.
2. Die Core Story verdeutlicht die Erfolgsfaktoren, die zur Erfüllung des Belohnungsversprechens beitragen, etwa Mitarbeiter, spezielles Know-how oder ein besonderes Netzwerk.
3. Die Core Story legt die Haltung fest, aus der heraus das Unternehmen mit seinen Bezugsgruppen kommuniziert, zum Beispiel als kritischer oder fürsorglicher Experte oder als kreativer, spielerisch veranlagter Freund.

Aus der Core Story werden alle weiteren Geschichten für die interne und externe Unternehmenskommunikation entwickelt. Für eine gute Geschichte müssen die handelnden Personen, die Handlung sowie der Konflikt und die zentrale Botschaft definiert und in einen kausal-logischen, spannenden Ablauf gestellt werden. Die handelnden Personen treiben die Handlung voran und wirken als Identifikationsfiguren. Die Akteure sind stets Mitarbeiter aus dem Unternehmen oder Menschen aus dessen direktem Umfeld und nehmen spezifische Rollen ein:

- Positionierung des Unternehmens,
- Koppeln der Geschichte an die Unternehmensidentität/Reputation,
- Formulieren der Geschichte,
- Implementierung der Geschichte,
- Beurteilung der Leistungsfähigkeit der Geschichte.

2.3.3.5 Storytelling zur Markenführung

Die Methode des Storytellings zur Markenführung kann in drei Ebenen gegliedert werden: dem Was, dem Wie und dem Wozu (Herbst 2011, S. 12):

- **Was**: Damit ist die Handlung der Geschichte gemeint, die Marke verdeutlicht dadurch, wie sie die Bedürfnisse der Konsumenten optimal erfüllt.
- **Wie** meint die Erzählweise der Geschichte und den Aufbau. Die Handlung sollte inhaltlich und zeitlich zusammenhängen.
- **Wozu**: Die Bekanntheit der Marke zu steigern ist ein Ziel. Ein anderes ist es, klare Bilder der Marke und des Unternehmens zu vermitteln, um diese erfolgreich von anderen Marken und Unternehmen abzugrenzen (Positionierung und Markenführung).

Checkliste zur Prüfung von Storytelling-Konzeptionen

Viele meinen, sie nutzen Storytelling. Um zu prüfen, ob wirklich mit Storytelling gearbeitet wurde, kann man mit der folgenden Checkliste die Elemente von Stories erkennen (Ettl-Huber 2014, S. 16):

- Gibt es ein klares Thema und ein erkennbares Motiv (zum Beispiel archetypische Plots, wie der Erlösungsplot)?
- Gibt es kausal und zeitlich verknüpfte Ereignisse/Handlungen und Konflikte?
- Werden dichotome Lebenskonzepte angesprochen (Liebe/Hass etc.)?
- Verändert sich etwas im Laufe der Geschichte?
- Gibt es Figuren (Personen, Unternehmen, Organisationen etc.), die die Handlung tragen, die benannt und beschrieben sind?
- Hat die Geschichte einen klar benannten Raum, der näher beschrieben wird?
- Zieht sich die Geschichte über einen Zeitraum?

- Gibt es einen offensichtlichen Erzähler mit einer Perspektive, aus der erzählt wird?
- Gibt es in-/direkte Rede und innere Monologe?
- Gibt es ein Bestreben, den stilistischen Ausdruck mit dem Geschehen in Einklang zu bringen?
- Werden Stilfiguren (zum Beispiel Metaphern, Aufzählungen) eingesetzt?
- Wird die Sprache der Erzählintention angepasst?

Storytelling hat sich durch Social Media gewandelt Storytelling hat durch das Internet interaktive und multimediale Effekte gewonnen. Es wirkt in Social Media besonders gut, denn die Geschichten können schnell und einfach multimedial erzählt und online verbreitet werden. Das Marketing hat die Aufgabe, gute Stories zu entwickeln. Doch nicht jede Marketing-Kampagne kann auf gute Geschichten setzen. Dies ist mitunter tatsächlich eine knifflige Herausforderung, beispielsweise bei Finanzprodukten mit Low Involvement oder bei komplexen und abstrakten Dienstleistungen wie im IT-Bereich. Doch auch hier geht es. Sixt nutzt beispielsweise Storytelling gelungen in den Werbeanzeigen. Die Liquid Story von Coca-Cola zeigt ebenfalls, wie Storytelling crossmedial gelingt.

2.3.3.6 Wie Coca-Cola Storytelling im Content Marketing einsetzt

▷ Coca-Cola setzt mit seiner Content-Strategie weltweit einen neuen Maßstab: Der Getränkekonzern positioniert sich damit von der exzellenten Marke zum exzellenten Content Marketer. Die klassische Werbung wird in die Content-Strategie eingebunden. Doch aufgrund des Technologieschubs und des damit verbundenen veränderten Kommunikationsverhaltens haben das reine Senden und Werben an Aufmerksamkeit verloren. Wer Menschen überzeugen will, griff früher schon gerne zu PR-Mitteln und gelangte ins Geschichtenerzählen (Storytelling). Neu ist, dass die sozialen Medien, deren Inhalte die Nutzenden selbst gestalten, zu relevanten und glaubwürdigen Massenmedien geworden sind. So folgen die Unternehmen nun dem Weg in die neuen Medien, den ihnen ein Teil der Kunden bereits vorangegangen ist.

Die Website von Coca-Cola Deutschland läuft unter dem Motto „Deine Coke. Dein Moment.". Die Inhalte sind unterhaltsam, informativ und miteinander vernetzt. Social-Media-Präsenzen wie Facebook oder YouTube sind direkt mit eingebunden. So auch der YouTube-Kanal „Erlebe deinen Moment" von Coke TV (vgl. Abb. 2.25). Unterhaltung steht dort im Fokus. Damit schafft es Coca-Cola, das Markenimage positiv zu gestalten, die Kundenbeziehung zu pflegen und Neukunden zu begeistern.

Abb. 2.25 Coca-Cola. (Quelle: https://www.youtube.com/watch?v=LerdMmWjU_E. Zugegriffen am 06.05.2016)

In den Videos „Coca-Cola Content 2020 Part 1 und Part 2" zeigt Coca-Cola, wie sich die Unternehmenskommunikation als Konsequenz der technologischen und gesellschaftlichen Veränderungen neu ausrichtet. Sie demonstrieren zusammen mit den Umsetzungen, die Coca-Cola mittlerweile vorgenommen hat, wie tief die Content-Strategie greift. Diese beiden Videos sollte jeder gesehen haben, der sich im Umfeld des digitalen Marketing bewegt, denn sie sind der Maßstab für Content-Strategien weltweit. Coca-Cola geht es darum, von einer kreativen Dimension zu einer Inhaltsexzellenz zu kommen. Die Inhalte sollen möglichst einen Weltverbesserungscharakter haben, gleichzeitig aber natürlich den geschäftlichen Konzernzielen dienen. Sie sollen Kommunikation anstoßen, die Coca-Cola einen überdurchschnittlichen Anteil an den digitalen Popkultur-Konversationen beschert.

Von der exzellenten Marke zum exzellenten Inhalt – das Coca-Cola-Konzept

1. **Die Mission** der Content Excellence: Inhalte sollen so kreativ sein, dass sie andere anstecken und im Netz nicht mehr aufgehalten werden können. Coca-Cola nennt dies „Liquid Content", also in etwa: flüssige Inhalte.
2. **Das Ziel:** Die Inhalte haben den Unternehmenszielen, dem Markenversprechen und den Consumer Interests zu dienen. Dafür verwendet Coca-Cola den Ausdruck „Linked Content". Durch die Geschichten, die Coca-Cola in Umlauf bringt (Storytelling), will das Unternehmen Gespräche auslösen und sich damit einen überproportionalen Anteil am aktuellen, populären kulturellen Leben verdienen.
3. **Das Konversationsmodell:** Die Brand Stories sollen ansteckende Ideen produzieren, die den übergeordneten Zielen dienen. Aus den entwickelten Geschichten resultieren Konversationen. Coca-Cola begleitet diese durch Aktionen und Reaktionen an 365 Tagen im Jahr.

Schlüsseltreiber für Veränderungen: Coca-Cola will mit diesem Ansatz das Geschäft verdoppeln. Nicht einer allein hat die Macht über Ideen, die Kreativität ist auf viele verteilt. Coca-Cola gesteht, dass die von den Konsumenten entwickelten Ideen die unternehmenseigenen überholt haben. Coca-Cola will beide Seiten fördern, indem Technologie zur Vernetzung und zum Teilen von Kreativität eingesetzt werden. „On-demand Culture" beispielsweise soll das Bestellen bei Bedarf fördern, um Bedürfnisse 24 Stunden pro Tag zu erfüllen, ohne Orientierung an Ladenöffnungszeiten. Technologieunternehmen und soziale Netzwerke werden für Coca-Cola deshalb zu wichtigen Partnern.

Coca-Cola will vertiefte emotionale Erlebnisse über die Geschichten transportieren und Verbindung schaffen. Die Einwegkommunikation (One-Way Storytelling) hat auch beim Geschichtenerzählen ausgedient. Die Entwicklung von dynamischen Geschichten (Dynamic Storytelling) ist gefragt. Dies meint die schrittweise Entwicklung von Elementen einer Markenidee, die systematisch über verschiedene Gesprächskanäle verteilt werden, um ein einheitliches und koordiniertes Markenerlebnis zu gestalten. Damit die Geschichten nicht zu virtuellem Lärm ausarten, benötigt Coca-Cola ein schonungslos einzuhaltendes Redaktionssystem. Es will folgende Arten von Geschichten beinhalten:

- seriöse Geschichten (Serious Storytelling),
- aus mehreren Perspektiven erzählte Geschichten (Multi-Faceted Storytelling),
- zu verbreitende Geschichten (Spreadable Storytelling),
- vertiefende Entdeckergeschichten (Immersion und Discovery Storytelling)
- und aktivierende Geschichten (Engagement Stories).

Coca-Cola hat Storytelling in jede Maßnahme integriert. Jede Story soll zeigen, dass Coca-Cola sich dafür engagiert, die Welt zu einem besseren Ort zu machen. Die entstandenen Geschichten werden mit den Markenteams diskutiert. In diesen Teams wird eine klare positive Botschaft ausgearbeitet und entschieden, welche Geschichten der Marke zugehörig sein sollen und den Konsumenten erzählt werden Ein wichtiger Punkt: Coca-Cola bemerkt, dass das internationale Unternehmen eine Macht hat, die es nicht bloß dafür prädestiniert, sondern vom Unternehmen geradezu einfordert, dass es sich für eine Verbesserung auf der Welt einsetzt. Jede/r Mitarbeitende soll sicherstellen, dass die Marke Coca-Cola erfolgreich ist und die Welt mit den Projekten verbessert wird.

Von Einsichten zu Provokationen

Größeres Denken bei den strategischen Grundsätzen ist gefordert. Die Erarbeitung von Wissen und Einsichten hat ergeben, dass viele Strategien kaum zu Fortschritten im Denken (Incremental Thinking) animierten. Die Kommunikation soll dazu dienen, transformatives Denken und Handeln zu provozieren. Der Boden für Ideen und Provokationen sind die Daten. Datentransporteure sind die Messias der modernen Zeit. Beeinflussern (Influencer) und Botschaftern (Advocats) der Communities wird damit ein hoher Stellenwert eingeräumt.

Im Umfeld der Marke sollen Unternehmensziele mittels interner und externer Kollaboration die Zusammenarbeit mit den Konsumenten gestalten und stärken. Coca-Cola will sich verstärkt in Online-Gesprächen aktiv beteiligen. Die Abteilung „Knowledge und Insights"

beispielsweise will es Leadern (Opinion Leader) ermöglichen, inspirierende Gespräche an-
zuzetteln und das natürliche Vernetzungssystem (Eco Connection System) zu nutzen.

Die detaillierte öffentliche Art und Weise, wie Coca-Cola seine Marketing-Strategie
kommunizierte und verbreitete, stellte ein Novum dar. Die Zeiten haben sich eben geän-
dert. Die erfolgreiche virale Kommunikation der Strategie von Coca-Cola ist ein Beweis,
dass Storytelling auch auf der strategischen Ebene funktioniert.

Storytelling hat mit der Umsetzung der Content-Strategie von Coca-Cola auf der Unternehmenswebsite eine neue Dimension erhalten. Diese Inszenierung der Marke Coca-Cola
fordert andere Marketers heraus, die bestehenden Marketing-Strategien und 08/15-Web-Stra-
tegien sowie den Umgang mit der Marke und dem eigenen Content zu überdenken. Content-
Strategie und Content Marketing heißen die Trends. Wie Coca-Cola sich in den sozialen
Medien bewegt, zeigt der Blog-Artikel „How Coca-Cola uses Facebook, Twitter, Pinterest
and Google+" auf. Jan Firsching, Blogger bei Futurebiz, hat in seinem kürzlich erschienenen
Artikel „Coca-Cola Journey – die soziale Website startet in Deutschland" treffend beschrieben, wie Coca-Cola seine Website heute gestaltet.[15] Seines Erachtens ist Coca-Cola vorbild-
lich unterwegs, doch besteht noch Luft nach oben, denn nach wie vor stehen die Nutzer und
ihre Inhalte nicht so stark im Zentrum. Klar wird jedoch, wie rasch und mit welchem Hoch-
druck das Multi-Content Marketing vorwärts getrieben wird.

Coca-Cola will Inhalte erschaffen, die bei gleichem Mitteleinsatz ein höheres Maß an
Erwähnungen in Social Media bringen sollen als klassische Werbung. Coca-Cola glaubt,
dass die Zeit klassischer Push-Werbung vorbei ist und dass authentische und relevante In-
halte den Kunden enger an die Marke binden als ausschließlich TV-Spots und knallige
Slogans. Das heißt nicht, dass diese völlig wegfallen – nur sind sie nicht mehr die oberste
Ebene der Marketing-Strategie, sondern ein Teil der Content-Strategie. Dabei werden die
Inhalte in drei Gruppen unterteilt:

- 70 Prozent sind klassische Inhalte, die eine breite Masse von Verbrauchern ansprechen.
- 20 Prozent zielen auf ungewöhnlichere, individuellere Interessen und somit eine kleinere Zielgruppe.
- Zehn Prozent schließlich sind hoch innovativ und mit einem höheren Risiko des Schei-
terns (bei Nichtinteresse des Publikums) verbunden. Aus diesen zehn Prozent sollen
dann irgendwann die nächsten 20 oder 70 Prozent werden.

**Best-Practice-Beispiel Red Bull: Storytelling im Content Marketing in Anlehnung an
Hilker (2016b)**

- Crossmedia-Kampagne mit Storytelling: Stratos von Red Bull
- Das Stratos-Projekt von Red Bull war eine herausragende Crossmedia-Marketing-
Kampagne in 2012 mit Einsatz von Storytelling. Felix Baumgartners Sprung aus

---

[15] http://www.futurebiz.de/artikel/content-strategie-coca-cola-facebook/. Zugegriffen am 15.08.2016.

der Stratosphäre (vgl. Abb. 2.26) sichert dem Sponsor Red Bull einen festen Platz in der Werbegeschichte. Das Praxisbeispiel zeigt, dass Unternehmen mit einer einzigartigen Marketing-Strategie und exklusiver Content-Strategie mit Social-Media-Marketing große Erfolge erzielen können.

- Red Bull sponsert jährlich unterschiedliche Extremsportarten. Für diese umfangreiche und regelmäßige Themensammlung existiert ein eigenes Magazin, welches auch als Werbeplattform für andere Unternehmen dient. Durch TV-Sender und Online-Medien wird die Verbreitung der Inhalte gewährleistet. Ein spektakuläres Beispiel für Content Marketing mit Storytelling ist die Stratos-Kampagne. Am 14. Oktober 2012 ist Felix Baumgartner als erster Mensch aus 39 km Höhe auf die Erde gesprungen. Er hat im freien Fall die Schallmauer durchbrochen und dabei zwei Weltrekorde aufgestellt. Damit wurde eine weltweite Öffentlichkeit von mehreren Hundert Millionen Menschen erreicht. Das YouTube-Video wurde über 350 Millionen Mal angeklickt. 7,1 Millionen Deutsche verfolgten den Sprung auf n-tv. Das waren rund 20 Prozent Einschaltquote zur besten Sendezeit. Das Budget der Kampagne umfasste rund 50 Millionen Euro. Die geschätzte Werbewirkung liegt bei 100 Millionen Euro (Spiegel 2012). Dabei kontrollierte Red Bull die Berichterstattung über die eigenen Kommunikationskanäle: die Webseite Redbull.com, das Magazin „Red Bulletin" und den Sender „ServusTV". Durch die mehrstündige Liveübertragung des Sprungs kreierte Red Bull eine riesige Erfolgsstory für das eigene Unternehmen, denn fast über den gesamten Zeitraum war das Logo von Red Bull zu sehen. Der Sprung ist deshalb als Best-Practice-Beispiel zu betrachten, da Red Bull mit ihm Unternehmenswerbung auf eine einzigartige Art und Weise umsetzte, wozu nicht jedes Unternehmen fähig ist. Durch die kanalübergreifende Medienpräsenz, welche auch in sozialen Netzwerken stattfand, konnte das Großereignis in Sekundenschnelle verbreitet werden und Nutzer konnten das Event mit Freunden teilen, um sie darauf aufmerksam zu machen. Red Bull hat den Beitrag somit nicht einfach an die Nutzer geliefert, sondern sie aktiv in die Verbreitung mit eingebunden.

2.3.4   Checkliste für Kampagnen mit Storytelling

Schwierigkeiten in der Umsetzung von Storytelling und Kampagnen-Management In der Beratung zum Content Marketing mittels Kampagnen und Storytelling stelle ich den Unternehmen folgende Fragen für die Konzeption:

- Wer ist Ihre Zielgruppe – wer soll die Inhalte lesen und anschauen?
- Welche Ziele verfolgen Sie damit?
- Welche Themen und Stories sind relevant?
- Wie machen Sie darauf aufmerksam und wer kümmert sich überhaupt um die Content-Produktion sowie -Vermarktung?

Abb. 2.26 Felix Baumgartner
beim Stratosphären-Sprung

Damit sind viele Unternehmen bereits überfordert, denn die Umsetzung dieser Fragen kostet zeitlichen, personellen und finanziellen Aufwand. Doch hat man einmal die Schwelle überschritten und sind die Geschichten vorhanden, dann lässt sich mit wenig regelmäßigem Aufwand der Bekanntheitsgrad erweitern, Expertenstatus etablieren und die Marke am Markt mitgestalten. Doch dazu brauchen Unternehmen diese Leistungsbereitschaft. Sie brauchen ein Leitbild, die Content-Strategie, technische und redaktionelle Expertise und die freien Ressourcen zum Recherchieren, Schreiben und Moderieren. Auch der Umgang mit Social Media sollte geläufig sein. Offenheit und ein rechtliches Grundwissen auf dem Gebiet müssen mindestens vorhanden sein, damit Storytelling funktionieren kann.

Um Storytelling-Kampagnen erfolgreich durchzuführen, gibt es unabdingbare Punkte, die beachtet und gelöst werden müssen. Die folgende Checkliste hilft dabei, die Durchführung erfolgreich abschließen zu können:

Bestimmung des Zieles
- Welche Aussage soll mit der Story getroffen werden?
- Welches Ziel wird damit verfolgt?
- Wer soll mit der Geschichte erreicht werden?

Typus der Geschichte
- Welche Art von Geschichte soll erzählt werden?
- Gibt es dabei persönliche Erfahrungen, die miteinfließen können?
- Welche Art von Inhalt soll die Geschichte enthalten?
- Soll der Inhalt historisch oder fiktiv sein?

Hauptperson
- Wer ist die Hauptperson der Geschichte?
- Welchen Charakter hat die Hauptperson?
- Welche Aufgaben kommen auf die Hauptperson zu?
- Welche weiteren Personen spielen eine Rolle?

Handlungsempfehlungen für erfolgreiches Storytelling

1. **Einfach**: Schreiben Sie so, wie Sie sprechen. Wenig Nebensätze oder Substantivierungen, Fremdwörter und Passiv meiden. Besser sind viele Hauptsätze, Verben, Zitate und aktive Sprache.
2. **Prägnant**: Weniger ist mehr: Konzentrieren Sie sich auf das Wichtigste.
3. **Human Touch**: Zeigen Sie dem Leser, dass er betroffen ist! Erklären Sie ihm alles, was relevant ist.
4. **Geschichten**: Unterhalten Sie die Leser! Spannende, skurrile, witzige und ironische Stories lockern auf. Das hebt Ihren Inhalt positiv ab!
5. **Statements**: Haben Sie Mut zur eigenen Meinung. Leser suchen Orientierung. Schreiben Sie Beiträge, die ihm helfen, die Lage zu beurteilen.
6. **Polarisierung**: Spitzen Sie das Problem zu, um den Konflikt zu verdeutlichen. Machen Sie den Leser neugierig auf das Problem. Die Aufgabe von Stories ist nicht, Konflikte zu beheben, sondern sie verständlich darzustellen.
7. **Lebendig**: Beschreiben Sie es so anschaulich, als würden Sie es einem Kind erzählen. Der Leser muss sich lebhaft die Situation vorstellen können. Setzen Sie Zitate und Gesten ein. Beschreiben Sie Aussehen und Handlungen, damit Ihre Geschichten unter die Haut gehen.

Tipps zum Storytelling für erfolgreiches Content Marketing

- Konzentrieren Sie sich auf das Wesentliche, denn kurze Geschichten prägen sich besser ein.
- Die Erzählstruktur sollte logisch aufgebaut sein und im Zusammenhang präsentiert werden.
- Die Hauptperson braucht markante charakteristische Merkmale, um eine Faszination auszuüben.
- Eine einfache Erzählung wird besser von den Zuhörern aufgenommen und weitererzählt.
- Menschen bevorzugen positive Geschichten und lieben ein Happy End.
- Klare Botschaften mit einem roten Faden prägen sich besonders gut ein.
- Eine gute Geschichte verfolgt immer eine Dramaturgie mit Höhen und Tiefen.
- Metaphern, Symbole und Bilder veranschaulichen die Story und regen die Fantasie an.

Siehe Hilker (2017): Tipps zum Storytelling mit Checkliste
blog.hilker-consulting.de/blog/tipps-zum-storytelling-mit-checkliste (abgerufen am 20.03.2017).

2.3.5   Inbound Marketing in Theorie und Praxis

▷ Als Inbound Marketing bezeichnet man eine Vorgehensweise, in der Unternehmen sich von Kunden finden lassen. Das bedeutet, dass Unternehmen sich in der Kundengewinnung darauf konzentrieren, was die Bedürfnisse der Zielgruppen sind. Die Fokussierung liegt also nicht mehr darauf, die Vorteile und Alleinstellungsmerkmale der eigenen Produkte in den Vordergrund zu stellen, sondern die Anliegen des Kunden zu erfüllen. Das Hauptziel dabei ist, Antworten und Lösungen zu entwickeln, die in den verschiedenen Phasen des Kundenkontakts auftauchen. Das bedeutet, dass Kunden bei Fragen im Internet nach Antworten suchen und so auf die Lösungen der Unternehmen aufmerksam werden. Für Unternehmen heißt das, dass nicht sie an potenzielle Neukunden herantreten, sondern diese zu den Unternehmen kommen.

Wie funktioniert Inbound Marketing? Suchen Nutzer im Internet nach Lösungen, können Unternehmen durch hochwertigen Content (wie Whitepaper, E-Books oder Webinare) auf sich aufmerksam machen. Diese können durch Nutzer nach der Registrierung per Name und E-Mail-Adresse im Anschluss abgerufen werden. Nutzer tauschen also Daten gegen Inhalt. Potenzielle Kunden werden dadurch frühzeitig durch die Beantwortung von Fragen erreicht. Dabei gibt es vier Phasen:

1. **Die Aufmerksamkeit von Besucher gewinnen:** In dieser Phase werden Internet-Nutzer von Unternehmen angezogen, um sie in Website-Besucher zu verwandeln. Dies ist eine typische SEO-Aufgabe. Potenzielle Kunden sollen in ihrem Rechercheprozess nach Produkten und Lösungen erreicht werden. Ein ideales Medium, um Kunden an das Unternehmen heranzuziehen, ist ein Unternehmens-Blog.
2. **Kontakte werden zu Leads:** Um Website- oder Blog-Besucher in Leads zu verwandeln, müssen Unternehmen Zugang zu den Kontaktdaten der Besucher erhalten. Dies geschieht, indem Unternehmen Zusatzinhalte, zum Beispiel ein Whitepaper, E-Book oder ein Video anbieten und im Gegenzug ein Formular mit den Kontaktdaten der Kunden ausgefüllt werden muss.
3. **Leads werden zu Kunden:** In dieser Phase müssen die inzwischen generierten Leads zu Kunden entwickelt werden, indem man sie mit interessanten Inhalten versorgt. Dies geschieht am erfolgreichsten mit automatisierten Prozessen, mit denen die Kunden Inhalte erhalten, die für sie einen persönlichen Mehrwert darstellen. Dadurch wird garantiert, dass jeder Lead individuell die richtigen Inhalte zur richtigen Zeit erhält.
4. **Abschluss und Empfehlungen:** In der letzten Phase geht es darum, am Ball zu bleiben, die gewonnenen Kunden weiter mit wertvollen Inhalten und gutem Service an sich zu binden und sie dazu zu bringen, das Unternehmen und die Produkte weiterzuempfehlen. Das ist bereits aus dem Empfehlungs-Marketing[16] bekannt. Empfiehlt ein zufriedener Kunde das Unternehmen an seine Bekannten weiter, können diese zu neuen Leads werden.

---

[16] Mehr zum Empfehlungsmarketing zeigt der Blog-Bbeitrag http://www.hilker-consulting.de/empfehlungsmarketing-socialmedia/. Zugegriffen am 08.04.2016.

Welche Vorteile bietet Inbound Marketing?

- Um hochwertige Inhalte zu erhalten, sind Kunden bereit, die eigenen Kontaktdaten einzutauschen. So erhält das Unternehmen Leads.
- Durch qualifiziertes Inbound Marketing stärken Sie Ihre Kundenbindung und sorgen dafür, dass Ihre Kunden Ihr Unternehmen weiterempfehlen.
- Langfristig ist Inbound Marketing kostengünstiger als isolierte Einzelmaßnahmen mit Content Marketing, Social Media Marketing und SEO Marketing.
- Inbound Marketing deckt jede Phase im Kundenkontakt ab. So erreichen Unternehmen Kunden vom Erstkontakt bis zur Kaufentscheidung und binden sie nachhaltig.

Anders als Outbound Marketing, bei dem man mit klassischen Anzeigen und durch den Kauf von E-Mail-Adressen versuchte, Leads zu generieren, nutzt Inbound Marketing hochwertige Inhalte. So ziehen Unternehmen Aufmerksamkeit auf sich und führen die Kunden zu genau den Produkten, die sie wirklich suchen. Dank der auf die Interessen der potenziellen Kunden abgestimmten Inhalte werden auf ganz natürliche Weise Inbound Traffic und damit Interessenten geschaffen, aus denen Unternehmen im Laufe der Zeit zufriedene Kunden generieren. Im Inbound-Bereich geht es also darum, hochwertige Inhalte zu schaffen und sie online zu teilen. Dabei werden Inhalte gezielt so gestaltet, dass sie die idealen Kunden ansprechen, sie auf Angebote aufmerksam machen und dafür sorgen, dass sie wiederkommen. Zentrales Thema dabei ist die Content-Erstellung: Es werden gezielt Inhalte generiert, die auf die grundlegenden Fragen der Kunden eingehen und ihre wichtigsten Bedürfnisse befriedigen. Weitere Aspekte dazu sind:

- Im **Lifecycle Marketing** macht man sich die Erkenntnis zunutze, dass der Kunde in der Interaktion mit Ihrer Firma verschiedene Phasen durchläuft, und dass jede dieser Phasen unterschiedliche Marketing-Aktivitäten erfordert.
- **Personalisierung**: Mit wachsendem Wissen über ihre Leads können Unternehmen ihre Botschaften besser auf die spezifischen Bedürfnisse der Kunden abstimmen.
- **Multi-/Omni-Kanal**: Inbound Marketing macht sich genau die Kanäle zunutze, die die potenziellen Kunden gerne verwenden.
- **Integration**: Publishing und Analytics Tools greifen perfekt ineinander. So können sich Unternehmen darauf konzentrieren, zum richtigen Zeitpunkt und am richtigen Ort den richtigen Content zu veröffentlichen.

Die Inbound-Marketing-Methodik   Die Abb. 2.27 zeigt in der oberen Reihe die vier Aktionen *Interesse wecken, Interaktion, Abschließen* und *Pflegen*. Sie dienen dem Inbound-Unternehmen dabei, Besucher und Leads zu generieren, um schließlich Kunden zu gewinnen. In den unteren Kästen stehen die Tools, mit denen die Unternehmen diese

Abb. 2.27 Die Inbound-Methodik. Quelle: Hilker, Claudia (2016c) http://blog.hilker-consulting. de/blog/mit-inbound-marketing-leads-online-gewinnen, Zugegriffen am 19.03.2017

Aktionen durchführen. Wenn Content zur richtigen Zeit am richtigen Ort veröffentlicht wird, ist das Marketing für die Kunden nützlich und hilfreich. Dieses Marketing nutzt Inhalte, die die Leute mögen. Die vier Marketing-Aktionen sind:

1. **Interesse wecken**

   Es soll nicht einfach nur Traffic auf die Website kommen, es soll der richtige Traffic sein. Unternehmen wollen die richtigen Leute erreichen, bei denen es am wahrscheinlichsten ist, dass sie zu Leads und schließlich zu zufriedenen Kunden werden. Aber wer sind die „richtigen Leute"? Es sind die idealen Kunden – sie werden auch Zielpersonen oder Buyer Personas genannt.

▶ Buyer Personas sind rundum ein Idealbild, wie die Kunden wirklich aussehen, und zwar in jedweder Hinsicht. Sie stehen für Ziele und Herausforderungen sowie Schwächen und gängige Einwände gegenüber Produkten und Leistungen. Außerdem geben sie Auskunft über die persönlichen und demografischen Informationen, die alle Mitglieder der betreffenden Kundengruppe miteinander teilen. Kurz – sie sind die „richtigen Leute", mit denen das gesamte Geschäft steht und fällt.

Dies sind einige der wichtigsten Werkzeuge, um die richtigen Besucher auf eine Website zu bringen:

- **Blogging**: Aller Anfang des Inbound Marketing ist das Blogging. Ein Blog ist mit Abstand der beste Weg, um Besucher auf eine Website zu lenken. Damit die richtigen potenziellen Kunden sie finden, müssen Unternehmen informativen Content generieren, der diese Menschen anspricht und ihre Fragen beantwortet.
- **Social Media**: Marketers müssen bemerkenswerten Content und nützliche Informationen in den sozialen Medien teilen, mit den potenziellen Kunden in Verbindung treten und der Marke ein menschliches Gesicht geben. Marketers müssen in den Netzwerken aktiv sein, in denen die idealen Käufer ihre Zeit verbringen.

- **Keywords**: Die Kunden beginnen ihren Kaufvorgang online. Dazu benutzen sie in der Regel eine Suchmaschine, um sich zu informieren. Unternehmen müssen also dafür sorgen, dass sie bei der Suche an prominenter Stelle erscheinen. Hierzu müssen die Keywords sorgfältig und analytisch ausgewählt, die Seiten optimiert, Content generiert und Links im Umfeld der Begriffe eingerichtet werden, nach denen der ideale Kunde sucht.
- **Seiten**: Unternehmen müssen ihre Website optimieren, um die idealen Kunden anzusprechen und mit ihnen zu kommunizieren. Eine Website sollte eine hilfreiche und interessante Informationsquelle sein, um die richtigen Personen zu einem Besuch zu animieren.

2. **Interaktion**

Sobald Besucher auf einer Website sind, ist das nächste Ziel, diese Besucher in Leads zu verwandeln, indem ihre Kontaktdaten eingeholt werden. Kontaktangaben sind im Online Marketing bares Geld. Wenn die Besucher diese wertvolle Währung freiwillig herausgeben sollen, müssen Unternehmen ihnen dafür etwas bieten. Die „Bezahlung" erfolgt in Form von Content wie E-Books, Whitepapers oder Ratschlägen – Hauptsache, die Information ist für jede einzelne der Zielpersonen interessant und wertvoll. Zu den wichtigsten Tools für die Umwandlung von Besuchern zu Leads gehören:

- **Calls to Action**: Calls to Action sind Buttons oder Links, die die Besucher dazu anregen, eine Handlung auszuführen – etwa wie „Whitepaper herunterladen" oder „Am Webinar teilnehmen". Wenn es zu wenige oder nicht ausreichend ansprechende Calls to Action gibt, generieren Unternehmen auch keine Leads.
- **Landing Pages**: Wenn ein Besucher auf einer Website einen Call to Action anklickt, dann sollte er auf eine Landing Page geleitet werden. Eine Landing Page ist eine Seite, auf der das Angebot eines Handlungsaufrufs umgesetzt wird. Hier machen die potenziellen Kunden Angaben, die das Verkaufsteam dazu verwenden kann, mit ihnen ins Gespräch zu kommen. Wenn der Website-Besucher auf Landing Pages Formulare ausfüllt, wird er normalerweise zu einem Lead, einem Kundenkontakt.
- **Formulare**: Damit Besucher zu Leads werden, müssen sie ein Formular mit ihren Angaben ausfüllen und absenden. Derartige Webformulare sollten so optimiert sein, dass dieser Schritt so einfach wie möglich ist.
- **Kontakte**: Konvertierte Leads können mithilfe einer zentralen Marketing-Datenbank verfolgt werden. So können Unternehmen jede Interaktion auswerten, die mit den Kontakten stattfindet – egal, ob per E-Mail, Landing Page, über Social Media oder auf sonstige Art und Weise. Außerdem können Unternehmen ihre künftigen Interaktionen optimieren, um effektiver das Interesse der Zielpersonen zu wecken, potenzielle Kunden zu gewinnen, Geschäfte abzuschließen und für Begeisterung zu sorgen.

3. **Abschließen**

Das Interesse der richtigen Besucher ist geweckt und die richtigen Leads gewonnen. Doch nun müssen diese Kundenkontakte in Kunden verwandelt werden. Wie kann dieses Kunststück am effektivsten vollbracht werden? In diesem Stadium können verschiedene Marketing Tools helfen, zum richtigen Zeitpunkt richtige Leads zu guten Geschäften umzuwandeln.

Zu den Tools für die Kundengewinnung gehören:

- **Lead Scoring**: Die Kontakte sind da, aber woher wissen Unternehmen, welche dieser Leads reif für ein Gespräch mit dem Verkaufsteam sind? Durch die Verwendung einer numerischen Lead-Bewertung der Verkaufsreife eines Kundenkontakts hat das Rätselraten ein Ende.
- **E-Mail**: Was tun, wenn ein Besucher auf einen Call to Action klickt, ein Formular auf einer Landing Page ausfüllt oder ein Whitepaper herunterlädt – aber trotz allem noch nicht kaufen will? Eine Reihe von E-Mails mit nützlichem, maßgeblichem Content kann Vertrauen zu potenziellen Kunden aufbauen und dazu beitragen, ihre Kaufbereitschaft zu stärken.
- **Marketing-Automatisierung**: Dieser Prozess umfasst das Erstellen von E-Mail-Marketing und die speziell auf die Lifecycle-Phase des jeweiligen Leads abgestimmte Bedürfnisbefriedigung. Hat also ein Besucher bereits ein Whitepaper zu einem bestimmten Thema heruntergeladen, möchten Unternehmen diesem Lead vielleicht eine Reihe artverwandter E-Mails schicken. Folgt der Lead dem Unternehmen aber auf Twitter und hat bestimmte Seiten auf der Website besucht, sollten die Mitteilungen, die verschickt werden, diesen verschiedenen Interessen angepasst werden.
- **Internes Berichtswesen**: Wie finden Unternehmen heraus, welche Art von Marketing die besten Leads bringt? Wandelt das Verkaufsteam diese besten Leads effektiv in Neukunden um? Dank der CRM-Integration (Customer Relationship Management) können Unternehmen analysieren, wie gut Marketing und Vertrieb zusammenarbeiten.

4. Pflegen

Das A und O des Inbound Marketing besteht darin, Besuchern, Leads oder bestehenden Kunden gleichermaßen ansprechenden Content zur Verfügung zu stellen. Denn nur weil jemand schon einmal etwas gekauft hat, sollten Unternehmen nicht aufhören, sich um diesen Kunden zu bemühen. Inbound Marketer stärken die Kundenbindung, erfreuen den Kunden und sorgen dafür, dass ihre Kunden dank Upselling gerne und bereitwillig ihre Lieblingsfirmen und -produkte empfehlen. Die Kunden können u. a. mit folgenden Tools begeistert werden:

- **Calls to Action**: Unternehmen bringen die verschiedenen Benutzer mit Angeboten in Berührung, die auf die Zielpersonen und deren Lifecycle-Phase zugeschnitten sind.
- **Social Media**: Die Nutzung mehrerer sozialer Plattformen ermöglicht es, Kundendienst in Echtzeit zu bieten.
- **E-Mail- und Marketing-Automatisierung**: Bestehenden Kunden muss außergewöhnlicher Content zur Verfügung gestellt werden. Dies unterstützt dabei, die eigenen Ziele zu erreichen und den Kunden direkt neue Produkte und Funktionen vorzustellen, die für sie von Interesse sein könnten.

Allerdings gibt es auch Kritik an Inbound Marketing. Es sei keine neue Methode, sondern nur das Zusammenfügen bisheriger Methoden wie E-Mail-Marketing, SEO Marketing und Social Media Marketing. Das mag sein, aber im Endeffekt geht es um Wirkungserfolge mit Performance Marketing zur Vertriebsförderung. Die Ziele werden dabei nicht mit einer gänzlich neuen Methode, sondern mit einem Methodenmix erzielt. Einige umfassende Lösungen für Inbound Markekting wie Adobe und Hubspot sind kostspielig, wie im Kapitel über Tools (vgl. Kap. 4) zu sehen und nicht für jedes Unternehmen erschwinglich. Zwar können Sie Inbound Marketing auch umsetzen, indem Sie unterschiedliche kostengünstige oder kostenfreie Tools kombinieren, aber dann fehlt ein Dashboard mit den KPIs zum Überblick. Zudem sind die isolierten Lösungen in ihrer Gesamheit ebenso kostenintensiv. Wenn Sie die Lizenzgebühren von Tools wie zum Beispiel Sistrix für den Sichtbarkeitsindex und Monitoring Tools wie Brandwatch addieren, so ergeben sich auch schnell stolze Summen. Zudem fehlt bei der „Puzzlemethode" der Blick fürs Ganze. Außerdem mangelt es an Synergien und Effizienz: In jedes System muss sich neu eingeloggt, mit der Nutzerführung (Usability) vertraut gemacht und individuelle KPIs abgelesen werden. Eine effiziente Arbeitsweise sieht anders aus. Deshalb werden in diesem Buch auch Werkzeuge aufgeführt und nach Einsatzbereich, Budget und Funktionären differenziert beschrieben (vgl. Kap. 4).

Praxisbeispiel für Inbound Marketing

Die Online-Plattform Zalando hat mit einer interessanten Kampagne auf sich aufmerksam gemacht. 2014 hat das Unternehmen einen Wettbewerb gestartet, bei dem die kreativsten Blogs aus Deutschland, Österreich und der Schweiz ausgezeichnet wurden. Dies geschah mit in drei Kategorien: People's Choice Award, Fashion Jury Award und Newcomer Award (vgl. Abb. 2.28). Abstimmen konnten die Wähler mit Angabe ihrer persönlichen Informationen. Der Mehrwert für die Wähler war die Möglichkeit, einen von fünf Gutscheinen im Wert von je 100 Euro zu gewinnen.

Tipps für ein erfolgreiches Inbound Marketing

Was müssen Unternehmen beachten, damit das Inbound Marketing gelingt?

- **Inbound als Marketing-Kanal**: Die durch Kunden hergestellten Kontakte werden von Unternehmen oft nicht oder nur in geringem Maße beachtet. Sie eignen sich aber ideal auch als Marketing-Plattform, da die Kunden bei Zufriedenheit mit dem Unternehmen dieses an ihre Kontakte weiterempfehlen.
- **Inbound Marketing ins Marketing integrieren:** Widmen sich Unternehmen dem Inbound Marketing, muss dieses einen festen Bestandteil ihres Kampagnen-Managements darstellen. Das gelingt, indem für das Inbound Marketing eigene Kampagnen geplant werden.
- **Marketing-Kanal für Lead Management:** Werden durch das Inbound Marketing neue Leads generiert, müssen diese verwaltet werden. Das Inbound Marketing bietet eine wesentliche Unterstützung bei der Gewinnung von Interessenten und deren Kontaktdaten.
- **Inbound Marketing an weiteren Kontaktpunkten nutzen:** Das Inbound Marketing beschränkt sich nicht nur auf die Kontaktaufnahme durch Kunden. Genauso können die Kontakte eines Kunden oder potenzielle Neukunden aus weiteren Kanälen genutzt werden, wenn eine Einwilligung des Kunden vorliegt.

Abb. 2.28 Zalando Fashion Blogger Awards 2014. (Quelle: Zalando 2014)

Fazit

Inbound Marketing deckt auf dem langen Weg vom Lead zum Kunden jeden einzelnen
Schritt ab – alle Tools und jede Lifecycle-Phase. Es versetzt Marketer in die Lage,
Interesse zu wecken, potenzielle Kunden zu gewinnen, Geschäfte abzuschließen und
Fürsprecher zu begeistern. Die neue Methodik setzt die Tatsache um, dass Inbound

Marketing nicht einfach nur geschieht, sondern von Unternehmen gemacht wird. Diese benutzen Tools und Anwendungen, die dabei helfen, Inhalte zu generieren und anzubieten, die genau die richtigen Personen ansprechen und zwar am richtigen Ort und zur richtigen Zeit – also die Buyer Personas über die geeigneten Kanäle in den passenden Lifecycle-Phasen.

2.4   Zusammenfassung des Kapitels

In diesem Kapitel wurden Content-Marketing-Strategien vorgestellt. Vom Beginn mit der Roadmap: über das Vorgehensmodell bis zur Strategie-Entwicklung. Der Nutzen einer Content-Strategie wurde vorgestellt sowie diverse Strategiemodelle für Content Marketing. Die vielzählige Strategie-Ausrichtungen im Content Marketing wurden klassifiziert und mit Praxisbeispielen veranschaulicht. Es folgten methodische Überlegungen zum Strategie-Workshop und die Grundlagen wurden vorgestellt. Mit einer Customer Buyer Persona kann mit einer Canvas die Content-Marketing-Strategie mit einfachen Mitteln erstellt werden. Die Reifegradmodell zeigen potenzielle Entwicklungsansätze auf und dienen dazu, eine eigene Vision zum Content Marketing zu entwickeln. Wichtig sind auch die Analysen im Content Marketing. Im Content-Marketing-Audit hat Braband Zand quantitative und qualitative Methoden (ARA, ROT) vorgestellt sowie die Content-Qualitätscheckliste nach Ahava Leibtag. Das Praxisbeispiel Huf Haus zeigt, wie eine Content-Marketing-Strategie Entwicklung für ein Blog für Fertighäuser entsteht. Deutlich wird dabei: Content braucht Kontext, Flexiblität in der Content-Planung und Erfolgsmessung mit einer Evaluation. Anne Grabs wurde zum Thema Herausforderungen bei Social-Media-Strategie interviewt. Ansätze für Medienstrategien, Einsatz von Medienarten für Kampangnen sowie Keyword-Analysen im Content Marketing wurden beleuchtet in Hinblick auf die Strategie-Entwicklung. Erfolgreiche Best-Practice Beispiele für Kampagnen von Sixt, Redbull und Zurich wurden vorgestellt. Die vertriebsorientierte Inbound Marketing wurde in Theorie und Praxis mit Content-Marketing-Praxisbeispiele erläutert. Zudem wurden Crossmedia-Kampagnen im Content Marketing mit Storytelling.Deutlich wurde, dass man Themen in Geschichten verwandeln muss, damit sie im Gedächtnis verankert werden – und das gilt auch im B2B-Bereich. Differenzierte Aspekte zum Storytelling (Typen, Reifegrade) wurden geschildert. Wichtig ist die Core Story zu entwickeln: das Herzstück im Content Marketing, dass die Markenführung prägt, wie das Best Practice Beispiel Coca Cola zeigt. Eine Checkliste für Kampagnen Management im Content Marketing mit Storytelling rundet das Kapitel ab.

Content Marketing ist ohne Storytelling kaum mehr denkbar. Erst durch Storytelling werden Inhalte lebendig, denn so werden gelungene Projekte, pfiffige Mitarbeiter, ein kluger Rat oder auch die Einsicht in Fehler emotional vermittelt. In deutschen Firmen wird viel geredet, aber viel zu wenig erzählt. Dabei ist es viel leichter, mit Selling Stories Kunden zu gewinnen und zu binden. Zum Beispiel durch Best Practice Cases, Whitepaper, Website, Microsite oder Events. Es braucht dazu eben nur eine gute Idee, eine knackige Geschichte und eine durchdachte Strategie. Dabei hat die Einwegkommunikation (One Way) hat beim Storytelling ausgedient. Die Entwicklung von dynamischen Geschichten

(Dynamic/Liquid Storytelling) ist gefragt. Damit ist die schrittweise Entwicklung von Elementen einer Markenidee gemeint, die systematisch über verschiedene Gesprächskanäle verteilt werden, um ein einheitliches und koordiniertes Markenerlebnis zu gestalten. Doch die Geschichten benötigen einen Rahmen. Coca-Cola nutzt zum Beispiel einen Redaktionsrahmen, der folgende Arten Geschichten beinhaltet:

- Seriöses Storytelling erzählt Geschichten aus mehreren Perspektiven.
- Vertiefende Entdeckergeschichten, die ein hohes Engagement in der Zielgruppe aktivieren.

Literatur

ARD/ZDF-Onlinestudie. 2015. Knapp 80 Prozent der Deutschen sind online – http://www. ard-zdf-onlinestudie.de/index.php?id=541. Zugegriffen am 01.11.2015.

Bloomstein, M. 2012. *Content strategy at work: Real-world stories to strengthen every interactive project*, 60–62. Waltham: Morgan Kaufman.

Bürker, Michael. 2015. Content marketing. 13.2. In *Praxis des PR-Managements. Strategien – Instrumente – Anwendung*. FOM Hochschule für Oekonomie & Management, Hrsg. Jan Lies, 429–444. Wiesbaden: Gabler.

Eck, Klaus. 2011. *Transparent und glaubwürdig. Das optimale Online-Reputation-Management für Unternehmen*, 1. Aufl. München: Redline-Verl. ISBN 3868812644.

Eck, K., und D. Eichmeier. 2014. *Die Content-Revolution im Unternehmen. Neue Perspektiven durch Content-Marketing und -Strategie*, 1. Aufl. Freiburg im Breisgau: Haufe-Lexware.

Ettl-Huber, S. 2014. *Storytelling in der Organisationskommunikation. Theoretische und empirische Befunde*. Wiesbaden: Springer VS.

GFK. 2015. http://k16.de/presse/gfk-studie-storytelling-im-b2b-geschaeft-vernachlaessigt/. Zugegriffen am 06.05.2016.

Heath, C., und D. Heath. 2008. *Was bleibt. Wie die richtige Story ihre Werbung unwiderstehlich macht*. München: Hanser.

Herbst, D. 2011. *Storytelling*. PR Praxis, 15, 2., überarbeitete Aufl. Konstanz: UVK.

Hilker, C. 2009. Erfolgsfaktoren für die Presse-Arbeit. In *Claudia Maria Bayerl: Marketing-Attacke. Das So-geht's-Buch für messbar mehr Verkäufe*, Hrsg. v. Stefan Gottschling, 1. Aufl. Augsburg: SGV-Verl.

Hilker, Claudia. 2010. *Social Media für Unternehmer. Wie man Xing, Twitter, YouTube und Co. erfolgreich im Business einsetzt*. Wien: Linde (Linde international).

Hilker, Claudia. 2011. Employer Branding in Social Media. In *Leitfaden online marketing*, Hrsg. Torsten Schwarz. Waghäusel: Marketing-Börse.

Hilker, Claudia. 2012a. *Erfolgreiche Social-Media-Strategien für die Zukunft. Mehr Profit durch Facebook, Twitter, Xing und Co*. WirtschaftsWoche-Sachbuch, 1. Aufl. Wien: Linde Verlag Wien. ISBN 9783709303689.

Hilker, Claudia. 2012b. Personalsuche in Social Media. In *Fachkräftesicherung. Situation – Handlungsfelder – Lösungen*. Frankfurter Allg. Buch, Hrsg. W. Axel Zehrfeld. Frankfurt: FAZ Verlag.

Hilker, Claudia. 2015. Eignung von Social-Media-Netzwerken für Unternehmen zur Marketing-Kommunikation mit Kunden. In *Wissenschaft und Forschung,* Hrsg. Günter Hofbauer und Volker Oppitz . ISBN 978-3-944072-34-0.

Hilker, Claudia. 2016a. Red Bull: Stratos als erfolgreiche Crossmedia-Kampagne. http://www.hilker-consulting.de/red-bull-stratos-als-erfolgreiche-crossmedia-kampagne/. Zugegriffen am 19.02.2016.

Hilker, Claudia. 2016b. Expertenbeitrag: Storytelling als zentrales Element im Content Marketing. In *Storytelling: Digital – Multimedial – Social Formen und Praxis für PR, Marketing, TV, Game und Social Media*, Hrsg. Pia Kleine Wieskamp, 162–174. München: Carls Hanser Verlag. ISBN 978-3-446-44645-8.

Hilker, Claudia. 2016c. Mit Inbound Marketing Leads online gewinnen. http://blog.hilker-consulting.de/blog/mit-inbound-marketing-leads-online-gewinnen. Zugegriffen am 19.03.2017.

Hilker, Claudia. 2017. Buchbeitrag: Content Marketing - eine innovative Maßnahme im Kongress-management" (Kapitel 28, S. 427–444). In: Praxishandbuch Kongress-, Tagungs- und Konferenzmanagement. Herausgeber: Bühnert, Claus; Luppold, Stefan. Springer Gabler Verlag. ISBN: 978-3658083083.

Hilker, Claudia. 2017. Tipps zum Storytelling mit Checkliste blog.hilker-consulting.de/blog/tipps-zum-storytelling-mit-checkliste. Zugegriffen am 20.03.2017.

Holland, He. 2014. *Digitales Dialogmarketing. Grundlagen, Strategien, Instrumente*. Wiesbaden: Springer Gabler.

Leibtag, Ahava. 2011. Deutsche Fassung: Walburga Wolters. Berlin.

Löffler, M. 2014. *Think content!* Bonn: Galileo Computing.

Mahrdt, N. 2009. *Crossmedia. Werbekampagnen erfolgreich planen und umsetzen*. Wiesbaden: Gabler. doi:10.1007/978-3-8349-8053-3. Zugegriffen am 06.05.2016.

Mathews, R., und W. Wacker. 2008. *What's your story? Storytelling to move markets, audiences, people, and brands*. Upper Saddle River: FT Press.

Pigneur, Yves, und Alexander Osterwalder. 2011. *Business model generation. Ein Handbuch für Visionäre, Spielveränderer und Herausforderer*, 1. Aufl. Frankfurt a. M.: Campus Verlag GmbH. ISBN 3593411539.

Schach, A. 2014. *Advertorial, Blogbeitrag, Content-Strategie & Co.: Neue Texte der Unternehmenskommunikation*. Wiesbaden: Springer Gabler.

Spiegel. 2012. Coup für Red Bull: Baumgartners Sprung war ein Marketing-Erfolg. http://www.spiegel.de/wirtschaft/unternehmen/fuer-red-bull-war-der-sprung-von-baumgartner-gutes-marketing-a-861439.html. Zugegriffen am 19.02.2016.

Statista. 2016. https://de.statista.com/statistik/daten/studie/302990/umfrage/anzahl-der-nutzer-von-foursquare-weltweit/. Zugegriffen am 05.10.2016.

Zalando. 2014. www.zalando.de. Zugegriffen am 06.05.2016.

Operatives Content Marketing

Inhalt

© Springer Fachmedien Wiesbaden GmbH 2017
C. Hilker, *Content Marketing in der Praxis*, DOI 10.1007/978-3-658-13883-7_3

Zusammenfassung

Im operativen Content Marketing geht es um die Fragen: Was ist relevanter Content? Wie können wir Content Marketing markengerecht, effizient und strategisch produzieren, verteilen und promoten? Machen wir die Content-Produktion intern oder extern? Georg Zedlacher erläutert im Praxisbeispiel die Erfolgsfaktoren zur DAU-Kampagne von Dell. Einblick in die Content-Marketing-Strategie beim Flughafen München gibt der Kommunikationsleiter Hans-Joachim Bues. Der Verbandssprecher Olaf Willems von den PSD Banken gibt Tipps zur Agentur-Steuerung. Ebenso gibt es Handlungsempfehlungen zur Organisation bezüglich Rollen, Prozesse und Redaktionsplan. Auch Erfolgsmessung, Monitoring und Evaluation dürfen in der Praxis nicht fehlen, ebenso müssen Content-Marketers das Handwerkszeug zum Texten beherrschen. Das Texten fürs Web mit SEO-optimierter Content-Produktion und SEO-Wirkung wird deshalb erläutert. Verschiedene Aktionen werden aufgezeigt von Melanie Tamble wie Content-Distribution in der Online-PR. Zudem geht es um die Online-Distribution, wie die Inhalte zu den Lesern kommen und Tipps für die rechtlichen Risiken im Content Marketing wie Schleichwerbung, Product Placement und Co. im Content Marketing. Tipps zum Content Marketing in Social Media wird als Statement von Rechtsanwalt Christian Solmecke beantwortet.

3.1   Content Marketing Umsetzung

Nach der Planung und Entwicklung der Strategie geht es an die Umsetzung. Dazu gibt dieses Kapitel Einblicke in strategische Ansätze, Prozesse und Rollen. Es zeigt den Einsatz eines Redaktionsplans bei der Planung und Umsetzung von Content Marketing und stellt den Unterschied zu SEO Marketing heraus. Zudem liefert es Informationen zur Arbeit in der Online-PR sowie zum rechtlichen Rahmen im Content Marketing. Außerdem wird behandelt, welche typischen Fehler Unternehmen in der Strategieumsetzung unbedingt vermeiden sollten. Die Bestandteile einer Content Marketing Strategie mit Produktion, Verteilung und Ergebnismessung zeigt die folgende Grafik auf. In der Produktion soll qualitativ hochwertiger Content für die Zielgruppen erstellt und über alle Medienarten verteilt werden, um im Ergebnis eine steigende Sichtbarkeit und Wachstum für das Unternehmen zu generieren. (Abb. 3.1) Trail-and-Error Verfahren kosten viel Geld: Obwohl man hofft, viel Geld für die Strategie zu sparen, rächt sich der Aktionismus, denn die mangelnde Qualität in der Content-Produktion und im Management liefert nur unzureichende Ergebnisse.

Abb. 3.1 Bestandteile einer Content Marketing Strategie mit Produktion, Verteilung und Ergebnismessung. (Quelle: Hilker Consulting)

Content Marketing sollte daher schon heute seinen Beitrag zur Wertschöpfung leisten und belegen. Ein professionelles Content Marketing bietet die Chance auf echte integrierte Kommunikation. Deshalb gibt dieses Kapitel einige Vorgehensbeispiele zur Orientierung. Im operativen Content Marketing steht die Produktion samt Verteilung im Mittelpunkt. Dafür werden eine Content-Architektur und ein Style Guide für jedes Format benötigt. Ein Content-Vorgehensmodell fördert die Content-Produktion, schärft das Profil sowie die Expertenpositionierung, um Anfragen von Kunden zu erhalten. Für eine nachhaltige Wirkung ist eine Content-Marketing-Strategie unbedingt erforderlich, um die Prozesse effizient zu steuern, von der Analyse über die Content-Planung, Erstellung, Verteilung und Kontrolle, siehe Abb. 3.2.

3.1.1 Umsetzung einer Content-Marketing-Strategie am Beispiel Dell (Georg Zedlacher)

Gastbeitrag von Georg Zedlacher, Director End Customer Marketing, Dell Deutschland
Tough Enough: eine Fallstudie zur Beziehungsebene im Content Marketing: *„Ein wichtiger Teil der Zielgruppe hat Dell gar nicht wahrgenommen"*, so lautete ein überraschendes Umfrageergebnis nach einer großen Marketing-Kampagne, die deutschen IT-Entscheidern das neue Produktportfolio von Dell näherbringen sollte. Unsere Analysen zeigten zwei Problemfelder auf.

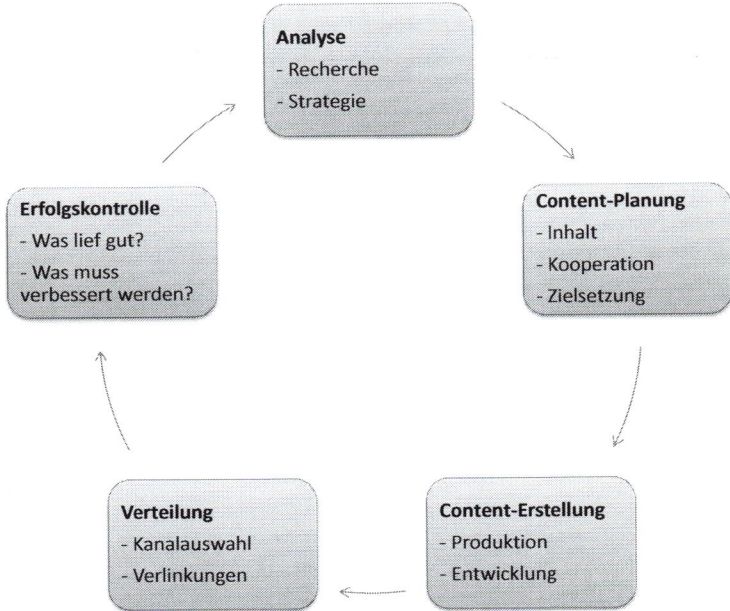

Abb. 3.2 Content Marketing Prozesse. (Quelle: Hilker Consulting)

Problemfeld 1: Content-Vermittlung auf der Beziehungsebene: Die Kampagne konnte bei *einem Teil der Zielgruppe* zwar „First Choice" deutlich steigern, an einem *anderen Teil* war sie aber beinahe spurlos vorübergegangen. Es handelte sich vor allem um jene IT-Entscheider, die bisher noch in keiner regelmäßigen Geschäftsbeziehung mit Dell gestanden hatten. Sie hatte unsere Produktkommunikation einfach ausgeblendet.

Doch welche Kommunikationsform wählt man, wenn das Gegenüber die gesendeten Botschaften gar nicht wahrnimmt? Interessante kommunikationstheoretische Impulse für diese Problematik bieten das *Organon-Modell von Karl Bühler*, der rückgreifend auf Plato Sprache als *funktionales Werkzeug* definiert, sowie *Paul Watzlawick*, der neben dem Inhaltsaspekt der Sprache den *Beziehungsaspekt* einführt. Beziehung, so Watzlawick in seinem 2. Axiom, ergänzt Inhalte nicht nur, sondern *bestimmt sie sogar auf einer Metaebene.*

Problemfeld 2: Content-Verstärkung über ein soziales Netzwerk: Weiteres erkannten wir in Fokusgruppen, dass wir nicht „den IT-Entscheider" als Person, sondern vielmehr ein *Entscheidungsnetzwerk* vor uns hatten. Der klassische IT-Entscheider befindet sich nämlich in einer funktional-ökonomisch-strategischen Sandwich-Position: Auf der *funktionalen* Ebene muss er den reibungslosen Betrieb der IT sicherstellen, auf der *ökonomischen* den mitunter massiven Kostendruck der Geschäftsführung abfedern, auf der *strategischen* wiederum als Fachberater des Topmanagements in immer komplexeren IT-Projekten fungieren. Social Monitoring zeigte uns, dass IT-Entscheider selbst eher Generalisten sind, die nicht nur für die IT, sondern auch für andere Bereiche wie Facility Management oder den Fuhrpark zuständig sind. Deshalb greifen IT-Entscheider sehr oft auf interne Experten zurück. Diese wiederum haben kraft ihrer Expertise großen Einfluss auf die IT-Entscheidung eines Unternehmens, ihre Arbeit wird in vielen Unternehmen aber nicht ausreichend gewürdigt, sie werden oft missverstanden und als Nerds angesehen.

Der strategische Ansatz: Für eine neue Kampagne setzten wir uns deshalb folgendes Ziel: eine emotionale Beziehungsebene zur Zielgruppe aufzubauen, auf der wir nicht über eigene Produktinhalte (wie unsere Speichersysteme oder Lösungen zum Endgeräte-Management) kommunizieren, sondern vielmehr selbst in die Welt der IT-Experten eintreten. In eine Welt ominöser Fehlermeldungen, heikler Softwareupdates, aber vor allem der täglichen Herausforderung, mit Computeranalphabeten zu arbeiten, den sogenannten „Dümmsten Anzunehmenden Usern" (DAUs).

Die Umsetzung: Tough Enough – das Leben in der IT ist schon hart genug. Take IT easy! Mit *mediacom beyond advertising* entwickelten wir eine Tumblr-Plattform, auf der IT-Experten ihre persönlichen DAU-Erlebnisse erzählen, und gemeinsam mit ihren Kollegen und Dell herzlich darüber lachen konnten. Der Claim der „Tough Enough"-Kampagne lautete konsequenterweise: „Denn das Leben in der IT ist schon hart genug. Take IT easy!" (vgl. Abb. 3.3).

Für diese *digitale Content-Plattform* erstellten wir eine mehrteilige Webisode Sitcom über einschlägige DAU-Geschichten. Besucher der Plattform konnten ihr eigenes DAU-Erlebnis in Form von Kurzdialogen hochladen, Memes erstellen und die beste DAU-Story der Woche küren. Zudem verlosten wir in der Community DAU-Merchandise-Artikel mit den lustigsten

Abb. 3.3 Die „Tough Enough"-Kampagne von Dell

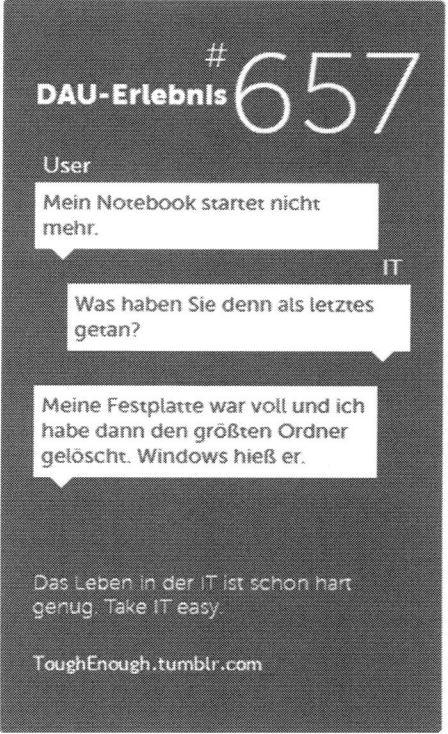

Episoden. Diese Plattform flankierten diese mit Banner-Schaltungen, Video-Seeding und Blogger Relations, bis hin zur klassischen Werbung inklusive Printkampagne sowohl in zielgruppenspezifischen Special-Interest-Titeln als auch in breiter aufgestellten Publikationen der Wirtschaftspresse. Parallel schalteten wir bundesweit geotargeted OOH-Werbung und Airport CLP.

Als *Fortführung der Customer Journey* griffen wir jene technischen Problemfelder auf, die die IT-Experten in ihren DAU-Stories erzählt hatten, und erstellten dazu maßgeschneiderte Fachartikel über den technischen Hintergrund des DAU-Problems sowie über mögliche Lösungsansätze. Hier boten wir der Community auch direkten Zugang zu unseren eigenen Fachleuten für weiteren technischen Austausch. Zusätzlich führten wir mit IT-Experten aus der Community Interviews über deren Arbeitsalltag und erstellten daraus kurze Fallstudien.

Eingebettet wurde die Kampagne in einen *umfangreichen Messgrößenrahmen* entlang der Customer Journey, angefangen von der erzielten Reichweite in der Zielgruppe (Paid, Earned), über die Konvertierungsraten der Online-Werbemittel bis hin zum Besucherverhalten auf der Content-Plattform (mit Fokus auf Verweildauer und Aktivierung wie Social Shares oder Comments). Zudem ermittelten wir über vergleichende Marktforschung (Pre- und Post-Test) die wichtigsten Parameter im Markentrichter, von ungestützter Marken- und Werbemittelbekanntheit bis hin zur First Choice.

Exkurs: das Content Ecosystem

An dieser Stelle möchte ich anmerken, dass erfolgreiches Content Marketing neben aktivierenden Kampagnen (wie der oben beschriebenen) ein solides *Always On Ecosystem* als Grundlage benötigt. Dieses Ecosystem soll mit guter Zielgruppenreichweite hochwertigen Content für die ersten beiden Phasen der Customer Journey (Discover, Educate) bereitstellen. Von dort aus soll es dem potenziellen Kunden wiederum vielfältige Möglichkeiten bieten, seine individuelle Problemlösung voranzutreiben (Compare, Convert), sei es in einem Expertengespräch, im Besuch einer Fachveranstaltung oder im Download eines technischen Fachartikels. Verabschieden möge man sich von der Idee einer rein digitalen Customer Journey sowie aggressiven Online-Techniken. Zumindest bei komplexen Entscheidungsprozessen wählt der Kunde den Kommunikationskanal seines Vertrauens zu jedem Zeitpunkt selbst. Es gilt das Kardinalprinzip des *emanzipierten Kunden*.

Ergebnis der „Tough Enough"-Kampagne: Schon bald nach Start zeichnete sich ab, dass die „Tough Enough"-Kampagne den Nerv der Zielgruppe getroffen hatte. Innerhalb von nur vier Monaten bauten wir eine IT-Community mit über 213.000 IT-Admins auf, die Sitcom erreichte 1,5 Millionen Views, viele Tausend Shares und Kommentare. Die erste Episode war sogar der erfolgreichste Facebook Post in der gesamten IT-Kategorie weltweit. Über die verschiedenen Aktivierungselemente der Kampagne generierten wir mehr als 15.000 Leads! Gleichzeitig zeigten die Umfragewerte steil nach oben: die ungestützte Markenbekanntheit verdoppelte sich, die Topposition im Relevant Set (First Choice) stieg um 59 Prozent.

Bemerkenswerte Kritiken erhielt die Kampagne auch aus der Marketing-Fachwelt: zweimal Gold bei den „Festival of Media Awards" in Rom, Deutsche Onlinekampagne des Jahres, ein silberner Löwe in Cannes, Gold auf den „M&M Global Awards" in London (neben sechs Shortlist-Platzierungen), Gold auf den „CMA International Content Marketing Awards" sowie weitere internationale Auszeichnungen.

Unser Ziel hatten wir also unzweifelhaft erreicht, eine lebendige Beziehungsebene war geschaffen. Und so viel sei verraten: Auf den nun folgenden Etappen unserer Marketing-Reise wird Content Marketing keine unbedeutende Rolle spielen.

+++++++++++ Ende Gastbeitrag+++++++++++

3.1.2   Content Produktion: Make or buy?

„Make or buy?" Dies ist eine wichtige Frage im Content Marketing, wenn es um die Content-Produktion geht. Benötige ich eine Agentur oder machen wir es im Team? In der Regel folgen Fragen wie: können wir das intern wirklich leisten? Reichen die internen Ressourcen, Qualifikationen und Kompetenzen dafür aus?

Es ist keine leichte Entscheidung. Vieles davon hat mit Ihrer Organisation zu tun, mit den Talenten, die zur Herstellung von Qualität erforderlich sind. Und auch, ob Sie eine Agentur finden, die Ihnen als Partner die Ergebnisse budgetgerecht, zuverlässig und kontinuierlich liefert, um die Frequenz, Tonalität und Qualität in den Kanälen auszuliefern, die Sie sich vorstellen. Die Wahrheit ist: Keines dieser Szenarien schließt sich gegenseitig aus und für die meisten Unternehmen liegt die richtige Antwort irgendwo in der Mitte. Als Beraterin erlebe ich auf der Unternehmensseite beide Entscheidungen mit den Vor- und Nachteilen. Ich habe Agenturen erlebt, die ihren Kunden enorme Werte mit ihren Ergebnissen liefern. Und ich habe auch gesehen, wie ein kompetentes engagiertes In-House-Team werthaltige Inhalte erstellt, die Qualität liefern und für Konsistenz sorgen und damit maximale Reichweite bei minimalen Kosten ermöglichen. Die folgenden Vor- und Nachteile beider Optionen können Sie zu Rate ziehen bei einer Entscheidung für eine interne oder externe Content-Produktion.

Inhouse -Content-Produktion	Externe Content-Produktion
Einer der relevanten Schlüssel zum erfolgreichen Content -Marketing besteht darin, sich bei jedem Touchpoint mit Ihren Kunden persönlich im Content -Marketing zu engagieren. Das bedeutet, dass die Produktion, Promotion und das Monitoring eines umfangreichen Content -Marketing mit regelmäßiger Frequenz und hochwertiger Qualität über vielfältige Kanäle auch Moderation erfordert. Dabei zeigt ein Inhouse-Team den Wert, schnell Antworten zu liefern. Die Herausforderung ist, effiziente Workflows zu gestalten, die Mitarbeiter für ihre Aufgabe zu qualifizieren und deren Kompetenzen und Fähigkeiten zu schulen. Das kostet Investment, ermöglicht dann aber, ein Corporate-Team mit Fähigkeiten für dem tiefem Wissen über die Marke aufzubauen, was man extern nicht einkaufen kann.	Wenn Sie externe Dienste benötigen, können Freelancer wie Texter, Berater oder Agenturen und Verlage relevante Content-Partner zur Produktion sein. Fakt ist: In der Praxis fehlen oftmals Inhouse-Ressourcen. Dann kann ein externer Partner helfen. Ob es sich dabei um die richtige Lösung für die erfolgreiche Entwicklung Ihres Content Marketing handelt, können Pilotprojekte zeigen. Sie können damit testen und erkennen, ob es eine hilfreiche Chance ist, Ihre Ressourcen zu ergänzen, die ganz oder im zeitlich begrenzten Engpass fehlen, oder ob spezielle Fähigkeiten außerhalb Ihres Teams Kernkompetenzen sind. Ein externer Experte kann Ihnen gerade zum Start mit Out-of-the-Box-Denken helfen und einen wirklichen Beitrag zum Erfolg Ihres Content Marketing liefern. Ein wichtiger Erfolgsfaktor ist ein fundiertes Briefing, damit die Zusammenarbeit gelingt.

Fällt die Entscheidung auf „Buy" und es soll eine passende Agentur gefunden werden, stehen Unternehmen zunächst vor der Frage: Wie gelingt die Agenturauswahl und welche Möglichkeiten gibt es? Konkret: Wie findet man die Agentur, die nicht nur durch rhetorisches Auftreten blendet, sondern auch durch Können glänzt und den Auftrag ganz einfach zur Zufriedenheit des Unternehmens kostengünstig und zeitgerecht erledigt?

Für viele Unternehmen, die Unterstützung für Werbung, Internet oder Social Media suchen, ergeben sich Hürden: Die Zahl der Anbieter nimmt unaufhörlich zu, die Profile und Leistungen der Agenturen, Beratungshäuser und Experten ähneln sich stark und eventuell fehlt die eigene Kompetenz der fachlichen Bewertung der Angebote.

3.1.3   Interview: Content Management in der Praxis (Olaf Willems)

Interview mit Olaf Willems, Leiter Unternehmenskommunikation PSD Banken Verband

Claudia Hilker: Arbeiten Ihre PSD Banken in der Content-Produktion mit einer Agentur, mit einem Inhouse-Team oder mit beidem?

Olaf Willems: Vor allem zu Beginn unseres Social-Media-Projekts haben wir professionelle Unterstützung gesucht und auch in Anspruch genommen. Hierbei war die vorherige Beratung und Besprechung von Erfolg versprechenden Inhalten und deren Platzierung für die Mitarbeiter genauso wichtig wie die zur Verfügung gestellten Materialien an sich. Diese Kombination aus Beratung und Lieferung hilft vor allem am Anfang, Fehler zu vermeiden und gibt zudem den Projektbeteiligten Sicherheit. Heute, fünf Jahre später, liegt die Content-Produktion fest in den Händen der mit Social Media beauftragten Mitarbeiter in den PSD Banken. Unterstützung wird nur noch gezielt bei speziellen oder sehr aufwendigen Einzelprojekten hinzugezogen.

Claudia Hilker: Welche Vor- und Nachteile sehen Sie in den beiden Modellen Inhouse/Extern?

Olaf Willems: Der größte Vorteil einer Inhouse-Lösung ist ihre Ehrlichkeit. Es kommunizieren die Menschen, die in dem jeweiligen Unternehmen tatsächlich arbeiten. Und sollten unangenehme Themen zur Sprache kommen, reagiert das angesprochene Unternehmen bei einer Inhouse-Lösung folglich stets authentisch und direkt. Diese Art der Kommunikation kann man meines Erachtens nicht kaufen. Eine beauftragte Agentur kann vor allem bei kritischen Themen immer nur in einem vorgegebenen Rahmen agieren.

Claudia Hilker: Welche Tipps haben Sie für Briefing und Steuerung von Agenturen?

Olaf Willems: Prinzipiell unterscheidet sich das Auswahlverfahren für eine Social-Media-Agentur heute nicht mehr allzu sehr von anderen Pitches im Marketing- oder PR-Bereich. Das Wichtigste ist nach wie vor ein vernünftiges Briefing: Zum einen sollte man sich selber über seine Ziele im Klaren sein, zum anderen können Agenturen nur dann zielführende Vorschläge erarbeiten und in der Folge umsetzen. Dies gilt spiegelbildlich genauso für die Steuerung. Zunächst macht das auf der eigenen Seite enorm viel Arbeit – aber es lohnt sich in jedem Fall.

Claudia Hilker: Wie gestalten Sie ein Pitch-Verfahren und eine Ausschreibung?

Olaf Willems: Ich habe mir damals Unterstützung durch die Agentur cherrypicker gesucht. Diese Agentur ist auf die Begleitung und Durchführung von Pitches spezialisiert. Das war 2010/2011 eine sehr sinnvolle Entscheidung, weil damals viele Agenturen Web 2.0 als angeblich neue Kernkompetenz postulierten, aber während der Überprüfung bei vielen nur heiße Luft aufgestiegen ist.

Claudia Hilker: Wer übernimmt Content Monitoring und Controlling?

Olaf Willems: Jede einzelne PSD Bank setzt derzeit eine Lösung von Echobot ein. Als Finanzdienstleister gilt es, mit einem professionellen Monitoring Tool auch aufsichtsrechtliche Anforderungen zu erfüllen. Hier lautet das Stichwort Reputationsrisiken. Da wir als genossenschaftliche Bankengruppe ausschließlich in Deutschland tätig sind, passt das deutsche Unternehmen Echobot gut zu unseren Anforderungen.

Claudia Hilker: Welche Relevanz hat die Erfolgsmessung?

Olaf Willems: Man muss immer prüfen, ob man angestrebte Kommunikationsziele erreicht. Da bildet Social Media keine Ausnahme. Eine Relevanz für eine Erfolgsmessung ist also immer gegeben. Bleibt einzig die Frage, was das Unternehmen als „Erfolg" versteht bzw. vorgibt.

Claudia Hilker: Mit welchen KPIs messen Sie den Erfolg?

Olaf Willems: Tatsächlich führen wir im Bereich unserer Social-Media-Aktivitäten aktuell keine spezifizierten KPI-Messungen durch. Ich kann die Frage, wie viele unserer Neukunden ihren Weg zu einer unserer 14 PSD Banken über Facebook oder Google + gefunden haben, nicht beantworten. Obwohl sich die PSD Banken bei Facebook bereits über 90.000 Fans freuen können, verfolgen wir in Social Media nach wie vor keine Absatz-, sondern immer noch eine puristische Kommunikationsstrategie. Und mehrere Befragungen haben gezeigt, dass die User dies goutieren. Mehr noch: Wir wurden gebeten, doch etwas mehr Informationen über unsere Produkte und aktuellen Konditionen via Social Media zu posten. Das haben wir uns zu Herzen genommen und die Dosierung dieser Nachrichten entsprechend angepasst. Seit drei Jahren gewinnen die PSD Banken beispielsweise jeden Monat netto über 1.000 neue Fans bei Facebook hinzu. Das ist ein kontinuierliches und nachhaltiges Wachstum, was wir als Erfolg betrachten und was sehr gut zu unserem Selbstverständnis passt.

Claudia Hilker: Welche Tipps haben Sie für Content Marketing bezüglich Strategie, Produktion, Management?

Olaf Willems: In der gegebenen Kürze kann ich nur empfehlen, Antworten auf folgende Fragen zu erarbeiten: Warum wollen wir es machen? Wen wollen wir wie erreichen? Welche Ressourcen stehen uns hierfür zur Verfügung? Was machen die anderen Unternehmen? Was passt zu uns als Unternehmen? Diese Fragen muss man beantworten können, wenn man mit Social Media startet. Und auch wer schon jahrelang in Social Media aktiv ist, sollte sich diese Fragen immer wieder stellen. Die Antworten helfen bei der Findung oder Justierung der Strategie, der Produktion und des Managements.

+++++++++++ Ende Gastbeitrag+++++++++++

3.1.4   Agentur-Pitch zur Content-Produktion

Früher war eine Agentur der universelle Partner für alle Lösungen. Heute werden für gezielte Aufgaben spezielle Agenturen gesucht. Dabei steht der Begriff „Agentur" synonym für „Leistungserbringer", da es sich – bedarfsbezogen – genauso gut um Berater, Experten, freie Kreative, Spezialisten etc. handeln kann. Eine Möglichkeit, wie heute der passende Partner gefunden wird, ist der Pitch. Ein Pitch ist eine Wettbewerbspräsentation von Agenturen für eine Ausschreibung. Er kann den Beginn einer langfristigen Zusammenarbeit sein. Richtig eingesetzt kann ein Pitch eine Möglichkeit sein, eine erfolgreiche Zusammenarbeit zwischen Unternehmen und Agentur über ein konkretes Projekt aufzubauen. Beim Pitch präsentieren mehrere Agenturen Ideen und Konzepte. Die Beste erhält den Zuschlag und gewinnt das Projekt. Ob es um die Produkteinführung, einen Marken-Relaunch oder eine Logogestaltung geht: Ein Pitch ist für Unternehmen und Agenturen mit hohem finanziellem, organisatorischem und arbeitsintensivem Aufwand verbunden.

Der Pitch als Konfliktherd: In der Praxis gibt es immer wieder Konflikte. Viele Agenturen lassen sich aufgrund des hohen Wettbewerbsdrucks auf einen Pitch ein und arbeiten wochenlang an der Aufgabe. Dafür erhalten sie zu wenig Geld, so der Unmut auf Agenturseite. Weitere Vorwürfe: Im schlimmsten Fall „klaut" das ausschreibende Unternehmen die Ideen oder streicht gar das Projekt, sodass alle Agenturen als Verlierer aus dem Pitch gehen. Unternehmen hingegen klagen über das mangelnde Know-how der Agenturmitarbeiter, über unrealistische Ideen und Unzuverlässigkeit bei Terminen. Zudem halten einige die Honorare für überzogen. Grundsätzlich gibt es wenig verbindliche Regeln für einen Pitch. Aktuell kann hier nur an die Moral- und Wertevorstellung der Beteiligten appelliert werden. Um ein faires Miteinander zu gewährleisten, sollten beide Seiten effizient, fair und transparent arbeiten.

Das Vorgehen: Es ist zu empfehlen, dass das Unternehmen zunächst eine „Longlist" mit maximal zehn Agenturen als Vorauswahl erstellt. Diese Liste wird dann auf eine Shortlist von bis zu fünf Agenturen verdichtet. Dann definiert das Unternehmen, was die Agenturen präsentieren sollen. Es kann sich beispielsweise um eine strategische Positionierung oder um eine kreative Kampagne handeln. Möglichst konkrete Angaben verhindern Missverständnisse und unnütz investierte Zeit. Dabei sollte auch das Honorar an den Zeitaufwand und die Leistung angepasst sein. Dementsprechend sollten auch erst einmal alle Agenturen das gleiche Honorar bezahlt bekommen. Auf diese Weise ist mit dem Pitch bereits eine faire Grundlage geschaffen.

Ergänzend sollte hinzugefügt werden, dass sich dieser Aufwand nicht in jedem Falle lohnt. Das Unternehmen sollte stets vor der Pitch-Ausschreibung prüfen, ob die Wettbewerbspräsentation das Mittel zum Zweck ist – oder ob es nicht andere Möglichkeiten gibt, eine passende Agentur zu finden: beispielsweise die Vergabe zunächst kleinerer Aufträge an eine Agentur, die Durchführung eines Probeauftrages oder das Halten eines interaktiven Workshops, in dem die gegenseitigen Einstellungen und Arbeitsweisen diskutiert werden können.

Checkliste für die Phase der Agentur-Auswahl

Falls Sie sich für einen Pitch entscheiden, beachten Sie folgende Checkliste:

1. Prüfen Sie ob der wettbewerborientierte Pitch das beste Auswahlinstrument ist.
2. Erstellen Sie eine Longlist, und verdichten Sie sie zu einer Shortlist.
3. Überlegen Sie sich konkret, was Sie wollen, und geben Sie einen klar definierten und realistischen Rahmen vor (Inhalt, Länge, Art, Umfang, Do's und Dont's usw.).
4. Kommunizieren Sie zu jedem Zeitpunkt transparent.
5. Schaffen Sie gleiche Bedingungen für alle teilnehmenden Agenturen.
6. Nehmen Sie sich Zeit für ein persönliches Briefing und laden Sie zum Nachfragen ein.
7. Honorieren Sie erbrachte Leistungen angemessen.
8. Juristischer Hinweis: Vereinbaren Sie schriftlich eine Vertraulichkeitsvereinbarung.

3.1.5   Briefing und Steuerung von Agenturen

Ist die Entscheidung für eine Agentur gefallen, stellt das richtige Briefing ein fundamentales und richtungsweisendes Element dar. Da eine Agentur von außen auf das Unternehmen blickt, ergeben sich natürlich viele Vorteile, da zum Beispiel keine sogenannte Betriebsblindheit vorliegt und dementsprechend neue Ideen leichter entwickelt werden können, jedoch fehlt bei einer neuen Kooperation logischerweise immer das Wissen über das Unternehmen, interne Zielsetzungen, die Unternehmensphilosophie usw. So lapidar es klingen mag – aber versetzen Sie sich zu Beginn in die Situation der Agentur und überlegen Sie sich, was Sie als Unternehmen mitteilen müssen, damit die Aufgabenstellung erfüllt werden kann. Des Weiteren ist es nützlich, wen Sie Ihre Erwartungen möglichst konkret formulieren und Ihre Ziele klar herausarbeiten.

Insgesamt gibt es zwei Aspekte, über die bei einem Briefing gesprochen werden sollte: Das sind erstens die grundsätzlichen Informationen zum Unternehmen, welche für eine Einordnung in den Gesamtkontext und die Zielausrichtung wichtig sind, und zweitens der Auftragsgegenstand selbst.

Zum Thema grundsätzliche Informationen ist es wichtig, dass die Agentur die grundlegenden Strukturen des Unternehmens, die Produkte/Dienstleistungen, die Unternehmensphilosophie, -kultur sowie die Stärken und Schwächen kennt. Zusätzlich sollte besprochen werden, wie die aktuelle Marksituation bezüglich Mitbewerber, Chancen und Risiken aussieht. Bezüglich des konkreten Auftragsgegenstandes sollte detailliert besprochen werden, was genau die Aufgabenstellung, die Erwartungen und Wünsche sowie das Ziel ist. Wichtig ist hier vor allem, die Komponenten Zeit und Geld besonders zu berücksichtigen. Wie hoch ist das Gesamtbudget oder inwiefern werden Einzelleistungen abgerechnet? Wie sieht der konkrete Zeitplan aus? Was sind die wichtigen Meilensteine?

Auch wenn die Vorbereitung auf ein Briefing und das Briefing selbst viel Zeit kosten, zahlt sich Sorgfalt an dieser Stelle im späteren Verlauf aus. Jedoch stellt ein Briefing keinen

Status quo dar, sondern kann bzw. muss in gemeinschaftlicher Arbeit immer wieder erneuert bzw. angepasst werden, da sich gewisse Dinge erst während der Arbeitsphase herausstellen/verändern.

Genau aus diesem Grund ist es wichtig, eine Agentur nicht unkontrolliert bzw. komplett eigenständig arbeiten zu lassen. Legen Sie wie bereits erwähnt Meilensteine und regelmäßige Meetings fest, in denen aktuelle Entwicklungen besprochen und Ergebnisse präsentiert werden. Dadurch kann die Agentur in den Zwischenphasen selbstständig arbeiten, jedoch weiß das Unternehmen stets, was der aktuelle Stand ist und worin das nächste Teilziel besteht.

3.2   Organisation: Rollen, Prozesse und Erfolgsmessung

Wenn die Content-Marketing-Strategie finalisiert ist, dann werden die Themen im Agenda Setting den unterschiedlichen Medienplattformen zugeordnet. Das Channel Management erfordert eine individuelle spezifische Aufbereitung der zu veröffentlichenden Informationen. So ist bei einer crossmedialen Verwertung beispielsweise zu beachten, dass Texte im Hinblick auf die Nutzerfreundlichkeit kürzer zu halten sind als bei reinen Printveröffentlichungen. Da die Content-Produktion mit Lieferung und Aufbereitung dieser Informationen verbunden ist – beispielsweise durch die Auslagerung redaktioneller Kompetenzen an eine Agentur – muss ein Redaktionsplan erstellt werden, der die Zuständigkeiten klar regelt. Eng damit verknüpft bietet sich für die Planung von Content-Marketing-Maßnahmen auch das Einführen eines Ressourcenplans an. Dieser beinhaltet zum Beispiel die Kosten- und Zeitplanung für die Zusammenarbeit mit externen Partnern. Das folgende Interview zeigt, wie es gelingen kann, die Organisation im Content Marketing – auch angesichts des digitalen Wandels – erfolgreich zu meistern.

Praxisbeispiel: Content Marketing beim Flughafen München mit Interview

Hans-Joachim Bues ist Leiter der Unternehmenskommunikation des Flughafens München. Er verantwortet mit einem Team mit 45 Mitarbeitern die Medien- und Öffentlichkeitsarbeit sowie die Mitarbeiterkommunikation in einem dynamischen Umfeld: Der Flughafen München (FMG) zählt mit fast 40 Millionen Passagieren zu den größten Luftfahrtdrehkreuzen Europas. Rund 100 Fluggesellschaften verbinden ihn mit fast 250 Zielen in 70 Ländern.

   Claudia Hilker: Was sind Ihre Herausforderungen im Content Marketing?

   Hans-Joachim Bues: Die Unternehmenskommunikation erläutert im Rahmen eines strategischen Konzepts die Absichten und Interessen unseres Unternehmens gegenüber Mitarbeitern, Medien und Öffentlichkeit und trägt gleichzeitig gesellschaftlich relevante Meinungen, Stimmungen und Trends in den Konzern hinein. Wir führen den Dialog crossmedial in allen relevanten Medien mit dem Ziel, das Handeln der FMG nachvollziehbar zu machen. Dabei spielt das Content Marketing natürlich eine wichtige Rolle. Wir bauen Glaubwürdigkeit und Vertrauen in der Öffentlichkeit auf, erhalten sie und initiieren Zustimmung. Damit soll dem Unternehmen der notwendige Handlungsspielraum eröffnet werden, um die Unternehmensstrategie und die langfristigen Ziele der FMG in die Tat umzusetzen.

Claudia Hilker: Wie hat sich die Kommunikation im digitalen Zeitalter verändert?

Hans-Joachim Bues: Die Kommunikationslandschaft hat sich in den letzten Jahren enorm gewandelt. Noch vor zehn Jahren sprach man ausschließlich mit Journalisten, um Botschaften in Massenmedien zu platzieren. Es herrschte weitgehend das Sender-Empfängerprinzip, das heißt Kommunikation in eine Richtung. Die Herausforderung bestand darin, dafür zu sorgen, dass das Unternehmen in den zahlenmäßig begrenzten Kanälen überhaupt zu Wort kam. Internet und Intranet brachten die erste Revolution. Von nun an war es möglich, Informationen ohne „Zwischenhändler" (Gatekeeper) direkt und weltweit zu kommunizieren. In den digitalen Medien steckt gewaltiges Potenzial, weil jeder einzelne zum Medium geworden ist. Erstmals haben Nutzer „schreibenden" Zugang zu weltweiten Medien und können Unternehmen damit durchaus Probleme bereiten. Die Aufgaben einer Führungskraft in der Unternehmenskommunikation haben sich damit stark gewandelt. Heute muss man als Kommunikationsverantwortlicher ein bisschen wie ein „Dirigent" in einem Orchester agieren. Die „Musiker" – jeder ein Experte auf seinem Instrument – müssen die erarbeitete Strategie in Echtzeit umsetzen. Für lange Freigabeprozeduren bleibt in der modernen Kommunikationswelt nur noch wenig Zeit. Die sozialen Medien wie Facebook, Twitter und YouTube haben entscheidend dazu beigetragen, die Grenzen zwischen interner und externer Kommunikation zu verwischen. Deshalb haben wir uns komplett neu aufgestellt: Themenverantwortliche bilden die Schnittstelle zu unseren Fachabteilungen und bereiten ein Thema im crossmedialen Content Marketing für mehrere Kanäle auf. Ein Kanalverantwortlicher steht ihnen zur Seite. Er hilft, die Inhalte kanalgerecht zu formulieren und zu platzieren. Gleichzeitig haben wir die Kommentarfunktion in unserem Intranet eingeführt. Das hat unsere interne Kommunikation einen großen Schritt voran gebracht, lebendiger gemacht.

Claudia Hilker: Welche Vor- und Nachteile sehen Sie im Content Marketing?

Hans-Joachim Bues: Die Kommunikation ist deutlich schneller und zielgruppenspezifischer geworden. Der interaktive Dialog ermöglicht auch Chancen, wenn er schnell, direkt, menschlich und auf Augenhöhe geführt wird. Er bietet viele neue Möglichkeiten angesichts der Vielzahl der nutzbaren Kanäle. Diese neuen Kanäle erfordern allerdings auch mehr personelle Ressourcen und die Anforderungen und notwendigen Kompetenzen sind gestiegen. Viele im Unternehmen sind mittlerweile im Omnichannel Management unterwegs und glauben, das alleine macht sie schon zu einem Content-Experten. Dabei wird leicht übersehen, dass auch die Botschaften im Content Management zielgerichtet und von den Unternehmenszielen abgeleitet sein müssen. Die Kunst ist, nicht jedem Trend zu folgen, sondern werthaltige Dialoge zu führen und die Erwartungen der Zielgruppen zu erfüllen.

Claudia Hilker: Was sind die Risiken und Chancen im Content Management?

Hans-Joachim Bues: Ich persönlich glaube, dass die Chancen die Risiken im Content Management bei Weitem überwiegen. Wir können mit schneller und dialogorientierter Kommunikation wertvolle Multiplikatoren gewinnen. Das ist eine große Hilfe – vor allem in Krisenzeiten. Gerade die eigenen Mitarbeiter steuern wertvolles Fachwissen bei und unterstützen so ihren Arbeitgeber. Allerdings erhalten auch einzelne selbsternannte Experten Gehör, was im Extremfall dazu führen kann, dass Massenmedien aus dem Print- und TV-Bereich aufspringen. Ein Bild, mit dem Handy geschossen, ist in 20 Sekunden hochgeladen. Und ein „Shitstorm" kann schnell über ein Unternehmen hereinbrechen. Hier heißt es, mit kühlem

Kopf schnell und – ganz wichtig – mit einer vorbereiteten Strategie zu reagieren. Den eigenen Mitarbeitern muss das Unternehmen mittels Social Media Guidelines zweifelsfrei vermitteln, wie sie sich im Web 2.0 zu verhalten haben.

Claudia Hilker: Wie wird Social Media in das FMG Content-Konzept integriert?

Hans-Joachim Bues: Der Flughafen München hat ein Agenda Setting für Social Media im FMG Content-Konzept erstellt. Das Social-Media-Team wirbt hier für den Campus
als attraktiven Arbeits-und Ausbildungsplatz, interagiert mit den Usern, postet tagesaktuelle Informationen und mediengerecht aufbereitete, unternehmensrelevante und strategische Themen. Es teilt wichtige Luftfahrtartikel, veröffentlicht interessante Berichte, stellt
aktuelle Entwicklungen dar und informiert über attraktive Aktionen am Flughafen München. Dies steigert die Attraktivität und damit auch die Reichweite. User erhalten zeitnah
erwünschte Auskünfte. Unser Non-Aviation-Bereich nutzt die mittlerweile enorme Reichweite auf Facebook und streut mediengerecht aufbereitete Inhalte aus dem Bereich Gast-
ronomie, Shopping, Parken, Events usw. mit ein. Grundsätzlich ist es erwünscht,
interessante Themen und Informationen aus weiteren Fachabteilungen auf Facebook zu
platzieren. Sie müssen für die Öffentlichkeit interessant sein und den Facebook-Fans einen
Mehrwert bieten. Das Social-Media-Redaktionsteam berät, steuert und speist die Beiträge
in den gemeinsamen Redaktionsplan ein. Der Flughafen München hat sechs integrierbare
Facebook-Applikationen für Gewinnspiele und Aktionen. Im Redaktionstreffen wird
gemeinsam beschlossen, welche Aktionen wann umgesetzt werden, um die Bedürfnisse,
Fragen und Anliegen der vielseitigen Zielgruppen zu bedienen:

- Passagiere/Abholer,
- Mitarbeiter/Besucher,
- Bewerber/Geschäftskunden,
- Umlandbewohner,
- Aviation-Interessierte und
- Journalisten B2B (Airports, Airlines, Reisebüros, Touristiker).

Claudia Hilker: Welche Zuständigkeiten, Rollen und Aufgaben gibt es?

Hans-Joachim Bues: Die Zuständigkeiten sind wie folgt zugeordnet: Die Unternehmenskommunikation bereitet zentrale Themen aus dem Agenda Setting, die bereits für
ihre Print- und Online-Medien recherchiert und bearbeitet wurden, auf und postet sie
crossmedial. Zusätzlich erstellt die Unternehmenskommunikation zentrale aktuelle Bei-
trage und teilt interessante Inhalte anderer Seiten. Die Informationsdienste des Flughafens
beantworten allgemeine Anfragen und posten tagesaktuelle Informationen zum Flugha-
fenbetrieb (zum Beispiel Verspätungen, Störungen im Betriebsablauf, Staumeldungen,
S-Bahn-Störungen). Die zielgruppenspezifische Aufbereitung – zum Beispiel eines Posts –
wird in den abteilungsübergreifenden Sitzungen abgestimmt. Zur Dokumentation, Koor-
dinierung und Planung dient ein gemeinsamer Redaktionsplan. Social Media sehen wir als
Plattformen, in denen wir über strategische und unternehmensrelevante Themen informieren. Die Hintergrund- und Detailinformationen stellt dabei die Corporate Website zur

Verfügung. Livestatements unterstützen unter Ausnutzung der Reichweite die Kommunikation zum Beispiel von Veranstaltungen, wie etwa der Jahrespressekonferenz.

Claudia Hilker: Wie ist die Krisenkommunikation geregelt?

Hans-Joachim Bues: Es gibt an jedem Flughafen potenzielle Krisenauslöser wie Flugzeugunglücke, Notlandungen oder terroristische Anschläge, die in der Krisenkommunikation geregelt werden müssen. Das Krisen-Management-Team muss versuchen, eine aufziehende Krise einzudämmen bzw. wenigstens ein Überspringen auf die Massenmedien zu verhindern. Offenheit, Transparenz, Ehrlichkeit und zeitnahes Handeln sind gefragt. Krisenprophylaxe wird durch Social-Media-Monitoring betrieben. Die Strategien, Workflows und Inhalte für den Worst Case müssen definiert sein. Auch Personen, Rollen und Aufgaben müssen festgelegt werden. Und es gilt Fürsprecher zu gewinnen: Content Management mit Social Media und klassische Medien sind die besten proaktiven Maßnahmen zur Krisenprophylaxe.

Claudia Hilker: Welche Themen bearbeiten Sie gerade im Content Marketing?

Hans-Joachim Bues: Wir haben begonnen, Pressemitteilungen und Stellenausschreibungen mittels einer Schnittstelle online zu posten. Wir veröffentlichen interessante Beiträge, um unser Image als attraktiver Arbeits- und Ausbildungsplatz zu stärken. Die teilweise zu Instagram abgewanderte – sehr junge – Zielgruppe lassen wir mit interessanten Bildern hinter die Kulissen unseres Airports blicken. Wir posten regelmäßig und spiegeln unsere Beiträge in Facebook und Twitter. Ergebnis: Wir steigern damit kontinuierlich unsere Abonnenten auf Instagram.

+++++++++++++ Ende Gastbeitrag+++++++++++++

3.2.1   Workflow: Prozesse und Rollen in der Content-Produktion

Der Mensch ist ein Gewohnheitstier. Das sollten sich Unternehmen zunutze machen und bestimmte Regelmäßigkeiten im Content pflegen. Der Leser sollte beispielsweise wissen, was er thematisch erwarten darf, wie oft neuer Content online kommt und auf welcher Plattform publiziert wird. Dies ist unabhängig von der Größe des – relevant ist nur die interne Konsistenz und eine gewisse Kontinuität des Content Marketing. Diese Merkmale sollten sich durch alle Phasen des Lebenszyklus ziehen: von der Themenfindung über die Produktion, die Distribution, die Evaluation bis hin zur Wiederverwertung.

Um diese Konsistenz und Kontinuität gewährleisten zu können, müssen klar definierte Rahmenbedingungen festlegt werden. Dafür hilft es, den Workflow von der Themenfindung bis zur Distribution genau zu definieren. Ein gut durchdachter Workflow legt fest, welche Personen in welchem Zeitraum mithilfe welcher Tools für welche Prozesse verantwortlich sind. Dieser Workflow sollte möglichst detailliert beschrieben sein, sodass Missverständnissen vorgebeugt wird, jedoch sollten die einzelnen Phasen auf jedes Thema oder jedes Projekt übertragbar sein. Dadurch sichern Unternehmen einerseits die Konsistenz und die Qualität im Content Marketing und andererseits sparen sie wertvolle finanzielle wie auch personelle Ressourcen. Für die Planung des eigenen Content Workflow kann der Prozess in vier verschiedene Bereiche untergliedert werden: die Content-Planung, die

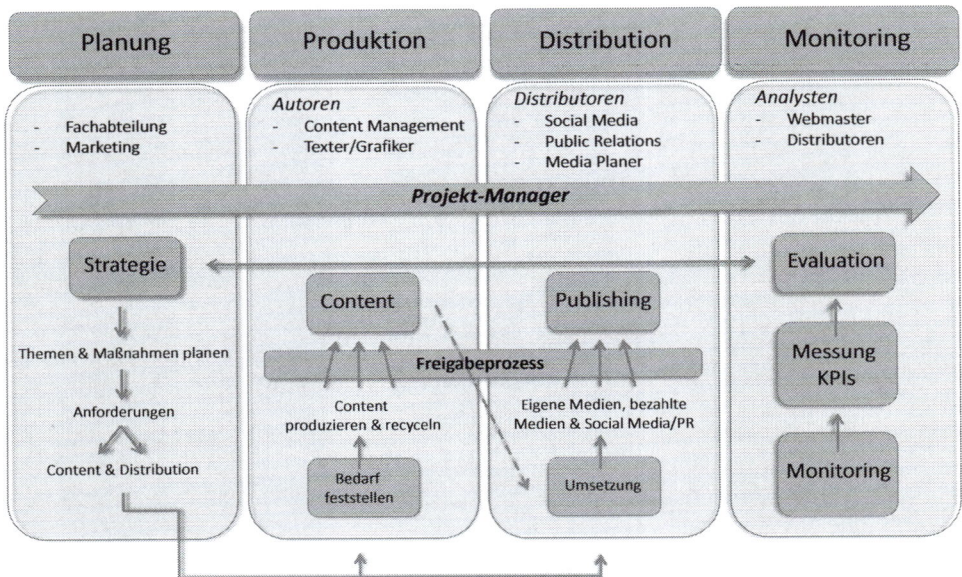

Abb. 3.4 Workflow im Content Marketing. (Quelle: Hilker Consulting)

Content-Produktion, die Content-Distribution und das Content-Monitoring. Beispielhaft zeigt Abb. 3.4 einen solchen Workflow. Drei Schritte zum eigenen Workflow für das Content Marketing:

Schritt 1: Ein eigenes Content-Team bilden: Dazu braucht es die richtigen Mitarbeiter, die alle zu besetzenden Rollen einnehmen. Wie groß das Team ist, ist abhängig von der Größe des Unternehmens, den Zielen im Content Marketing und den zur Verfügung stehenden Ressourcen.

Schritt 2: Rollen definieren: Egal wie groß das Unternehmen ist, es sollte immer ein *Workflow-Management-System* geben, das die Rolle des *Workflow Managers* beinhaltet. Damit kann den Teammitgliedern bezüglich ihrer Kommunikation und der Abstimmung untereinander ein fester, nachvollziehbarer und transparenter Rahmen geboten werden. Die Ausprägung der weiteren Rollen kann wie bereits erwähnt stark variieren, jedoch bietet sich eine wie in Abb. 3.5 gezeigte Aufgabenverteilung an, um einen reibungslosen Workflow gewährleisten zu können.

Schritt 3: Aufgaben und Verantwortlichkeiten definieren: Der Workflow Manager, in Form eines Workflow-Management-Systems, ist wie bereits erwähnt für die Koordination und Kommunikation zuständig.

- Der **Content-Manager** ist für einzelne Projekte zuständig (Koordination, Steuerung, Sicherung der Qualität).
- Der **Architekt** ist weniger im operativen Geschäft tätig. Er kümmert sich eher um Strategie und Planung der einzelnen Projekte im Gesamtkontext.

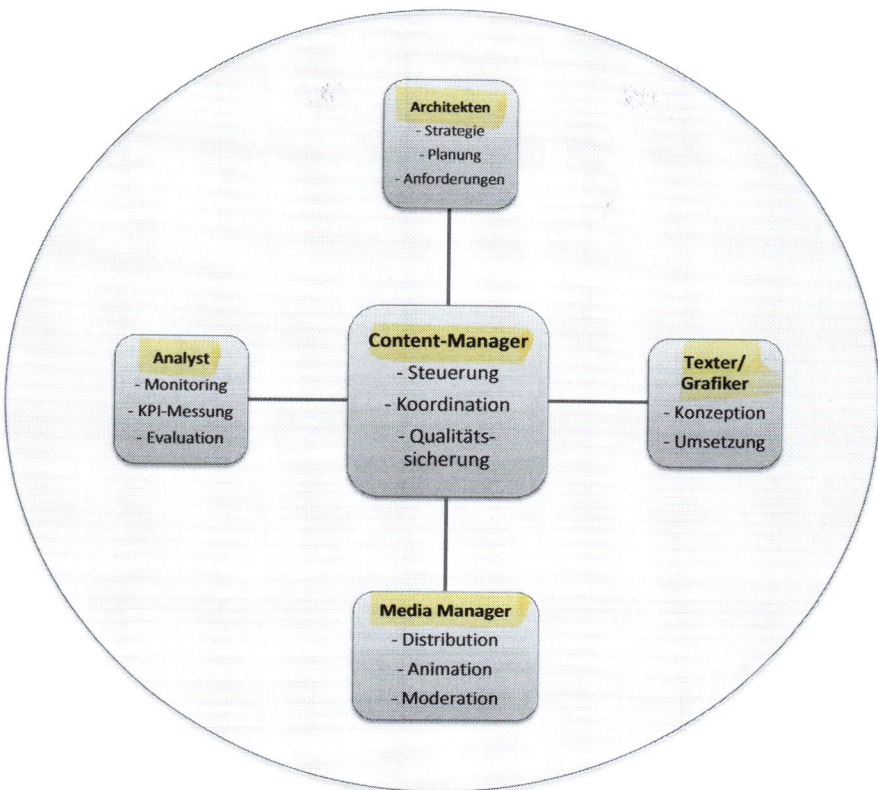

Abb. 3.5 Rollen im Content-Marketing-Team. (Quelle: Hilker Consulting)

- Der **Media Manager** sorgt für die entsprechende Distribution des produzierten Contents.
- Der **Analyst** hat die Evaluation zur Aufgabe.
- Die **weitere Content Mitarbeiter** sind für die Produktion von Texten und Grafiken sowie die Umsetzung von Ideen zuständig.

Dieses Rollenverständnis sollte jedoch nicht als festgefahrene Struktur verstanden werden, die an die jeweiligen Gegebenheiten angepasst wird. Wenn beispielsweise ein neues Content-Format verwendet wird, muss eventuell ein anderer Mitarbeiter für Produktion oder Distribution herangezogen werden. Oder falls die personellen Ressourcen nicht ausreichen, können Rollen, inklusive Aufgabenfeld, auch zusammengelegt werden.

▶ Zu Beginn sollten Unternehmen klein anfangen. Basierend auf den Erkenntnissen des Lead Management ist es ratsam, sich beispielsweise anfangs auf simple, aber relevante Content-Formate zu konzentrieren. Das Gleiche gilt für die Thematik: Unternehmen sollten mit Themen starten, die ihnen leicht fallen und vorerst keinen großes Zusatzaufwand erfordern. So kann der aufgestellte Workflow getestet und weiterentwickelt werden. Auf diese Weise können später komplexere Inhalte und Formate eingeführt werden.

Diese kontinuierliche Reflexion und Evaluation helfen dabei, Fehlerquellen frühzeitig zu erkennen und im Folgenden eliminieren zu können. Auf diese Weise können Unternehmen das Ziel eines konsistenten und kontinuierlichen Content Workflow erreichen und den Kunden, das „Gewohnheitstier", mit qualitativ hochwertigem Content zufriedenstellen.

3.2.2 Planung im Content Marketing mit dem Redaktionsplan

Content Marketing benötigt einen Redaktionsplan, damit die Arbeit funktionieren kann. Voraussetzung ist, dass in der Strategie bzw. im Fachkonzept alle Details wie Ziele und Themen definiert sind, die für die Zielgruppe interessant sind. Auch die zuständigen Mitarbeiter im Team sind vorbereitet und qualifiziert, um sich um die Inhalte und Betreuung der Kanäle zu kümmern. Dazu sollten in regelmäßigen Redaktionskonferenzen abteilungsübergreifend die Maßnahmen, Optimierungen und Ergebnisse besprochen werden. Folgende Informationen sollte ein Social-Media-Redaktionsplan mindestens beinhalten:

- Termin der Veröffentlichung,
- Liefertermine, bis wann Bilder, Texte etc. vorliegen müssen,
- Thema und Formate,
- Kurzbeschreibung,
- Autor und Verantwortlicher,
- Kanal (wo soll der Beitrag erscheinen?),
- Bearbeitungsstatus,
- Seeding (auf welchen Plattformen soll auf den Beitrag hingewiesen werden?),
- welcher Mitarbeiter soll wie zum Seeding motiviert werden?

Ein einfacher, beispielhafter Redaktions- und Ressourcenplan mit fiktiven Daten findet sich in Tab. 3.1.

▶ **Checkliste zur Auswahl eines Social-Media-Redaktionsplans:** Im Internet gibt es für Redaktionspläne viele Mustervorlagen zur freien Verwendung. Einige Beispiele gibt es online. Folgende Fragen sollen bei der Auswahl eines passenden Social-Media-Redaktionsplans helfen:

- **Haben Sie wenige oder viele Kanäle?** Je weniger Kanäle Sie haben, desto einfacher kann der Redaktionsplan ausfallen.
- **Wie oft wollen Sie etwas veröffentlichen?** Viele Vorlagen sind nicht auf eine Frequenz von mehreren Meldungen pro Tag ausgelegt. Pläne in Kalenderform eignen sich hier nicht. Nutzen Sie stattdessen flexible Redaktionspläne im Listenformat.

Tab. 3.1 Muster für einen Redaktionsplan. (Quelle Hilker Consulting)

Datum	Aufgabe/ Beitrag/Thema	Kampagnen-, bzw. Themen- zuordnung	Link	Bild/ Video	Keywords	Verantwort-lichkeiten		Face-book	XING	Linke-dIn	Blog	Twit-ter	Goo-gle+	Status
						Autor	Frei-gabe							
12.01.16	Adobe Studie Content Marketing	Blog: Hilker Consulting	http://wp.me/ p6h7pb-2zF	Link	Content Marketing	MS	CH	x	x	x	x	x	x	erledigt
13.01.16	Welche Social-Media-Tools ich für meinen Blog nutze	Blog: Social Media	http://wp.me/ p6jlWu-3FN	Link	Social Media Tools	SS	CH	x	x	x	x	x	x	in Bear-beitung
14.01.16	Neue Studie zur Digitalisierung	Blog: Digital Business Transfor-mation	http://wp.me/ p6h7pb-2A0	Link	Digitali-sierung	LS	CH	x	x	x	x	x	x	Warten auf Freigabe

- **Wollen Sie auch aufwendige Social-Media-Kampagnen über den Redaktionsplan planen und steuern?** Um aufwendigere Kampagnen zu steuern, muss der Redaktionsplan Möglichkeiten bieten, Teilaufgaben zu organisieren.
- **Betreiben Sie ein Blog und ist SEO für das Blog relevant?** Hier sollte der Redaktionsplan auch Felder oder zumindest Hinweisfelder für relevante SEO-Infos enthalten.
- **Schreiben Sie Gastartikel und betreiben Online-PR?** Hier muss der Redaktionsplan auch darauf ausgelegt sein, Teilaufgaben zu organisieren.

Canvas Content Marketing Management: Im Detail sollten die in Tab. 3.2 dargestellten Aspekte zur Umsetzung erfasst werden. Die Canvas für Content Marketing Management steuert die Elemente Marketing, Produktion und Governance und setzt sie in Bezug zu Individualisierung, Marke und Management.

1. **Marketing:** Für das Marketing eines Unternehmens ist es wichtig, einen Überblick über die geplanten Maßnahmen zu haben. Was ist genau geplant, wie ist es geplant und welches Ziel steckt dahinter? Die Maßnahmen werden normalerweise in Zusammenhang mit Social CRM und den zu benutzenden Tools geplant. Immerhin muss das Marketing wissen, über welche Tools sie die Marke verbreiten sollen. Dabei ist es für das Management wichtig, die Rollenverteilung im Plan klar zu kennzeichnen. Wer übernimmt was

Tab. 3.2 Canvas: Content Marketing Management

Content Marketing Management	1. Marketing	2. Produktion	3. Governance
Individualisierung	Welche individuellen Maßnahmen plant Ihr Unternehmen?	Welche Ressourcen stehen zur Produktion zur Verfügung?	Wie erhält und gibt ein Unternehmen Feedback zu den Maßnahmen?
Marke	Welche Tools eignen sich zur Verbreitung der Marke?	Über welches qualifizierte Wissen verfügen die Mitarbeiter, um in der Produktion zurecht zu kommen?	Wie geht das Unternehmen z. B. mit Datenschutz und Krisen um?
Management	Wer übernimmt welche Rolle und überwacht vor allem die rechtlichen Hintergründe z. B. im Social Media-Einsatz?	Wer steuert die Prozesse und Verantwortlichkeiten?	Welche KPI-Modelle zur Erfolgsmessung werden eingesetzt?

(Quelle: Hilker Consulting)

wann und wer ist für den rechtlichen Rahmen verantwortlich? Hier sollte allen Mitarbeitern die Social Media Guidelines des Unternehmens bekannt sein.

2. **Produktion:** Den Mitarbeitern, die sich um die Produktion kümmern, muss klar sein, welche Ressourcen sie nutzen können. Stehen intern Kräfte zur Verfügung oder braucht es Hilfe von einem externen Experten? Über welches Wissen verfügen die Mitarbeiter? Kennen sie sich mit Monitoring aus und können ihre Arbeit auswerten? Wissen sie, wie sie für das Web texten oder eine Community aufbauen und betreuen? Wenn nicht, dann sollte durchaus eine externe Beratung hinzugezogen werden.

3. **Governance:** Diejenigen, die sich um die Überwachung (Governance) kümmern, sind für das Feedback zuständig. Auch das sollte im Redaktionsplan Platz haben. Wie läuft das Controlling ab? Wird Feedback via Rundmail gesendet, wird es über die generierten Leads eingeholt oder durch Kundenumfragen? Wie geht das Unternehmen dann mit den gewonnenen Daten um? Hat es die Kompetenz, auf Krisen wie Shitstorms zu reagieren? Hier ist es für das Management besonders wichtig, KPIs festzulegen, über die Erfolge gemessen werden können und die regelmäßig ein einheitliches Feedback liefern.

Verschiedene Content-Arten: Unternehmen haben die Möglichkeit, verschiedene Content-Arten zu produzieren und zu teilen. Aber auch diese Arten sollten im Redaktionsplan festgelegt werden. So kommt niemand durcheinander und es kann zwischen den Arten variiert werden. Jede der Content-Arten hat ihren besonderen Charakter. Sie stammen aus verschiedenen Quellen, weshalb sie inhaltlich unterschiedlich ausfallen können. Eine der wichtigen Aufgaben der Content-Strategie muss es deshalb sein, Prozesse zu entwickeln, die eine sinnvolle Analyse und eine Synchronisierung aller Content-Arten gewährleisten (Eck und Eichmeier 2014) zeigt die typischen Content-Arten eines Unternehmens.

Arten im Content Marketing: Quelle: Eck und Eichmeier 2014

• Whitepaper	• Geschäftsbericht
• Blog-Beitrag	• Social-Media-Inhalt
• Case Study	• Kundenmagazin
• Newsletter	• E-Book
• Best Practice	• Website-Text
• Mailing	• Slideshare (Präsentation)
• Broschüre	• Landing Page
• Infografik	• Pressemitteilung
• Video	• Podcast
• Webinar	• Buchbeitrag
• Gebrauchsanweisung	• Content für E-Commerce
• App	• Mitarbeiterzeitschrift (Intranet)

3.2.3 Erfolgsmessung im Content Marketing: Monitoring und Evaluation

Es wurde bereits erwähnt, dass für die Optimierung des eigenen Content Marketing ein strukturiertes Monitoring, eine anschließende Auswertung und eine aussagekräftige Evaluation grundlegend sind. Dieses Vorgehen ist ein elementarer Bestandteil des Management-Prozesses und entscheidet maßgeblich darüber, ob die Ziele im Content Marketing erreicht werden oder nicht.

Obwohl die Erkenntnis, dass es einer Ergebnismessung bedarf, mittlerweile weit verbreitet ist, scheitert es meist an der Umsetzung. Oberflächlich betrachtet lassen sich einzelne Kennwerte, zum Beispiel die Zahl der Likes, leicht erfassen, jedoch ist die abschließende Einordnung und Bewertung dieser Kennwerte noch immer unklar.

Primär müssen daher anerkannte, einheitliche Methoden, Instrumente und Kennzahlen festgelegt werden, auf deren Basis gearbeitet werden kann. Bisher wird vor allem auf Inhaltsanalysen und Webtracking-Verfahren zurückgegriffen. Experten haben sich bis dato jedoch nicht auf eine bestimmte Vorgehensweise einigen können. Erschwerend kommt nämlich hinzu, dass abhängig vom Kommunikationskanal Unterschiede auftreten. Nach Heltsche (2012) gibt es jedoch eine umfassende Unterscheidung, die alle Distributionskanäle und Content-Arten betrifft. Auf folgenden drei Ebenen können demnach denen die Effizient und Effektivität des Content Marketing getrennt voneinander analysiert werden:

1. Die erste Ebene ist die **Kontext- und Netzwerkebene**, die recht offensichtliche Kennzahlen wie die Reichweite ablesen lässt. Je nach Medium tritt diese Kennzahl in einer anderen Form auf: Auf Facebook ist es die Anzahl der Fans, auf Twitter die Follower und auf einem Blog die Leserzahlen. Basierend auf diesen Werten können konkurrierende Unternehmen, die im selben Kanal aktiv sind, sehr einfach verglichen werden.
2. Losgelöst vom Distributionskanal beschäftigt sich die **Nutzerebene** mit der Aktivität und Affinität der Nutzer im Bezug auf bestimmte Themen oder Aktionen. Bezüglich der Affinität können primär soziodemografische Daten wie Geschlecht, Alter, Hobbies, Einstellungen und Interessen erfasst werden. Auf diese Weise lernen Sie Ihre Zielgruppe und deren Gewohnheiten besser kennen. Die Aktivität spiegelt sich dagegen in der Anzahl der Kommentare, Likes oder Retweets bei Twitter wider. So besteht die Möglichkeit zu erfahren, mit was der Nutzer sich aktiv beschäftigt.
3. Nach der isolierten Betrachtung des Netzwerkes und der Nutzer beschäftigt sich die dritte Ebene mit dem **Inhalt.** Demensprechend geht es um die Evaluation des Content: Wie viel wird über ein Thema gesprochen? Wie viel und welcher Platz wird einer Thematik eingeräumt? Gemessen werden kann an dieser Stelle, wie oft bestimmte Keywords verwendet werden, wie oft ein Unternehmen namentlich und mit welcher Aussage genannt wird und wie das Unternehmen dargestellt wird. Im Endeffekt kann dadurch festgestellt werden, welche Art von Content und welche Thematiken gut ankommen (Heltsche 2012, S. 6–7).

Wird beispielsweise die Netzwerkebene isoliert betrachtet, ergeben sich ausschließlich quantitative Aussagen, jedoch bleibt die Wirkung auf den Nutzer oder der Beitrag zur

Wertschöpfungskette völlig außen vor. Natürlich lassen sich bereits aus den einzelnen Daten interessante Erkenntnisse ableiten, zum Beispiel Relevanz und Akzeptanz des angebotenen Themas. Jedoch ist diese Vorgehensweise sehr eingeschränkt und erst die Verknüpfung der Messergebnisse ermöglicht aussagekräftige Bewertungen über die Qualität des Content Marketing (Bürker 2015).

3.3 Content-Marketing-Produktion

3.3.1 Relevanter Content laut Wave 8-Studie

Die Platzierung von zielgruppenrelevanten Inhalten auf den entsprechenden Kanälen gilt heutzutage als ausschlaggebendes Erfolgskriterium im Content Marketing. Informierend, beratend oder unterhaltend: Das sind in der Theorie die drei grundlegenden Charakteristika, die guten Content ausmachen. Jedoch muss im täglichen Informationen-Overload auf Seite der Kunden eine Sache geklärt werden: Welche Inhalte sind für die eigene Zielgruppe überhaupt relevant?

Relevanter versus irrelevanter Content: Am Anfang der Entwicklung des Content Marketing standen sich klassische Werbung und Content Marketing im Ringen um die Aufmerksamkeit des Kunden gegenüber. Heute trägt sich dieser Kampf auf einem anderen Niveau aus: relevanter Content versus irrelevanter Content. Wenn es um die Erstellung der Qualität und Quantität der Inhalte geht, ist eine der ersten Fragen: Was ist eigentlich hochwertiger Content? In ihrem Content-Modell geht die Agentur „Talkabout"[1] davon aus, dass qualifizierter Content folgende Kriterien erfüllen muss:

1. **Contribution**: Welchen Beitrag will ich leisten, um von meinen Zielkunden als kompetent und erfahren wahrgenommen zu werden?
2. **Context**: Wie sorge ich dafür, dass meine Inhalte in einem hochwertigen Umfeld platziert werden und Expertenpositionierung und Reputation fördern?
3. **Conversion**: In welches Format setze ich den Inhalt um, damit er bei den Zielkunden einfach, sicher, schnell und verständlich ankommt?
4. **Connect**: Wie sorge ich für möglichst viele Verbindungen zu Multiplikatoren und Influencern, um die Reichweite des Content zu fördern?
5. **Content**: Wie erzeuge ich effizient Content, der nachhaltig USP und Positionierung fördert?
6. **Conversation**: Wie initiiere ich Online-Gespräche, um mich als Experte im Netz zu positionieren?
7. **Community:** Wie baue ich eine Community online auf, die meine Inhalte likt, kommentiert, verteilt und damit mein Google Ranking und meine Reputation fördert und Leads generiert?

---

[1] talkabout.de. Zugegriffen am 11.08.2016.

Welche Inspirationen gibt es zur Entwicklung einer Content-Marketing-Strategie, die dazu beiträgt, relevanten von irrelevantem Content zu unterscheiden? Spezielle Modelle für Content Marketing gibt es aktuell noch nicht, jedoch lassen sich Ansätze beispielsweise aus der „Wave 8 – Language of Content"-Studie ableiten (Umww 2015). Die Studie der Media- und Marketingagentur Universal McCann wurde 2006 zum ersten Mal publiziert und ist damit aktuell die weltweit größte fortlaufende Social-Media-Studie. Sie stellt primär die Konsumentenbedürfnisse in den Fokus. Wie gut kennen Unternehmen die Bedürfnisse ihrer Kunden? Um neue Erkenntnisse zu gewinnen, werfen wir nun einen Blick in die Ergebnisse dieser Untersuchung.

Musik, Videos, Serien, Filme und E-Books – jede erdenkliche Art von Content kann via Mausklick zu jeder Zeit und von jedem Ort der Welt aus aufgerufen werden. Für Internet-User ist es das Paradies. Für Unternehmen dagegen wird dadurch der Kampf um die Zeit und Aufmerksamkeit des Kunden immer schwieriger. Es bleibt nicht aus, sich diesem Wettbewerb zu stellen, indem Unternehmen ihren Brand Content so gestalten und platzieren, dass er als relevant genug wahrgenommen wird und so die Aufmerksamkeit der Kunden auf sich zieht. Welche Kriterien muss Content erfüllen, dass das Besagte eintritt? Wie lässt sich Aufmerksamkeit für den eigenen Brand Content erzeugen?

Die Wave 8-Studie besagt, dass der Umgang der Konsumenten mit Brand Content von menschlichen Bedürfnissen bestimmt ist. In der Studie wurden fünf Grundbedürfnisse identifiziert: Wissen, Beziehung, Unterhaltung, Selbstverwirklichung und Anerkennung. Darauf aufbauend wurde die Wirkung bestimmter Inhalte auf diese fünf Bedürfnisse untersucht. Ziel ist es, herauszuarbeiten, wie man die Erwartungshaltung der Kunden bezüglich des Brand Content und die Kommunikationsziele des Unternehmens aufeinander abstimmen kann. Welche Art von Content wird bei den Konsumenten grundsätzlich wertgeschätzt? Die Wave 8-Studie liefert die Antwort: Sowohl in Deutschland als auch im weltweiten Vergleich sind Wissen und Unterhaltung die Grundbedürfnisse, die gestillt werden sollten (vgl. Abb. 3.6). Dementsprechend schätzen Konsumenten am meisten solche Content-Arten, die auf Wissen/Information und Unterhaltung abzielen.

Branchenspezifische Kundenbedürfnisse – Content ist nicht gleich Content

Die Studie zeigt zusätzlich auf, dass branchenbezogene Unterschiede vorliegen. Da Content nicht gleich Content ist differenziert Wave8 in 14 verschiedene Produktkategorien, von der Unterhaltungselektronik über Lebensmittel bis zur Finanzbranche. Während von Brand Content in der Unterhaltungselektronikbranche erwartet wird, dass es „unterhaltsam ist & Spaß macht", steht im Finanzbereich die reine Information mit einem Mehrwert für die Konsumenten im Fokus. Um das Bild zu vervollständigen, hat die Wave8-Studie zusätzlich die Wirkung der Content-Arten auf folgende neun verschiedene Kommunikationsziele der Unternehmen untersucht:

- *Awareness* (Bekanntheit der Marke),
- *Education* (Wissensvermittlung zur Marke),
- *Desire* (Begehrlichkeit der Marke),
- *Seek more* (Wunsch/Neugier wecken),
- *Trial* (zum Testen anregen),

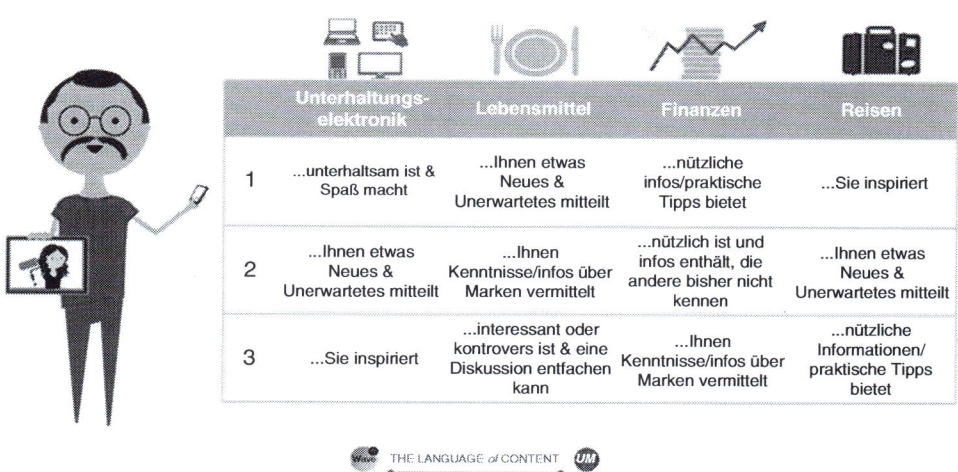

Abb. 3.6   Wave 8-Studie: die Top 3 der Content-Arten. (Quelle: Umww 2015)

- *Transaction* (Erwerb veranlassen),
- *Commitment* (Wertschätzung/Bekenntnis zur Marke),
- *Involvement* (Verbundenheit zur Marke),
- *Recommendation* (Weiterempfehlung veranlassen).

▶ Zum Einsatz und Nutzen dieser Erkenntnisse fürs Content-Marketing lässt sich sagen, dass nur Content, der direkt auf die Kundenbedürfnisse abgestimmt ist, zum gewünschten Kommunikationsziel führt. Die Wave8-Studie liefert an dieser Stelle die nötigen Erkenntnisse und hilft aufgrund ihrer umfassenden Betrachtungsweise, eine maßgeschneiderte Content-Marketing-Strategie für ein Produkt mit Rücksicht auf die länder- und branchenspezifischen Bedürfnisse zu gestalten. Unternehmen müssen an dieser Stelle ihre Zielgruppe genau kennen, um einschätzen zu können, welche Arten von Content die eigene Zielgruppe wertschätzt und selbst gerne in Social Media teilt. Nur wenn Marken dies beachten, können sie sich gegen die große Vielfalt des jederzeit verfügbaren Content durchsetzen und haben im Kampf um die Aufmerksamkeit des Kunden eine Chance. Was bedeuten die Erkenntnisse der Wav 8-Studie für das Content Marketing? Erfüllen Sie die fünf Grundbedürfnisse der User:

1. Beziehungspflege,
2. Unterhaltung,
3. Selbstverwirklichung,
4. Anerkennung und
5. Lernen.

Tab. 3.3 Inhaltliche Ausrichtung im Content Marketing als Beispiel

Monatlich	Wöchentlich
1 x Kampagne	1 x Frage zur Diskussion
1 x Unterhaltung	2 x How-to-Erklärungen
2 x Inspiration	3 x Teilen relvanter Inhalte

Sorgen Sie dafür, dass Sie im Content Marketing Inhalte mit Abwechslung erstellen, zum Beispiel mit unterschiedlicher stilistischer Ausrichtung und Frequenz, wie Tab. 3.3 zeigt.

Auch im Finanzbereich ist die abwechslungsreiche Ausrichtung der Inhalte wichtig. Die Rolle als Wissensvermittler gehört dazu. Schließlich haben wir bereits erfahren, dass Content, der nützliche Informationen und praktische Tipps bietet, die am meisten geschätzte Content-Art der Konsumenten ist. Dann wirkt sich das Content Marketing insofern positiv auf die Konsumenten aus, dass die Marke primär auf dem Radar erscheint (Awareness). Nachfolgend kann die Rezeption des Brand Content Neugier auf die Marke wecken (Seek More) oder direkt zum Kauf anregen (Trial). Eine Finanzmarke sollte also nützliche Infos mit praktischen Ratgebertipps im Content Marketing für die Zielkunden zur Verfügung stellen und das Wissen in einer verständlichen und unterhaltsamen Weise teilen, wie es etwa die Schwenninger BKK mit ihrem Ratgeberportal für werdende Eltern macht.

3.3.2   Modell mit den Bestandteilen zur Content-Marketing-Produktion

Content Marketing benötigt ständig neue Inhalte. Damit die Content-Produktion gelingt und keine Ressourcen verschwendet werden, ist ein systematisches Vorgehensmodell erforderlich. Folgende vier Aspekte sollten bedacht werden, damit eine einheitliche Markenwahrnehmung definiert, kongruent vermittelt und gesichert werden kann: Keywords, Relevanz, Social Media und Redaktionsplanung (vgl. Abb. 3.7).

1. **Keyword-Analyse:** Das richtige Schlagwort ist entscheidend für den Content. Marketers sollten sich nach aktuellen Keyword-Trends richten, die sie ganz einfach mit Tools wie Google Trends herausfinden können. Mit SEO-Assistenten wie Yoast können Keywords optimal in Beiträge eingebunden werden.
2. **Relevanter Content:** Die Content-Suche richtet sich nach den Zielkunden. Was wollen diese sehen oder lesen? Welche Suchanfragen stellen sie? Unternehmen sollten dabei multimedial arbeiten – Text, Bilder, Video. Außerdem gilt: Je aktueller ein Thema, desto höher das Interesse und die Nachfrage auf Kundenseite. Die Ergebnisse der Wave8-Studie (Umww 2015, S. 70 f.) leisten dabei eine gute Hilfestellung, um für Ihr Unternehmen länder- und branchenspezifische Bedürfnisse herauszufinden.
3. **Social Media:** Priorität hat die Präsenz in den sozialen Netzwerken. Das sind die essenziellen Kanäle, über die Content verbreitet wird. Eine Community vergrößert zusätzlich die Reichweite und zieht neue Kunden an. Ein Corporate Blog eignet sich zum

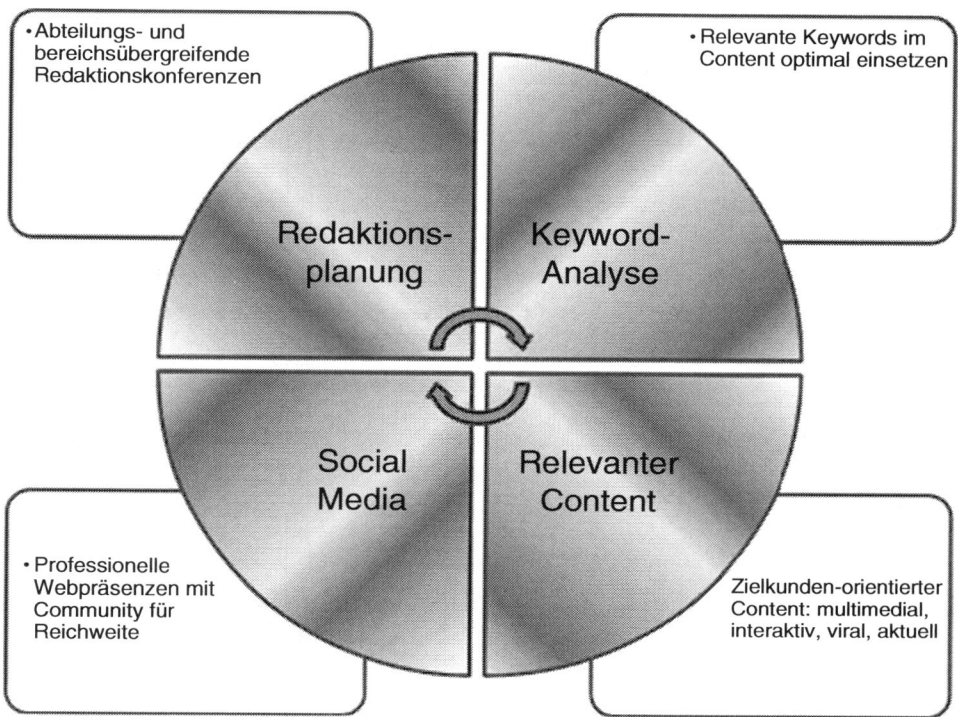

•Abteilungs- und bereichsübergreifende Redaktionskonferenzen

•Relevante Keywords im Content optimal einsetzen

Redaktions-planung

Keyword-Analyse

Social Media

Relevanter Content

•Professionelle Webpräsenzen mit Community für Reichweite

Zielkunden-orientierter Content: multimedial, interaktiv, viral, aktuell

Abb. 3.7 Modell zur Content-Marketing-Produktion. Quelle: Hilker, Claudia (2016): Wie Content Marketing funktioniert. http://blog.hilker-consulting.de/blog/wie-content-marketing-funktioniert. Zugegriffen am 19.03.2017

Beispiel sehr gut, um den Content effizient an die Öffentlichkeit zu bringen. Mit Tools wie WordPress lässt sich ein Blog günstig und einfach betreiben und sie ermöglichen den interaktiven Dialog mit B2B- und B2C-Zielgruppen.

4. **Redaktionsplanung:** Konstant hochwertigen, interessanten und relevanten Content zu produzieren ist nicht einfach und gelingt nur, wenn eine gute redaktionelle Planung vorliegt. Dafür eignen sich regelmäßige Redaktionskonferenzen, bei denen jede Abteilung Ideen beitragen kann. Das alles wird in einem Redaktionsplan festgehalten. So wissen alle, wann welches Thema bearbeitet und publiziert wird.

Nachdem systematisch der Grundstein für die Content-Produktion gelegt ist und die elementare Strategie-Entwicklung abgeschlossen ist, besteht das operative Management ganz grob aus drei Schritten:

1. **Relevanten Content produzieren:** Interessanter und guter Inhalt kommt nicht von ungefähr. Deshalb ist es im ersten Schritt wichtig, eine genaue Themenrecherche durchzuführen. Welches Thema ist relevant für die Zielgruppe? Wie passt es zum Unternehmen? Wie können Sie sich von anderen abheben?

2. **Content verbreiten:** Nachdem ein Beitrag fertig ist, ist das *Seeding* gefragt. Übertragen bedeutet das, dass der Content ins Internet *gesät* und ihm Zeit zum *Wachsen* gegeben wird, um in einem zweiten Schritt Reichweite zu erzielen. Social Media bieten dafür einen *fruchtbaren* Boden.
3. **Erfolge messen:** Am Schluss ist es wichtig zu prüfen, wie der Content angekommen ist. Das können Unternehmen über die Anzahl der Likes, Kommentare oder das Teilen erfassen. So erkennen sie, welche Kanäle für diese Marketing-Strategien geeignet sind, und können die weitere Planung durchführen.

3.3.3   Schreiben fürs Web und SEO-optimierte Content-Produktion

Gute Texte benötigen Stories mit Text, Bildern und Videos. Schnell und einfach können wir durch sie mit der ganzen Welt kommunizieren und lesenswerten Content produzieren. Doch nicht jeder Post in den sozialen Netzwerken ist gleich lesenswert. Dafür braucht es ein wenig Fingerspitzengefühl.

Wie findet man Ideen für einen Post? Er muss interessant sein, Aufmerksamkeit generieren und für die Leser und Follower von Mehrwert sein. Keine leichte Aufgabe, da immer das richtige zu kreieren. Brainstorming hilft, um die Kreativität hervorzulocken und die verschiedensten Ideen zu entwickeln. Diese können dann ganz leicht nach drei Rubriken geordnet werden:

1. **Passende Ideen,** die Marketers auf Anhieb gut finden, kommen in die Rubrik „regelmäßig". Damit kommt genug Content zusammen, um konstant die Social-Media-Seiten zu bespielen. Das kann Content über Produkte sein, über Mitarbeitermeinungen oder Kundenkontakte.
2. Dann gibt es **saisonale Ideen**, die nur zu bestimmten Terminen veröffentlicht werden sollten, wie zum Beispiel Events oder Feiertage. Und dann gibt es wieder Ideen, die zwar ganz gut sind, aber vielleicht eher allgemeiner zur Branche passen oder von anderen Blogs verfasst wurden. Diese Themen können sich Unternehmen „für die Hinterhand" abspeichern.
3. **Aktuelle Ideen:** Neben der inhaltlichen Relevanz sollte zum Abschluss auch die zeitliche Relevanz betrachtet werden. Die Aktualität des Content erhöht die Chance, einen einzigartigen Mehrwert für den Kunden zu bieten, da das Thema noch nicht weit verbreitet ist. Daher empfiehlt es sich, Content immer an aktuellen Gegebenheiten festzumachen, wie zum Beispiel Veranstaltungen, Produkteinführungen, Veröffentlichung von Studien o.ä. Vor allem Blogs oder Social Media eignen sich, um zeitlich relevanten Content zu publizieren. Content auf Webseiten dagegen kann zeitloser gestaltet werden, da statt Aktualität und Dynamik hier Beständigkeit und Sicherheit eine bedeutendere Rolle spielen.

▶   **Stilvolle Postings:**   Gute Social-Media-Texte sprechen den Leser an, wecken Emotionen und werfen Gedanken auf – und das nur mit wenigen Zeichen. Um beispielsweise bei Twitter in 140 Zeichen diese Aufmerksamkeit zu generieren, muss alles stimmen. Nicht der Post als Produkt steht im Vordergrund, sondern die Kommunikation mit den Followern. Der Schreibstil sollte persönlich sein und Geschichten erzählen. Dazu helfen oft Emoticons, viele Adjektive, kurze Sätze und persönliche Ansichten. Der Verbalstil, also Aktivkonstruktionen, zeigt Tatkraft und ist näher an der Realität als die passive Schriftsprache. Das regt auch den Leser an, aktiv zu werden und einen Kommentar zu hinterlassen.

▶ **Einige Tipps für Social-Media- und Online-Texte:**

- **In der Kürze liegt die Würze:** Lange Sätze, unnötige Füllwörter und komplizierte Passivkonstruktionen hemmen das Lesevergnügen. Ein Post in den Social Media sollte auf circa drei bis fünf Zeilen beschränkt werden. Mit dem richtigen Bild oder Link können sogar einzelne Wörter wahre Wunder bewirken.
- **Kurze Links:** Kein Mensch liest sich einen Link durch und er nimmt nur unnötig viel Platz weg. Außerdem sieht das Kauderwelsch aus Buchstaben, Zahlen und Sonderzeichen nicht besonders schön aus. Tools wie bit.ly oder tiny.url helfen, damit der Link im Post nur das nötigste an Platz wegnimmt.
- **Kommentare zählen:** Ein wichtiger Baustein ist der Kommentar zu einem Post. Er ergänzt den Beitrag, kann Fragen aufwerfen und die Kommunikation in Gang bringen. Kommentierte Postings generieren automatisch mehr Aufmerksamkeit, weil Leser wissen möchten, warum andere auf den Beitrag reagieren.
- **Bilder taggen:** Bilder und Videos sind ein wahrer Blickfang. Aber auch sie sollten von Google gefunden werden, gerade wenn das Bild der ganze Post ist. Bilder brauchen daher auch ein Keyword, das einen hohen SEO-Rang besitzt. So bleibt auch ein textarmer Post im Fokus der Aufmerksamkeit.[2]

3.3.4   Content Marketing und SEO-Wirkung

Im Zusammenhang mit dem Thema Content Marketing fällt in regelmäßigen Abständen das Wort SEO-Strategie. Die Abkürzung SEO steht dabei für *Search Engine Optimization* (Suchmaschinenoptimierung). Ist Content Marketing ein Teil des Suchmaschinen-Marketing? Oder ersetzt gutes Content Marketing die SEO-Strategie?

SEO-Strategie und Content Marketing sind, grundsätzlich gesehen, zwei verschiedene Begriffe, die häufig nicht mit der nötigen Trennschärfe eingesetzt werden. Die folgende Definition soll zugleich den Unterschied und den Zusammenhang der beiden wegweisenden Strategien erklären:

▶ **SEO Marketing:** Ziel der Suchmaschinenoptimierung ist, die eigenen Beiträge in den Suchergebnissen der Online-Suchmaschinen wie Google durch den Einsatz gezielter Keywords möglichst populär zu platzieren.

---

[2] http://socialmedia-fuer-unternehmer.de/texten-fuer-social-media/ (Zugegriffen am 14.02.2017).

▶ **Content Marketing:** Content Marketing strebt hingegen übergeordnete Ziele an, wie zum Beispiel mehr Bekanntheit zu erreichen, neue Kunden zu gewinnen, ein eigenes Netzwerk aufzubauen und zu pflegen und grundsätzlich mehr Aufmerksamkeit auf die eigenen Themen zu lenken.

SEO beschreibt also die konkrete technische Umsetzung, während Content Marketing das große Ganze im Blick hat. Ohne den durchdachten Einsatz einer SEO-Strategie ist ein zielführendes Content Marketing nicht wirksam, denn SEO schafft die technischen Vorraussetzungen, dass der Content von den Internet-Nutzern überhaupt gefunden wird. Ohne ein gutes Content Marketing macht aber auch die beste Suchmaschinenoptimierung keinen Sinn. In der Praxis bedeutet das dementsprechend, dass das Content Marketing für die Produktion von guten Inhalten zuständig ist, während die eingesetzten SEO Keywords die Distribution unterstützen. Relevante Keywords können jedoch nur eingesetzt werden, wenn der nötige Inhalt zur Verfügung steht – das heißt Content Marketing eingesetzt wird.

Um im Google Ranking gut abzuschneiden und online gefunden zu werden, ist der Einsatz von Backlinks wichtig Ein Backlink steht für einen Link, der von einer anderen Website auf den eigenen Beitrag verweist. Durch diese Verknüpfungen wird eine Webseite von Suchmaschinen als wertvoller eingestuft und im Google Ranking bevorzugt. Erfolgreiches Content Marketing sollte so strukturiert sein, dass ein stark vernetzter Link-Aufbau möglich ist. Davon profitiert dann wiederum das SEO Marketing.

SEO Marketing beschreibt die technischen Begebenheiten hinter den öffentlich sichtbaren Inhalten. Es ist dafür verantwortlich, dass der Internet-Nutzer, der ein potenzieller Kunde ist, auf den Beitrag stößt. Erfolgreiches Content Marketing sollte dann gewährleisten können, dass der Inhalt so aufbereitet ist, dass der Nutzer sich möglichst lange und gerne damit auseinandersetzt. SEO hat den Weg also geebnet, während guter Content ihn erlebnisreich gestalten sollte, um den Kunden zu halten.

Die Herausforderungen eines Zusammenspiels: Content Marketing erfordert Disziplin und Durchhaltevermögen, denn diese vernetzten Strukturen müssen stets gepflegt und weiter ausgebaut werden. Das Setzen der richtigen Themen ist daher äußerst relevant. Auch SEO erfordert regelmäßige Erneuerung. Im Google Ranking dominieren Keywords zu aktuellen Themen. Die Produktion von immer neuen Inhalten und das Setzen der richtigen Keywords sind demensprechend wegweisend für einen nachhaltigen Erfolg von publizierten Inhalten. Doch wie platziert man relevante Keywords und optimiert die Trefferwahrscheinlichkeit bei potenziellen User-Anfragen? Dazu sollte das verwendete Keyword definitiv in den folgenden Teilbereichen des Online-Auftritts enthalten sein:

- in der Überschrift (Headline)/in der Unterüberschrift (Subline),
- im Fließtext,
- in der Bild- oder Grafikunterschrift/-bezeichnung,
- in der Metadescription.

Die Platzierung eines Keywords in der Metadescription fördert zwar nicht direkt den SEO-Erfolg, jedoch stellt es den ersten Eindruck, den der User über den Inhalt der Page bekommt, dar. Deshalb ist die Metadescription neben dem Titel und der URL der Webseite das wichtigste Entscheidungskriterium auf Ebene der Suchmaschinenergebnisse. Eine sehr hohe Content-Relevanz auf der Website selbst nützt nichts, wenn der User nicht dort ankommt. Die Metadescription sollte also möglichst attraktiv, ansprechend und problemlösend geschrieben sein. Dem User sollte in ein bis zwei Sätzen verdeutlicht werden, warum diese Webseite die beste Lösung für seine Suchanfrage ist. Kenntnisse über die Customer Persona sind dabei von Bedeutung, siehe Kap. 2.1.5, Abschn. 2.1.5.

Es gibt keine zweite Chance für den ersten Eindruck! Wenn sich ein User aufgrund der Metadescription, des Titels und der URL entscheidet, Ihre Website[3] unten den Suchmaschinenergebnissen auszuwählen, ist der erste Schritt geschafft. Jedoch muss die Seite dann halten, was dem User versprochen wurde. Auffällige, thematisch passende Überschriften verdeutlichen dem User auf den ersten Blick, hier die versprochenen, relevanten Inhalte geboten zu bekommen. Außerdem sollte der Aufbau des Content problemlösend gestaltet sein. Dem User muss mit jedem weiteren Absatz vermittelt werden, dass er der Lösung seines Problems näher kommt. Um die Relevanz des Content stets aufrecht zu erhalten, ist es außerdem wichtig, dass Beiträge nicht unnütz in die Länge gezogen werden. Die Devise lautet: so lange wie nötig, so kurz und knapp wie möglich.

Fazit

SEO-Strategie und Content Marketing sind zwei Begrifflichkeiten, die im Laufe der technischen Entwicklung und der Rolle des Internets in der Unternehmenskommunikation entstanden und in wechselseitiger Wirkung miteinander verbunden sind. Aufgrund der Bedeutung von Suchmaschinen in unserer Online-Welt ist ihre Existenz unabdingbar und Voraussetzung für jedes gute Online-Marketing. Jedoch sollte ihre Definition stets trennscharf und zielgerecht verwendet werden.

3.4   Content-Distribution am Beispiel Online-Pressemitteilungen

Melanie Tamblé

Gastbeitrag von Melanie Tamblé, Geschäftsführerin Adenion GmbH. Im Gastbeitrag erläutert Melanie die Entwicklung relevanter redaktioneller Inhalte ist eine traditionelle Kerndisziplin der PR. Doch die klassische PR ist immer noch medienorientierte Produkt- und Unternehmenskommunikation. Die Online-PR erfordert jedoch eine direkte Kommunikation mit den Zielgruppen und nicht primär mit Journalisten. Die Online-PR erfordert daher eine Neuausrichtung der PR mit kunden- und dialogorientierten Inhalten und einer direkten Kommunikation über die neuen Kommunikationskanäle und Online-Medien. PR-Verantwortliche müssen lernen, ihre Inhalte selbst zu veröffentlichen, anstatt sie nur über die klassischen Medienmittler zu lancieren. Wie dabei auch klassische PR-Instrumente wie die Pressemitteilung nicht nur als neues Online-Medienformat, sondern auch als

---

[3] Wie die Website im Online-Marketing genutzt wird, zeigt dieser Blogbeitrag: http://www.hilker-consulting.de/die-website-im-online-marketing. (Zugegriffen am 08.04.2016).

Content Katalysator dienen können, zeigen Beispiele für erfolgreiche Content-Strategien in der Online-PR.

Warum Content Marketing eine neue PR erfordert: Das Thema Content Marketing wurde lange Zeit von der PR ignoriert oder nicht wirklich ernst genommen. Vielleicht weil das Label „Marketing" lautet? Oder weil die PR sich eigentlich schon immer um redaktionelle Inhalte gekümmert hat? Also doch nur alter Wein in neuen Schläuchen? Nein, denn auch wenn die Entwicklung von Inhalten und auch das Storytelling zu den Kernkompetenzen der PR gehören, bringt die Content-Marketing-Idee doch einige neue Aspekte dazu. Denn beim Content Marketing geht es nicht nur um Inhalte, sondern um die Art und Weise, wie Inhalte erstellt werden, auch aus Kundensicht, nicht nur aus Unternehmenssicht. Zusätzlich geht es um den direkten Kundendialog. Und das erfordert auch ein Umdenken in der PR.

Laut DPRG Honorar und Trendbarometer 2015[4] wird ein Großteil der PR-Budgets immer noch in klassische Medienarbeit investiert. Social Media nehmen in der PR nach wie vor einen sehr geringen Teil ein. Doch die klassische PR hat ein Problem, denn die Auflagen der Printmedien verlieren von Jahr zu Jahr an Lesern und somit nimmt auch der Einfluss der klassischen Medien weiter ab. Die Online-Medien verzeichnen dagegen rasante Wachstumszahlen.

Gleichzeitig sinkt auch das Vertrauen in die klassischen Medien gegenüber den Online-Medien. Und selbst die traditionellen Meinungsmacher sind kaum noch über die klassischen Kommunikationswege erreichbar. 95 Prozent der an Journalisten verschickten Massenpressetexte wandern ungelesen in den Papierkorb. Denn 73 Prozent der deutschen Journalisten nutzen inzwischen lieber Suchmaschinen, Blogs und Social Media für die Recherche[5].

Was also bleibt für die PR? Ganz einfach, PR-Verantwortliche müssen lernen, ihre Veröffentlichungen selbst in die Hand zu nehmen, anstatt nur auf die klassischen Medienmittler zu bauen. Seit der Entwicklung des Web 2.0 sind auch für die PR-Branche zahlreiche neue Online-Medien entstanden, über die sich PR-Informationen eigenhändig veröffentlichen lassen (vgl. Abb. 3.8). Die Portale bringen die PR-Informationen auch in die Suchmaschinen und von dort zu interessierten Lesern, zum Beispiel über:

- Blogs und Presseportale sowie Themenportale.
- Experten- und Branchennetzwerke,
- Dokumenten- und Bilderportale,
- Business-Netzwerke und Social Networks.

Die direkte Kommunikation mit den Zielgruppen über die Online-Medien ist neu für die PR und erfordert neue Strategien und neue Inhalte, genauso wie im Online-Marketing. Das erfordert auch in der PR einen Perspektivenwechsel von der unternehmenszentrierten

---

[4] www.dprg.de. Zugegriffen am 11.08.2016.
[5] www.cision.com. Zugegriffen am 11.08.2016.

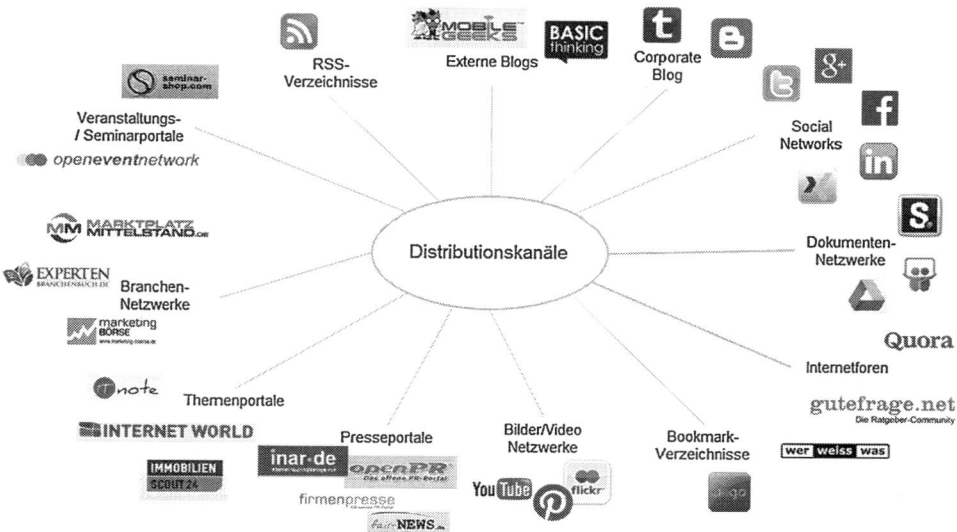

Abb. 3.8 Distributionskanäle für Content Marketing

Medienkommunikation hin zu einer mehrwertorientierten Dialogkommunikation. Online-PR[6] braucht vor allem Inhalte, die sich für die direkte Kommunikation mit den Zielgruppen eignen und nicht primär auf die Mittlerkommunikation mit Journalisten und Redaktionen ausgerichtet sind (vgl. Abb. 3.9). Das erfordert jedoch ein Umdenken in der Kommunikation und eine enge Zusammenarbeit mit Marketing, Vertrieb, SEO und Social Media.

Neue Inhalte müssen her, nämlich Inhalte, die auch im Content Marketing eingesetzt werden. Auch wenn die Entwicklung qualitativer redaktioneller Inhalte von je her eine Kernkompetenz der PR ist, so reicht die redaktionelle Expertise längst nicht mehr aus, um Inhalte im Internet erfolgreich zu machen. So gehören auch das Wissen um Keywords, Deeplinks, Landing Pages und Linkbuilding zum neuen Handwerkszeug der Online-Kommunikation.

▷ Als Bestandteil einer Content-Marketing-Gesamtstrategie kann die Online-PR vor allem im Bereich des Content Seedings eine wichtige Rolle übernehmen. Dabei können auch klassische PR-Instrumente ihre Verwendung finden, wie zum Beispiel die Online-Pressemitteilung.

Mit einer weitreichenden Distribution über viele verschiedene Online-Portale erreicht die Online-Pressemitteilung nicht nur Journalisten, sondern vor allem die Zielgruppen direkt. Die Pressemitteilung wird zur Online-Mitteilung und damit zur Kundeninformation. Diese Neuausrichtung eines traditionellen

---

[6]Mehr zur Online-PR finden Sie im Whitepaper von Hilker Consulting: http://www.hilker-consulting.de/whitepaper-online-pr-mit-social-media/. Zugegriffen am 08.04.2016.

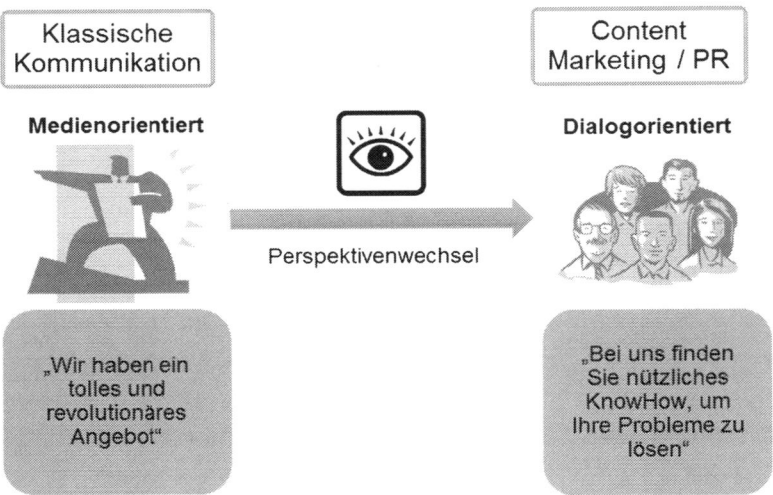

Abb. 3.9 Perspektivenwechsel in der Online-Kommunikation

Medienformats bietet daher ganz neue Herausforderungen, aber auch ganz neue Chancen als Content-Marketing-Instrument.

Im Gegensatz zur klassischen Medienberichterstattung bestimmen Unternehmen mit den Online-Mitteilungen den veröffentlichten Meldungsinhalt selbst, ohne Zensur oder Zäsur durch den Redaktionsfilter. Die Online-Mitteilung braucht keine medienrelevanten Inhalte, sondern kann beliebige Informationen für die Zielgruppen kommunizieren. Die Online-Mitteilung bietet somit ganz neue Möglichkeiten für die inhaltliche und formelle Gestaltung. Der Mehrwert für die Leser entscheidet darüber, ob die Meldung gelesen wird oder nicht.

3.4.1   Die Online-Mitteilung als flexibles Medienformat

Neben klassischen Pressethemen, wie neuen Produktvorstellungen, Kooperationen oder Personalien, dienen die Online-Mitteilungen der direkten Kundeninformation. Die Online-Mitteilung kann daher auch Form und Inhalt eines Fachartikels, eines Blog- oder Newsletter-Beitrags annehmen. Vor allem Tipps, Ratgeber, Stellungnahmen und Interviews oder unterhaltsame Geschichten lassen sich auf diese Weise aufbereiten und schnell verbreiten. Bilder und Videos geben dem Online-Format eine audiovisuelle Note und erzeugen so mehr Aufmerksamkeit (Abb. 3.10).

Die Online-Mitteilung[7] ist aber nicht nur ein Informationsmedium, sondern sie kann auch eine direkte Verbindung zwischen dem Text und dem Unternehmen aufbauen. Hyperlinks im

---

[7] Mehr Informationen zur Online-Mitteilung 2.0 zeigt der Blog-Beitrag. http://www.hilker-consulting.de/wie-ist-die-pressemitteilung-2-0-aufgebaut/. Zugegriffen am 08.04.2016.

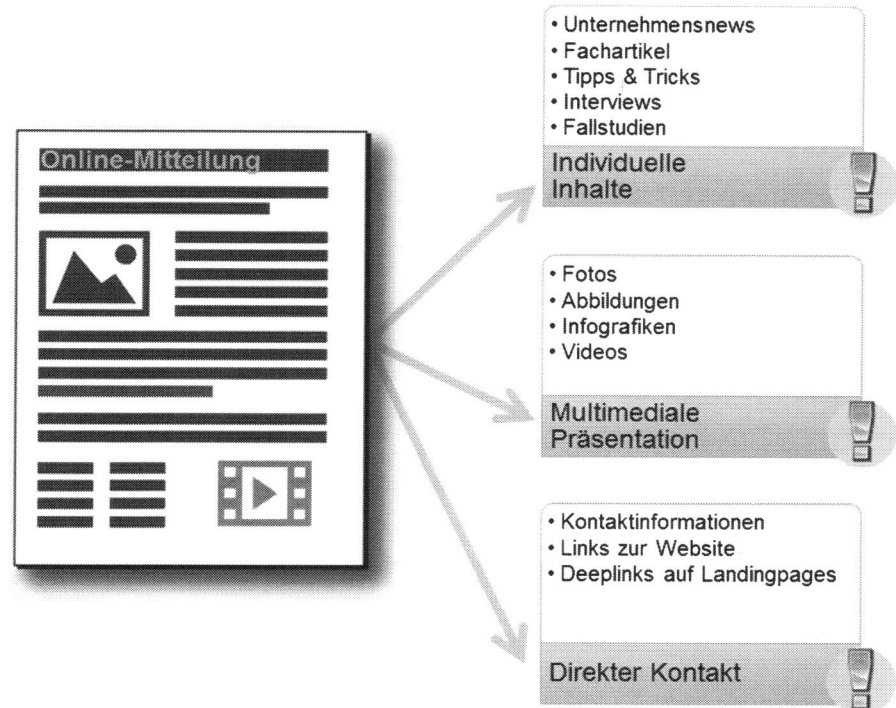

Abb. 3.10 Online-Mitteilung als flexibles Format

Text leiten interessierte Leser gezielt auf weiterführende Informationen oder Angebote des Unternehmens. So lässt sich die Online-Mitteilung auch gezielt zur Lead-Generierung und Kundengewinnung einsetzen.

Generali-Versicherungen: Servicetipps für Kunden und Journalisten

Die veränderten Anforderungen an die Unternehmenskommunikation haben die Generali Versicherungen veranlasst, ihre Kommunikationsstrategie zu überarbeiten. Mit kurzen, informativen Verbraucherinformationen, wie zum Beispiel „Frühjahrsputz für den Wagen", „Sicher in den Frühling gerollt" oder „Bruzelspaß ohne Reue" wenden sich die Generali Versicherungen direkt an die Endverbraucher und somit direkt an ihre potenziellen Kunden.

Im Zentrum der Informationen stehen nutzerorientierte Inhalte mit Tipps und Ratschlägen, um Gefahren zu vermeiden. Der bewusste Hinweis auf Gefahren macht interessierte Leser jedoch auch offener für das Thema Versicherungsschutz und spannt so den Bogen zu den PR- und Marketing-Zielen.

Um die Glaubwürdigkeit zu erhöhen, greifen die Generali Versicherungen auch auf das Fachwissen unabhängiger Spezialisten wie Sachverständigen zurück, deren Expertise die Generali Versicherungen in die Mitteilungen mit einbinden. Gleichzeitig werten die Generali Versicherungen mit Bildern und Grafiken ihre Veröffentlichungen optisch auf. So werden die Inhalte vor allem für die Online-Medienformate attraktiver und für die Leser leicht fassbar dargestellt.

Wer seine Botschaft optimal platzieren will, steigert seine Chancen schon dann, wenn er die Botschaft aus Perspektive der Zielgruppe formuliert. Und dies setzen die Generali Versicherungen mit ihren Servicetipps hervorragend um. Hier steht nicht die Produktinformation im Vordergrund, sondern der Servicegedanke der Generali. Den Kunden werden in erster Linie Tipps an die Hand gegeben, die ihr Leben leichter und sicherer machen.

Eine erste Serie an Servicetipps veröffentlichten die Generali Versicherungen bereits 2012. Die Distribution über Online-Verteiler und klassische Presseverteiler führte zu zahlreichen Veröffentlichungen und Clippings: Presse-, Ratgeber- und Verbraucherportale, aber auch Fachmedien der Versicherungswirtschaft griffen die Ratgebertipps auf.

Die Tatsache, dass sich die PR-Meldungen der Generali Versicherungen nicht mehr nur an Journalisten wenden, zeigt sich auch in der Distributionsstrategie der Generali. Klassische Pressemitteilungen und Servicetipps werden gleichermaßen über die Online-Kanäle verbreitet.

Inhaltsorientierte Buchvermarktung: Ein weiteres Beispiel für Content Marketing in der Online-PR bietet der Schweizer Fachverlag Praxium. Praxium bedient sich ganz verschiedener Inhaltsformate für die Online-Pressemitteilungen. In Autoreninterviews „Praxistipps für Webshops im Interview", Tipplisten „Die 20 größten Fehler, weshalb Onlineshops Kunden und Umsätze verlieren" bis hin zu aktuellen Trendthemen „Content Marketing – funktioniert das auch für Onlineshops?" thematisiert der Verlag in den Online-Mitteilungen verschiedene inhaltliche Schwerpunkte aus Büchern in Form nützlicher und praxisorientierter Fachartikel und macht so neugierig auf die Inhalte der Bücher.

„Das Medium Online-Pressemitteilung setzen wir schon lange ein. Was uns überzeugt, ist die Effizienz, Einfachheit und Flexibilität von dessen Nutzung, die Erzielung von hohen Reichweiten, die Verbesserung der Sichtbarkeit und Präsenz und die positiven Auswirkungen auf das Suchmaschinen-Ranking. Vor allem lässt es das Content Marketing auf geradezu ideale Weise realisieren, d. h. ist dafür ein Kerninstrument und bietet auch eine hervorragende Reaktionsgeschwindigkeit. Dass wir mit Online-PR unsere relevanten Zielgruppen mit Meldungen 1:1 direkt erreichen und in contentreichen Portalen sofort Präsenz erreichen, sind weitere für uns wichtige Pluspunkte." (Marco De Micheli – Autor, Geschäftsführer und Verlagsleiter, Praxium).

3.4.2   Praxisbeispiele für Online-Mitteilungen

Zahlreiche Berater und Agenturen nutzen Online-Mitteilungen, um Fachbeiträge mit Handlungsempfehlungen und Ratschlägen zu Trendthemen zu publizieren und eine große Reichweite zu erlangen.

Saisonale Content PR mit Online-Mitteilungen: Saisonal wiederkehrende Events wie Weihnachten oder Ostern bieten ebenfalls gute Möglichkeiten, saisonale Themen mit Online-Mitteilungen aufzugreifen und so die Aufmerksamkeit potenzieller Kunden auf sich zu ziehen.

Die Aesthetix Düsseldorf GmbH beispielsweise greift in einer Online-Mitteilung das Thema „Weihnachten ohne Truthahn und Tannenbaum" auf und erklärt, welche Bedeutung diese Begriffe im Jargon der ästhetischen Chirurgie haben. Des Weiteren werden die Methoden beschrieben, mit denen sich die Schönheitsmakel „Truthahnhals" und „Tannenbaumartige Hautfalten" behandeln lassen. Die Autorin Gabriele Borgmann vermarktet ihr Fachbuch „Business-Texte", in dem sie Weihnachten und Neujahr als Aufhänger für die Online-Mitteilung aufgreift. In Form eines Fachbeitrages mit „6 Tipps für Ihre Weihnachts- und Neujahrsrede" zeigt sie ihre Expertise als Fachbuchautorin und gibt einen direkten Einblick in den Inhalt.

Visuelle Content PR mit Bildern und Videos: Die Kommunikation über Online-Medien wird zunehmend visuell. Das gilt auch für die Online-Mitteilung. Eine Studie von news aktuell (news aktuell 2015) fand heraus, dass Bilder die Klickrate von Online-Pressemitteilungen um 95 Prozent steigern können, Videos sogar um 270 Prozent. Besonders Anleitungen und Erklärvideos sind beliebte und vielgesuchte Inhalte im Web und genau das ist ein Beratungsschwerpunkt des Marketing-Beraters Dr. Joachim von Hein. Mithilfe einer Online-Mitteilung beschreibt der Berater, wie Unternehmen Erklärvideos einsetzen und umsetzen können. Er unterlegt die Online-Mitteilung mit einem ausdrucksstarken Portraitfoto und zusätzlich mit einem Video, in dem er die Thematik der audiovisuellen Form noch einmal aufgreift. So beweist Dr. Joachim von Hein Fachkompetenz in Wort und Bild und stärkt seine Eigenmarke.

Kundengewinnung mit Online-Mitteilungen: Ein wichtiger Unterschied zwischen der klassischen Pressemitteilung und der Online-Mitteilung als Content-Marketing-Instrument ist die Möglichkeit der Integration von Links als direkte Verbindung zwischen der Online-Mitteilung auf einem Portal und der Website des Unternehmens. Das macht die Online-Mitteilung als vertriebsunterstützendes Kommunikationsinstrument besonders interessant. Deeplinks im Mitteilungstext und in den Kontaktinformationen führen den Leser gezielt zu weiterführenden Informationen und Angeboten auf der Unternehmenswebsite (Landing Page). Die Verknüpfung der Hyperlinks mit Keywords als Ankertext trägt zusätzlich zu einer Optimierung der Leserführung im Text bei.

Der PerfekteGesundheit.de Shop PGS beispielsweise lockt potenzielle Kunden mit einer Online-Mitteilung, die Rezepte für Smoothies beinhaltet. Grafiken und Videos zeigen, wie die Smoothies mit einem Mixer einfach und schnell hergestellt werden. Deeplinks in der Online-Mitteilung führen auf weiterführende Informationen über die Gesundheit von grünen Smoothies auf dem Corporate Blog, ein weiterer Deeplink führt direkt auf die Seite zum im Online-Shop des Anbieters, auf der man den passenden Mixer kaufen kann (Abb. 3.11).

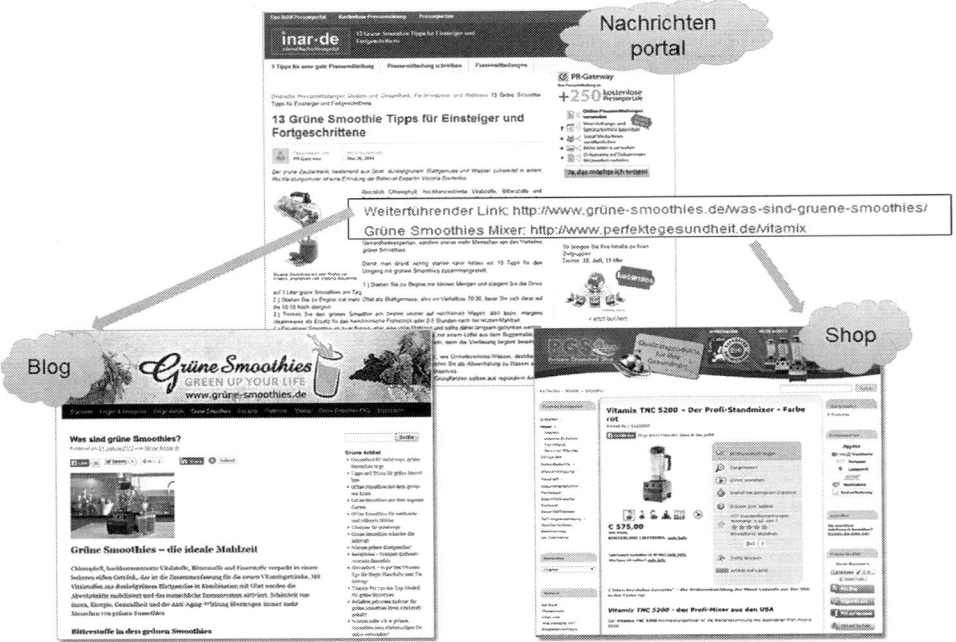

Abb. 3.11 Kundengewinnung mithilfe von Deeplinks

3.4.3 Keywords in der Online-PR

Nur das, was gesucht wird, kann auch gefunden werden. Die Content-Marketing-Strategie eines Unternehmens sollte sich daher auch in den Keywords widerspiegeln, die als Grundlage aller Online-Texte und -Medien gelten, so auch für die Online-Mitteilungen. Wesentlich Voraussetzung dafür ist, nicht nur zu wissen, nach welchen Themen die Kunden im Internet suchen, sondern auch, welche Begriffe sie am wahrscheinlichsten für die Suche verwenden. Die Einbindung von Keywords in Content Marketing und PR-Texten dient einer besseren Auffindbarkeit der Online-Texte in den Suchmaschinen. So gehören Keywords auch längst nicht mehr nur zum Handwerkszeug einer SEO, sondern auch in den Werkzeugkasten eines jeden Online-Kommunikatoren. Keywords sind daher ein wichtiger Bestandteil der Online-Mitteilung.

Menschen suchen im Internet in der Regel nicht nach komplizierten Fremdworten oder Fachbegriffen, also zum Beispiel nicht nach „Revenue Target", sondern wahrscheinlich eher nach „Umsatzziel", nicht nach „Alopezie", sondern nach „Haarausfall". Unternehmensspezifische Kunstworte, PR-Worthülsen und Marketingsprech gehören nicht in die Online-Mitteilung, wenn sie denn gefunden werden soll.

Sieben Kriterien für perfekte Online-Mitteilungen
1. Relevante Inhalte: Nutzen Sie Themen und Inhalte, nach denen Kunden im Internet auch tatsächlich suchen.
2. Formulieren Sie eine aussagekräftige Headline (63 Zeichen) und eine erklärende Subline in 144 Zeichen.
3. Nutzen Sie ein bis drei relevante Keywords, die Ihre Zielgruppen verwendet, in der Headline, Subline, im Haupttext und in Bild- und Videobeschriftungen (vgl. Abb. 3.12).
4. Binden Sie ein bis drei Deeplinks auf Landing-Pages ein.
5. Schreiben Sie Ihren Haupttext in drei bis fünf Absätzen mit Zwischenüberschriften.
6. Nutzen Sie Bilder und Videos für mehr Aufmerksamkeit
7. Veröffentlichen Sie regelmäßig und verteilen Sie Ihre Online-Mitteilungen weitreichend.

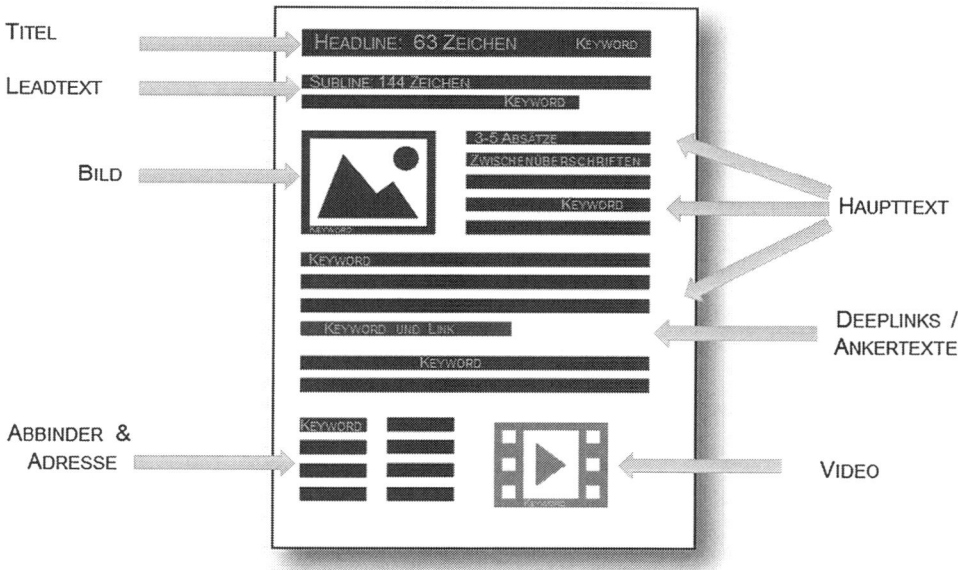

Abb. 3.12 Modell einer perfekten Online-Mitteilung

3.4.4 Online-Distribution: So kommen die Inhalte zu den Lesern

Die große Anzahl an oft sogar kostenlosen Portalen und Netzwerken bietet Unternehmen und Agenturen die Möglichkeit, von einer kostengünstigen und weitreichenden Medienpräsenz zu profitieren. Die Vielzahl von Portalen, über die Inhalte in Form von Pressemitteilungen

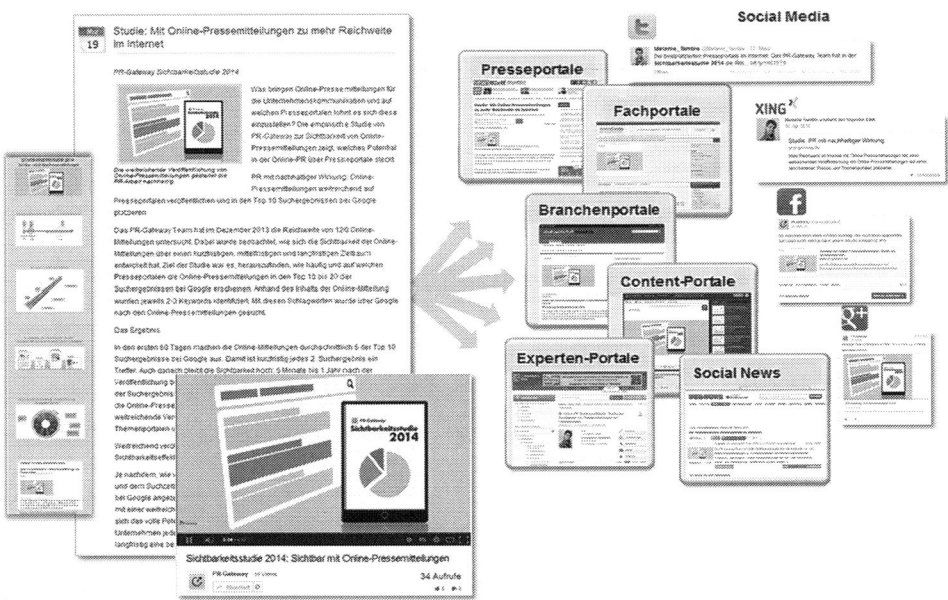

Abb. 3.13 Distribution über Online-Kanäle

(Online-Mitteilungen), Fachartikeln, Whitepaper, Präsentationen, Bildern oder Videos veröffentlicht werden können, ist immens groß und wächst täglich weiter.

Jede Veröffentlichung auf einem Portal bietet eine potenzielle Anlaufstelle (Touchpoint) für die Zielgruppen. Jede Veröffentlichung auf einem Portal erhöht die Reichweite und Sichtbarkeit der Inhalte bei den Zielgruppen (vgl. Abb. 3.13). So lassen sich nicht nur die Online-Mitteilungen, sondern auch die dazu passenden Grafiken, Videos, Whitepapers, Präsentationen und Videos separat über die verschiedenen Online-Medienkanäle distribuieren.

▶   Weitere Informationen zu den Portalen und Distributionsmöglichkeiten

- Presseportal-Report: Die besten kostenfreien Presseportale
  http://angebote.pr-gateway.de/presseportal-report/. Zugegriffen am 06.05.2016.
- Dokumentennetzwerke für die Online-PR
  https://www.pr-gateway.de/white-papers/dokumenten-netzwerke-schlagkraft-fuer-online-pr. Zugegriffen am 06.05.2016.
- Social Media Spickzettel: Welche Social Networks lassen sich für wen und was nutzen?
  http://www.cm-gateway.de/social-media-spickzettel. Zugegriffen am 06.05.2016.

Im Zeitalter der Echtzeitkommunikation sind aktuelle Informationen wichtiger denn je. Eine regelmäßige Veröffentlichung ist daher ein wichtiges Kriterium für mehr Sichtbarkeit und Aufmerksamkeit bei den Zielgruppen. Dadurch bleiben die Informationen auch dauerhaft in der Aufmerksamkeit der Zielgruppen. Online-Distributionsdienste und Tools bieten eine zeit- und ressourcenschonende Automatisierung der Veröffentlichung über viele verschiedene Kanäle (vgl. Kap. 4).

3.5   Rechtliche Risiken im Content Marketing (Christian Solmecke)

Gastbeitrag von Christian Solmecke, Partner, WILDE BEUGER SOLMECKE Rechtsanwälte. Content Marketing hat im letzten Jahrzehnt erheblich an Bedeutung gewonnen. Grund dafür sind die Etablierung des Internets als Massenmedium und die damit verbundene rasante Verbreitung, aber auch Kurzlebigkeit von Informationen. Werbung funktioniert nicht mehr wie noch vor der Jahrtausendwende – die Durchführung von Marketing-Kampagnen und die Erwartung der Zielgruppen haben sich entscheidend verändert. Plumpe Kaufaufforderungen oder aufdringliche Anzeigen verärgern den Adressaten und führen zu Trotzreaktionen. Auch an dieser Entwicklung ist das Internet maßgeblich beteiligt, denn hier können die Nutzer selbst bestimmen, was sie sehen wollen und was nicht. So erfreuen sich Werbeblocker wie zum Beispiel „AdBlock" großer Beliebtheit und nicht selten werden einfallslose Werbeaktionen in sozialen Netzwerken mit negativen Kommentaren bedacht.

Beim Content Marketing hingegen wird viel subtiler vorgegangen – die eigentliche Werbung erhält eine ansprechende Verpackung und soll den potenziellen Kunden zunächst nur anlocken. Neutrale Informations- und Unterhaltungsinhalte werden als Werbeträger genutzt und stoßen damit beim Adressaten auf weniger Widerstand als eine schlichte Bannerwerbung. Allerdings zieht das deutsche Recht klare Grenzen zwischen Inhalten und Werbung. Letztere muss eindeutig als solche gekennzeichnet sein. Für Werbende ist daher insbesondere die Kenntnis des Unterschieds zwischen verbotener Schleichwerbung und zulässiger Produktplatzierung von entscheidender Bedeutung.

3.5.1   Schleichwerbung, Product Placement und Co. im Content Marketing

Wann darf man Produkte in Videos zeigen? Zu den aus rechtlicher Sicht am häufigsten diskutierten Themen im Bereich des Content Marketing gehört die Schleichwerbung. Im öffentlichen Diskurs ist das Thema spätestens durch verschiedene „Schleichwerbungskandale" auf der Videoplattform YouTube angekommen. Intransparente Werbe-Deals auf YouTube-Kanälen mit einer häufig sehr jungen Zielgruppe verärgern nicht nur viele Nutzer, sondern alarmieren auch Rechtswissenschaftler und Verbraucherschützer. Aber nicht nur YouTuber, Blog-Betreiber oder ähnliche potenzielle Werbeträger fielen in den letzten Jahren negativ durch umstrittene Werbeaktionen auf. Auch einige Werbende selbst gerieten nach der Veröffentlichung diverser rechtlich problematischer Werbeverträge in den Fokus.

Da derartige Skandale nicht nur Folgen für die Reputation von Werbenden und Werbeträgern haben, sondern auch juristische Konsequenzen nach sich ziehen, ist die Kenntnis der rechtlichen Grundlagen unabdingbar.

Schleichwerbung ist kein Internet-Phänomen, sondern schon seit längerer Zeit auch in den Bereichen Print, Film und Fernsehen ein wichtiges Thema. Viele Filme finanzieren sich durch die mehr oder weniger geschickte Zurschaustellung von Markenprodukten. Dass derartigen Finanzierungsmodellen Grenzen gesetzt sind, stellte der Bundesgerichtshof (BGH) bereits 1995 in der vielbeachteten „Feuer, Eis & Dynamit"-Entscheidung fest (BGH, Urt. v. 06.07.1995 – I ZR 58/93; I ZR 2/94). In dem gleichnamigen Kinofilm wurde einer zweistelligen Anzahl von Sponsoren derart viel Werbezeit eingeräumt, dass er anschließend nur noch mit einem entsprechenden Werbehinweis im Vorspann gezeigt werden durfte. Im Internet-Bereich bewegen sich vor allem neuere Werbeformen wie Advertorials oder virale Kampagnen im Bereich der Schleichwerbung – jedenfalls dann, wenn sie nicht ausreichend gekennzeichnet sind. Das bedeutet allerdings nicht, dass derartige Werbemaßnahmen stets verboten sind. An dieser Stelle ist streng zwischen Schleichwerbung und Produktplatzierung zu unterscheiden.

Im Gegensatz zur Schleichwerbung zeichnet sich die **Produktplatzierung** durch eine deutliche Kenntlichmachung der Werbung aus. Maßgeblich für die rechtliche Beurteilung ist das sogenannte „Trennungsgebot", nach dem Werbung und redaktionelle Inhalte deutlich erkennbar voneinander getrennt werden müssen. Die Durchsetzung dieses rechtlichen Grundsatzes erfolgt durch eine Kennzeichnungspflicht werblicher Inhalte.

In Printmedien oder Online-Magazinen genügt ein erkennbarer Hinweis auf den werblichen Charakter einer Anzeige. Nicht ausreichend ist jedoch laut BGH die Formulierung „*sponsored by*" (BGH, Urt. v. 06.02.2014 – I ZR 2/11). Denn hierdurch werde „*das strikte Gebot der Kenntlichmachung von Anzeigen verletzt, wenn der präzise Begriff der „Anzeige" vermieden und stattdessen ein unscharfer Begriff gewählt wird*". Das gilt ebenso für Postings in sozialen Netzwerken wie Facebook oder Instagram. Diese Rechtsprechung verdeutlicht den hohen Stellenwert des Trennungsgebots; etwaige Umgehungsversuche werden strikt unterbunden.

Für die Platzierung von Werbung in Fernsehsendungen und fernsehähnlichen Videos sehen die Landesmedienanstalten in den entsprechenden Werberichtlinien einen Werbehinweis zu Beginn und am Ende des Videobeitrags für jeweils mehrere Sekunden vor. In der Praxis hat sich der Hinweis „Unterstützt durch Produktplatzierung" in Verbindung mit dem Kürzel „P" etabliert. Ob das auch für YouTube-Videos gilt hängt davon ab, ob sie als „fernsehähnlich" im Sinne des Rundfunkstaatsvertrags (RStV) zu charakterisieren sind. Diese Frage ist noch nicht abschließend geklärt. Zur Vermeidung von rechtlichen Problemen sollten die Regelungen des RStV aber auch für YouTube-Videos eingehalten werden. YouTube-Videos, die Produktplatzierungen enthalten, sollten daher gekennzeichnet werden.

Dennoch kann eine Werbemaßnahme trotz ausdrücklicher Kennzeichnung als unerlaubte Schleichwerbung zu qualifizieren sein. Das ist dann der Fall, wenn das Produkt maßgeblichen Einfluss auf den redaktionellen Inhalt nimmt, in besonderem Maße hervorgehoben wird oder eine aktive Beeinflussung des Adressaten erfolgt. Der Einbau von Produktplatzierungen sollte sich stets auf einer neutralen Ebene bewegen. Das Produkt darf nicht zu sehr in den Vordergrund gestellt werden, sondern darf nur beiläufig gezeigt werden. Anpreisungen und Werbeversprechen sind daher beim **Product Placement** fehl am Platz.

Wenn diese Grenze überschritten wird, muss der jeweilige Beitrag als „Werbung" deklariert werden. Bei einem Video ist für die Dauer der Produktpräsentation der Hinweis „Werbesendung", bei einer Länge von mehr als 90 Sekunden der Hinweis „Dauerwerbesendung" einzublenden.

Aufgrund des Neutralitätsgebotes beim Product Placements wird beim Content Marketing im Internet eine Kombination mit anderen Werbeformen wie dem „Affiliate Marketing" kritisch gesehen. Mithilfe von sogenannten „Affiliate Links", die sich beispielsweise unter durch Produktplatzierung unterstützten YouTube-Videos befinden, werden Internet-Nutzer auf die Seite des Werbenden weitergeleitet. Dabei wird ein Affiliate Cookie im Browser des Nutzers gesetzt, der dann etwaig getätigte Einkäufe oder andere Aktionen des Nutzers registriert. An den Erlösen wird der YouTuber als Affiliate-Partner anschließend beteiligt. Dieses Vorgehen ist mit einem Provisionsmodell vergleichbar. Das bedeutet jedoch auch, dass der Affiliate-Partner ein eigenes wirtschaftliches Interesse daran hat, dass Dritte auf seine Affiliate Links klicken. Dann steht die Frage im Raum, ob die Produktplatzierung selbst überhaupt noch als neutral und unabhängig eingestuft werden kann. So regelt beispielsweise der Rundfunkstaatsvertrag in § 7 Abs. 7 die Unvereinbarkeit einer Produktplatzierung mit einer Kaufaufforderung sowie konkreten verkaufsfördernden Hinweisen. Diese Anforderungen sollten auch vom Affiliate-Partner beachtet werden.

Eine weitere Abgrenzung muss zwischen Produktplatzierung und **Produkthilfe** vorgenommen werden. Produkthilfe wird stets unentgeltlich gewährt und betrifft ausschließlich Produkte mit einem Wert von unter 1.000 Euro. In diesen Fällen ist eine Kennzeichnung nicht erforderlich. Eine Umgehung der Kennzeichnungspflicht darf in der unentgeltlichen Zurverfügungstellung von Produkten jedoch nicht gesehen werden, da die Produkthilfe strenge Unabhängigkeit vom Werbenden fordert. Jegliche inhaltliche Beeinflussung wie zum Beispiel Vorgaben zur Präsentation, Beschreibung oder Bewertung eines unentgeltlich zur Verfügung gestellten Produkts lassen die Kennzeichnungspflicht aufleben und sind bei einem Verstoß als Schleichwerbung zu qualifizieren. Zudem haben Produkthilfen stets nur eine unterstützende Funktion, stehen aber nie selbst im Mittelpunkt.

Rechtsfolgen bei Verstößen   Verstöße gegen das Trennungsgebot und die Kennzeichnungspflicht sanktioniert der Rundfunkstaatsvertrag mit Bußgeldern in Höhe von bis zu 50.000 Euro. Darüber hinaus ermöglicht das Gesetz gegen unlauteren Wettbewerb (UWG) Abmahnungen durch Mitbewerber und Verbraucherschutz- sowie Wettbewerbsverbände. Neben möglichen Imageschäden bedeutet Schleichwerbung also auch eine Menge rechtlichen Ärger.

Insbesondere die Kooperation von Werbenden mit juristisch meist unerfahrenen Blog-Betreibern und YouTubern kann problematisch sein, da der Werbende ggf. auch für die Rechtsverstöße beauftragter Blogger oder YouTuber haftet. Daher sollten zwischen den Parteien vertragliche Regelungen getroffen werden, die eine rechtssichere Durchführung der Werbemaßnahme ermöglichen.

Auch bei der Suche nach neuen Werbepartnern sollten Werbende vorsichtig sein. Das unaufgeforderte Zusenden von Produkten begründet weder einen Anspruch auf Zahlung noch auf Rücksendung des Produkts. Hier ist allenfalls an einen Wettbewerbsverstoß zu denken.

Das Gleiche gilt für die unaufgeforderte Zusendung von Werbung oder Werbeanfragen an solche (E-Mail-) Adressen, die nicht ausdrücklich als Geschäftsadresse bezeichnet sind.

3.5.2 Besondere Werbeformen im Internet – was ist erlaubt?

Gekaufte Blogeinträge: Authentizität spielt bei der Bewerbung von Produkten und Dienstleistungen eine entscheidende Rolle. Blogger nehmen hierbei eine ganz besondere Rolle ein und vereinen zahlreiche Merkmale, die sie zu begehrten Werbeträgern machen. Ein Blog behandelt meist ein stark fokussiertes Themenspektrum und der Betreiber gilt als Experte auf dem jeweiligen Gebiet. Werben Unternehmen nun für eigene Produkte oder Dienstleistungen, können diese sehr zielgruppenorientiert positioniert werden. Gleichzeitig nimmt das angesprochene Publikum die Werbung tendenziell unvoreingenommen wahr.

Unternehmen können auf verschiedene Arten mit Bloggern zusammenarbeiten. In Form von Kooperationen können Blogger zum Beispiel bestimmte Produkte oder Dienstleistungen eines werbenden Unternehmens auf ihrem Blog vorstellen und empfehlen. Gekaufte Blog-Einträge dieser Art müssen deutlich als Werbung gekennzeichnet werden. Die Kennzeichnungspflicht besteht auch dann, wenn die Entlohnung des Bloggers nicht in Geld, sondern in Sachleistungen oder sonstigen Vergünstigungen besteht. Vermieden werden soll, dass die Internet-Nutzer über die Intention des Bloggers getäuscht werden.

Neben der ausdrücklichen Werbung für ein bestimmtes Unternehmen oder ein konkretes Produkt können kommerzielle Inhalte auf Blogs auch indirekt kommuniziert werden. Dabei können Blogger zum Beispiel allgemeinere Texte zu bestimmten Themen veröffentlichen und lediglich passende Links zu den Angeboten werbender Unternehmen setzen. So könnte der Betreiber eines Kamera-Blogs eine Artikelserie über Vor- und Nachteile eines Kameratypus schreiben und ein konkretes Modell eines Herstellers verlinken. Nutzer lesen so einen allgemeinen Artikel zu einem Thema, das sie interessiert, und werden dann zu dem Angebot eines bestimmten Herstellers weitergeleitet. Auch diese Form der Werbung muss gekennzeichnet werden.

Insgesamt ist also auf eine saubere Trennung zwischen redaktionellen und kommerziellen werblichen Inhalten zu achten. Das KG Berlin hat in einem Urteil vom 30.06.2006 (Az. 5 U 127/05) entschieden, dass die BILD-Zeitung scheinbar redaktionellen Inhalt nicht ausreichend als Werbung gekennzeichnet hat. Als Anzeige gekennzeichnet wurde lediglich die Internet-Werbung für ein Sparprogramm der Deutschen Bank. Weitere von der Deutschen Bank beauftragte und veröffentlichte Textinhalte auf der Internet-Seite, die inhaltlichen Bezug auf das Sparmodell genommen hatten, wurden dann aber nicht mehr als Werbung gekennzeichnet (vgl. Abb. 3.14). Der Textteil „Prominente Sparfüchse nehmen das Volkssparen unter die Lupe" wurde vom Gericht als Schleichwerbung bewertet.

Unternehmen sollten daher für eine ausreichende Kennzeichnung kommerzieller Artikel in Blogs oder auf Internet-Seiten sorgen. Anderenfalls drohen wettbewerbsrechtliche Abmahnungen und Imageschäden aufgrund der steigenden Sensibilität der Internet-Nutzer.

Abb. 3.14 Werbung der Deutschen Bank auf bild.de. (Quelle: bild.de)

Advertorials: Advertorials sind Werbeanzeigen in Form redaktioneller Beiträge. Gestaltet und eingebunden werden Advertorials wie redaktionelle Beiträge, ohne deutlich auf den kommerziellen Ursprung des Textes hinzuweisen. Der Leser soll auf den ersten Blick nicht bemerken, dass er einer Werbemaßnahme ausgesetzt ist. Unternehmen können so eigene kommerzielle Kommunikation zielgruppenorientiert in einem journalistisch-redaktionell gestalteten Umfeld positionieren. Die Akzeptanz von Advertorials steigt erfahrungsgemäß dann, wenn diese nicht nur in werbender Form über die vermeintlichen Vorzüge eines Produktes oder einer Dienstleistung informieren, sondern einen echten Mehrwert für den Leser bieten. Grundsätzlich müssen Unternehmen das Trennungsgebot von redaktionell gestaltetem Inhalt und Werbung beachten. Advertorials müssen daher stets als Werbung oder Anzeige gekennzeichnet werden müssen. Der Leser soll so vor einer Irreführung geschützt werden. Verzichten Unternehmen auf die Kennzeichnung, gilt ein Advertorial als unzulässige Schleichwerbung, die abgemahnt werden kann.

Native Advertising: Native Advertising spielt vor allem für Medienunternehmen, Kreativ-dienstleister und soziale Netzwerke eine immer größere Rolle. Werbung funktioniert bekanntlich am besten, wenn der Nutzer diese gar nicht als solche wahrnimmt. Native Advertising wird in vielen Fällen nicht als kommerzieller Werbe-Content, sondern als redaktioneller Inhalt wahrgenommen. Dafür wird der konkrete Werbeinhalt äußerlich so gestaltet und präsentiert, dass er kaum von anderem redaktionellen Content zu unterscheiden ist. Nicht ohne Grund wird Native Advertising daher teilweise scharf kritisiert. Kritiker betonen, dass die Trennung zwischen redaktionellem Inhalt und Werbung nicht mehr ausreichend transparent erfolgt. Native Advertising sollte daher immer mit dem Zusatz „Werbung", „Anzeige" oder „Gesponsert von" gekennzeichnet sein. Der Hinweis sollte auf den ersten Blick zu erkennen sein. Ist der Werbecharakter einer Anzeige oder eines Textes in redaktionellem Gewand für den Nutzer nicht zu erkennen, wird eine solche Werbeanzeige als Schleichwerbung bewertet. Es besteht dann die Gefahr kostenintensiver wettbewerbsrechtlicher Abmahnungen.

Virales Marketing: Virales Marketing ist die moderne Form von Mundpropaganda. Virales Marketing nutzt gezielt bereits existierende soziale Netzwerke und private Kommunikationskanäle, um Marken oder Produkte in den Interessenfokus der relevanten Zielgruppe zu rücken. Ziel ist eine starke Verbreitung von Medieninhalten. Dabei verbreiten die Nutzer die Medieninhalte selbstständig untereinander. Unternehmen können so mit geringem Aufwand eine große Anzahl von Menschen erreichen. Oftmals berichten dann auch redaktionelle Internet-Seiten über virale Inhalte, die besonders stark von Nutzern geteilt wurden. Die öffentliche Sichtbarkeit wird dadurch noch einmal verstärkt.

Klar ist, dass es eher selten gelingt, eine überproportionale Verbreitung eines Medieninhaltes zu erreichen. Inhalte müssen dafür vor allem authentisch und originell sein. Unternehmen müssen auch bei viralen Marketing-Kampagnen das Trennungsgebot von redaktionellem und werblichem Inhalt beachten. Unterlassungsansprüche können vor allem aufgrund wettbewerbsrechtlicher Verstöße durchgesetzt werden. Zuschauer und Verbraucher dürfen nicht darüber getäuscht werden, dass ein Medieninhalt kommerziellen Ursprung und Charakter hat. Problematisch kann der Einsatz von viralem Marketing aus rechtlicher Sicht also immer dann sein, wenn der Zuschauer nicht auf den ersten Blick unterscheiden kann, ob er irgendeinen Medieninhalt oder eine gezielte Verkaufsförderungsmaßnahme eines Unternehmens betrachtet.

Beispiel Dacia

Der Autohersteller Dacia musste beispielsweise jüngst eine virale Marketing-Maßnahme nachträglich als solche kennzeichnen. Dacia hatte eine Internet-Seite betrieben, die sich satirisch mit den vermeintlichen Kaufgründen der Autokäufer anderer Automarken beschäftigt hat (vgl. Abb. 3.15). Die Seite enthielt keine Hinweise auf das verantwortliche Unternehmen Dacia, sondern machte einen eher journalistisch-redaktionellen Eindruck.

Dacia hat nach einer außergerichtlichen Abmahnung einen entsprechenden Hinweis mit dem Wort „Anzeige" auf der Seite eingefügt. Dieser Hinweis reichte den Richtern aus, um den kommerziellen Charakter des Angebotes zu kennzeichnen (OLG Köln, Urt. v. 09.08.2013 – Az. 6 U 3/13).

Abb. 3.15   www.status-symptome.de des Autoherstellers Dacia im August 2011 (Zugegriffen am 06.05.2016)

Bei der Konzeption und Gestaltung von Medieninhalten, die viral geteilt werden sollen, muss die Herkunft entsprechend deutlich kommuniziert werden. Erkennen Verbraucher, dass Inhalte keinen redaktionellen, sondern werblichen Charakter haben, kann virales Marketing kosteneffizient Reichweite generieren.

3.5.3   Content wirksam schützen – was tun bei Urheberrechtsverletzungen?

Bei jeder Form der Werbung besteht vor allem aus Gründen der Wettbewerbsfähigkeit ein großes Interesse am Schutz der zu Werbezwecken eingesetzten Inhalte. Im Bereich des Content Marketing ist die Dichte der eingesetzten Inhalte besonders hoch, da die eigentliche Werbung über bestimmte Trägermedien wie Bücher, Blogs, Videos oder Software vermittelt wird. Daher bietet sich ein kurzer Blick auf die einzelnen Schutzmöglichkeiten an.

Urheberrecht und Nutzungsrechte: Im Vordergrund des Schutzes von Content steht das Urheberrecht. Im deutschen Recht entsteht ein Urheberrecht an einem Werk durch den Schöpfungsakt selbst. Der Maler ist also Urheber des von ihm gemalten Gemäldes, unabhängig davon, in wessen Auftrag er tätig war oder an wen das Gemälde verkauft wird. In vielen ausländischen Rechtsordnungen ist das anders geregelt. Insbesondere das US-amerikanische „Copyright Law" unterscheidet sich stark vom deutschen Urheberrecht, was für international agierende Unternehmen von Bedeutung sein kann. Das deutsche System hat für den Werbenden die Vorteile, dass ein Urheberrecht nicht erst wie eine Marke oder ein Patent kostenpflichtig in ein öffentliches Register eingetragen werden muss und dass es darüber hinaus erst 70 Jahre nach dem Tod des Urhebers erlischt. Auf der anderen Seite bedeutet das aber auch, dass der Werbende für die Nutzung fremder urheberrechtlich geschützter Werke eine entsprechende Erlaubnis des Urhebers benötigt.

Werden die Werbeinhalte im Unternehmen des Werbenden selbst geschaffen, stehen dem Unternehmen regelmäßig die ausschließlichen Nutzungsrechte an den Inhalten zu oder die Nutzung dieser Inhalte ist vertraglich mit den Mitarbeitern geregelt. Die rechtssichere Nutzung fremder Bilder, Videos oder Musikstücke erfolgt durch die Einräumung von Nutzungsrechten bzw. Lizenzen. In entsprechenden Lizenzverträgen werden dann die Eckpunkte der beabsichtigten Nutzung vereinbart. Hier haben der Werbende und der Rechteinhaber viele Freiheiten, wobei sich in der Praxis je nach Branche bestimmte Grundsätze herausgebildet haben. Es ist auf jeden Fall zu empfehlen, die geplante Nutzung detailliert zu besprechen und vertraglich zu regeln, um anschließende Missverständnisse und Rechtsstreitigkeiten zu vermeiden.

Urheberrechtsschutz des eigenen Werbematerials: Praktisch bedeutsam ist eine grundlegende Kenntnis davon, was überhaupt urheberrechtlich geschützt ist. Inhalte wie Grafiken, Fotos, Videos oder Texte sind in aller Regel urheberrechtlich geschützt. Die Entstehung eines Urheberrechts setzt allerdings stets ein gewisses Maß an Individualität voraus, weshalb der Urheberrechtsschutz in Einzelfällen, wie beispielsweise einer komplett einfarbigen eindimensionalen Grafik, versagt werden kann. Auch solche Werke, die einen bloß funktionalen Zweck erfüllen, sind ggf. nur unter höheren Anforderungen urheberschutzfähig. Unbeachtlich sind hingegen Kriterien wie die Ästhetik eines Werks. Im Folgenden werden einige werberelevante Problembereiche des Urheberrechtsschutzes angesprochen:

Die Entwicklung eines Werbekonzepts beginnt wie alles andere auch mit einer Idee. Bloße Vorstellungen oder Gedankenexperimente können jedoch nicht urheberrechtlich geschützt werden. Wird eine Idee zunächst verworfen, nach einiger Zeit aber doch verwirklicht, hat die Behauptung der Urheberschaft an dieser Idee rechtlich gesehen keinen Wert. Auch ein grobes Konzept oder Format ist grundsätzlich nicht schutzfähig.

In der Welt der Werbung sind insbesondere fiktive Figuren als Werbeträger und Wiedererkennungssymbole sehr beliebt. Ein urheberrechtlicher Schutz von Kunstfiguren ist möglich, in der Praxis jedoch problematisch. Zwar ist die Zeichnung einer konkreten Kunstfigur urheberrechtlich geschützt. Das verhindert allerdings grundsätzlich nicht, dass zum

Abb. 3.16 Gegenstand eines BGH-Urteils: Pipi-Langstrumpf-Kostüm. (Quelle: Jurpc 2015)

Beispiel auch Dritte eine Zeichnung der Figur erstellen dürfen. Zur Frage, ob auch die
Kunstfigur selbst urheberrechtlich geschützt werden kann, hat der BGH (Urt. v.
17.07.2013 – I ZR 52/12) im Fall der „Pippi Langstrumpf" entschieden (vgl. Abb. 3.16):
*„Voraussetzung für den Schutz eines fiktiven Charakters ist es, dass der Autor dieser Fi-
gur durch die Kombination von ausgeprägten Charaktereigenschaften und besonderen
äußeren Merkmalen eine unverwechselbare Persönlichkeit verleiht."*

Diese Voraussetzungen dürften meist nur bei etablierten, einem großen Personenkreis
bekannten Kunstfiguren erfüllt sein. Für den Schutz von Werbefiguren ist daher aus Gründen der Rechtssicherheit die Eintragung einer Marke empfehlenswert.

Nicht weniger problematisch ist der Urheberrechtsschutz von Werbeslogans. Zwar sind
auch kurze Texte schutzfähig, erforderlich ist aber ein gewisses Maß an Individualität. So
ist beispielsweise ein kurzes Gedicht urheberrechtlich geschützt, eine kurze rein objektive
Produktbeschreibung jedoch regelmäßig nicht. Weder aus dem Gesetz noch nach der
Rechtsprechung lassen sich klare Regeln für Slogans und Werktitel aufstellen. So wurde
etwa der Name der Fernsehsendung *„Der siebte Sinn"* (BGH Urt. v. 25.02.1977 – I ZR
165/75) oder der WM-Slogan *„Das aufregendste Ereignis des Jahres"* (OLG Frankfurt,

Beschl. v. 04.08.1986 – 6 W 134/86) als nicht schutzfähig angesehen. Dagegen gibt es nur wenige ältere Entscheidungen, in denen die Gerichte einen Urheberrechtsschutz von Werbeslogans bejaht haben. So entschied zum Beispiel das OLG München im Jahr 1969, dass der Slogan *„Heute bleibt die Küche kalt, wir gehen in den Wiener-Wald"* urheberrechtlich geschützt ist (OLG München, Urt. v. 10.1.1969 – 6 U 1778/68). Das OLG Düsseldorf nahm im Jahr 1964 an, dass dem Slogan *„Ein Himmelbett als Handgepäck"* für Schlafsäcke urheberrechtlicher Schutz zukommt (OLG Düsseldorf, Urt. v. 28.2.1964 – 2 U 76/63). Bei Unsicherheiten ist auch hier ein markenrechtlicher Schutz empfehlenswert.

Ähnliches gilt für Werbejingles. Prägnante Melodien und Ausschnitte aus längeren Musikstücken sind schutzfähig, kurze Abfolgen von Tönen oder bloße Rhythmen dagegen grundsätzlich nicht. Ein Beispiel für einen urheberrechtlich geschützten Jingle ist die Tagesschau-Melodie.

Angesichts der Bedeutung des Internets für das Content Marketing stellt sich auch die Frage, ob eine Webseite urheberrechtlich geschützt ist. Dabei ist zunächst zu beachten, dass die einzelnen grafischen Elemente und Texte ihrerseits selbst geschützt sind, sofern sie ein Mindestmaß an Individualität besitzen. Die bloß funktionale Anordnung dieser Elemente verdient hingegen keinen urheberrechtlichen Schutz. Dementsprechend hat das LG Köln im Rechtsstreit zwischen Facebook und StudiVZ einen Urheberrechtsschutz des Webseiten-Designs abgelehnt (Urt. v. 16.06.2009, Az. 33 O 374/08).

Vorgehen bei Rechtsverletzungen: Eine Verletzung des Urheberrechts ist auf vielfältige Art und Weise möglich. Das Urheberrecht schützt insbesondere gegen die ungenehmigte Vervielfältigung und Verbreitung urheberrechtlich geschützter Werke. Zudem ist auch eine öffentliche Zugänglichmachung, also das Veröffentlichen eines Werkes im Internet, nur mit Zustimmung des Urhebers möglich. Auch Bearbeitungen, also Veränderungen fremder Werke, sind ohne Zustimmung des Urhebers unzulässig.

Urheberrechtsverletzungen können zunächst abgemahnt werden. In der Abmahnung wird die Abgabe einer strafbewehrten Unterlassungserklärung verlangt. Mit der Unterzeichnung erklärt der Verletzer die zukünftige Unterlassung der verletzenden Handlung und verpflichtet sich bei Zuwiderhandlung zur Zahlung einer Vertragsstrafe. Die Abmahnung ist eine Form der außergerichtlichen Streitbeilegung – solange sich der Verletzer fügt, kommt es nicht zu einem gerichtlichen Prozess. Darüber hinaus können auf dem Klageweg Auskunfts-, Beseitigungs-, Unterlassungs- und Schadensersatzansprüche geltend gemacht werden.

3.5.4 Content Marketing in sozialen Netzwerken – was muss man beachten?

Bereits mehrfach wurde die besondere Bedeutung des Internets für das Content Marketing angesprochen. Neben eigenen Webseiten setzen die meisten Werbenden auf eine möglichst großflächige Verbreitung der eigenen Inhalte über die einschlägigen populären Plattformen. Daher empfiehlt es sich, einen genaueren Blick darauf zu werfen, unter welchen Umständen in den bei Werbenden beliebten sozialen Netzwerken überhaupt geworben werden darf. Sämtliche sozialen Netzwerke stellen hierfür eigene Regeln auf, deren Nichtbeachtung den Ausschluss von der jeweiligen Plattform zur Folge haben kann.

1. **YouTube:** Zu den für Werbende lukrativsten Plattformen gehört zweifellos die Google-Tochter YouTube. Ungeachtet des bereits angesprochenen Einsatzes von YouTubern als Werbeträgern ist es möglich, vor und während den Videos Banner- oder Videowerbung zu schalten. Die jeweiligen Werbeanzeigen müssen mit den Community-, Werbe- und technischen Richtlinien vereinbar sein, wobei sich YouTube einen Ermessensspielraum vorbehält. Zu beachten ist außerdem, dass der Upload von urheberrechtlich geschützten Materialien eine gebührenfreie Unterlizenzierung an YouTube zur Folge hat. Diese Lizenz sorgt dafür, dass YouTube die hochgeladenen Inhalte rechtssicher verwerten kann. Daher müssen Werbende, die urheberrechtlich geschützte Inhalte Dritter verwenden, darauf achten, dass die Urheber auch der Unterlizenzierung an YouTube zugestimmt haben. Produktplatzierungen lässt YouTube ausdrücklich zu und bietet dem jeweiligen YouTuber als Werbeträger sogar eine Funktion zur Kenntlichmachung an. Darüber hinaus wird ausdrücklich auf die Verantwortlichkeit des Video-Uploaders und etwaiger Werbender für die Videoinhalte hingewiesen.

2. **Google+:** Bei der Nutzung des sozialen Netzwerkes Google+zu Werbezwecken ist deutlich vorsichtiger vorzugehen. Google+distanziert sich von sämtlichen Werbeaktionen seiner Nutzer und verweist auf die volle Verantwortung des Werbenden. Ausdrücklich verboten sind Videowettbewerbe und sämtliche Werbeaktionen, die Spamming oder die künstliche Erhöhung der Netzwerkreichweite zum Gegenstand haben. Google+behält sich nicht nur die Löschung derartiger Postings vor, sondern auch die Filterung von Antworten auf Werbeaktionen, wie beispielsweise Gewinnspiele. Zudem lässt sich Google+von sämtlichen Ansprüchen freistellen, die durch eine Werbeaktion auf der Plattform begründet werden könnten. Auch Google+lässt sich die zur Verwertung erforderlichen Rechte an hochgeladenen Inhalten einräumen. Gleichwohl wird darauf hingewiesen, dass diese Lizenzeinräumung ausschließlich zum Zwecke der Durchführung der bereitgestellten Dienste erfolgt.

3. **Facebook:** Facebook ist in Bezug auf Werbeaktionen weniger streng als Google+und bietet – ähnlich wie YouTube – eigene Schnittstellen für zielgruppenorientierte Werbeanzeigen an. Auch hier räumt sich der Plattformbetreiber wiederum einen Ermessensspielraum bei der Beurteilung einzelner Werbeaktionen ein und behält sich eine Löschung von Inhalten vor. Vor dem Start einer Werbekampagne empfiehlt sich daher ein genauer Blick in die Werberichtlinien, die eine Reihe von Werbeinhalten wie Dating-, Abonnement- oder Glücksspieldienste verbieten sowie konkrete technische und grafische Anforderungen an Werbeanzeigen stellen. Von entscheidender Bedeutung sind die umfangreichen Rechte, die sich Facebook an allen hochgeladenen Inhalten einräumen lässt. Ein wesentlicher Unterschied zu anderen Plattformen besteht in der Übertragbarkeit der an Facebook eingeräumten Lizenz. Das bedeutet, dass Facebook sämtliche hochgeladenen Inhalte wiederum an Dritte unterlizenzieren darf. Darüber hinaus behält sich Facebook vor, diese Inhalte über den Zweck der bloßen Diensterbringung hinaus zu nutzen. Das schließt auch eine

werbliche Nutzung durch Facebook selbst nicht aus. Die eingeräumten Nutzungs-rechte enden mit der Löschung der hochgeladenen Inhalte.

Fazit und Ausblick

Die im Content Marketing existierenden rechtlichen Fallstricke sind damit noch lange nicht vollständig dargestellt. Eine grundlegende Kenntnis der angesprochenen Problem-fälle sollte allerdings das Verständnis der Materie erleichtern und für mehr Rechtssicherheit sorgen. Angesichts der noch immer zunehmenden Digitalisierung und Verlagerung des gesellschaftlichen Lebens in die Welt des Internets kann aus rechtlicher Sicht leider keine Entwarnung für weitere und auch völlig neue Problemstellungen im Marketing-Bereich gegeben werden. Grund dafür ist die Tatsache, dass die rechtliche Entwicklung hinter den technischen Veränderungen stets um Jahre hinterherhinkt und auch der Gesetzgeber kaum Schritt halten kann. In der Folge werden jahrzehntealte Gesetze auf neue Sachverhalte angewandt, was den tatsächlichen Umständen häufig nicht gerecht wird. Des Weiteren hat die Grenzenlosigkeit des Internets eine Kollision zahlreicher unterschiedlicher Rechts-systeme zur Folge, was die Beurteilung werberechtlicher Fallkonstellationen nicht erleich-tert. Aus diesem Grund ist Werbenden zu empfehlen, die rechtlichen Entwicklungen stets im Blick zu behalten, um frühzeitig auf etwaige Veränderungen reagieren zu können.

+++++++++++++ Ende Gastbeitrag+++++++++++++

3.6   Corporate Blogs im Content Marketing

Ein Corporate Blog bietet Unternehmen viel Potenzial für das digitale Marketing. Ursprünglich ist ein Blog ein Online-Tagebuch. Doch mittlerweile hat sich dieses Kommunikationsinstrument gewandelt. Es hat einen festen Stellenwert in der digitalen Marketing-Kommunikation eingenommen. Ein Blog bietet vielfältige Ansätze für die Online-Kommunikation, die in diesem Gastbeitrag näher beleuchtet werden.

3.6.1   Corporate Blogs für Unternehmen (Melanie Tamblé)

Gastbeitrag von Melanie Tamblé, Geschäftsführerin Adenion GmbH. In unserer Bera-tungspraxis tauchen immer wieder Vorbehalte gegen Blogs auf. Sie lassen sich mit diesen Argumenten auflösen.

Keine Zeit: Themen müssen gefunden und zu Geschichten entwickelt werden. Bilder und Videos müssen integriert werden. All das kostet Arbeitszeit. Stimmt. Überlegen Sie mal: Bloggen ist ein Mittel zur Reputation und Akquise. Und das kostet doch auch immer Zeit. Vielleicht gibt es bei Ihren Mitarbeitern auch Blogger. So finden Sie interne Blog-Be-treuer. Sonst schulen Sie Ihre Mitarbeiter.

Keine Themen: Oft weiß man nicht, welche Themen für Kunden relevant sind. Das ist die Schwierigkeit eines jeden PR-Managers. Ein Unternehmen bietet viel mehr als nur Produktinfos. Fragen Sie doch einfach Ihre Kunden und Interessenten in einer Online-Umfrage oder im persönlichen Gespräch. Oft hilft auch ein Workshop zur Themenfin-dung, der Ihrer Kreativität die Augen öffnet.

Keine Autoren: Die Texte wirken unprofessionell, weil Ihre Mitarbeiter keine ausgebildeten Autoren oder Blogger sind. Jeder kann schreiben und bloggen lernen. Das Korrekturlesen von einer Zweitperson ist ein Muss. Mitarbeiter verkörpern Ihr Unternehmen am besten. Das weckt die Sympathie des Lesers.

Keine Strategie: Ein Corporate Blog braucht einen roten Faden. Man muss die richtigen Stories finden und auch eine strategische Ausrichtung verfolgen. Das Blog muss regelmäßig betreut werden und braucht ein Agenda Setting, geschulte Mitarbeiter und Prozesse zur Abstimmung, Qualitätssicherung und Freigabe. Dafür ist ein Blog-Konzept erforderlich mit Ressourcen- und Projekt-Management.

Kein Plan: Erstellen Sie einen Redaktionsplan. Am besten immer im Wochen- oder Monatsrhythmus. Legen Sie feste Arbeitszeiten fest, in denen Sie am Blog arbeiten. So stellt sich die regelmäßige Betreuung leicht ein.

3.6.1.1 Ziele, Nutzen und Gründe zum Blog-Einsatz

Es gibt viele gute Gründe zum Blog-Einsatz. Im Folgenden vier Ziele mit Begründung zum Überblick.

1. **Reputations-Management:** Sie können sich mit einem Blog als Experte etablieren. Das Blog ist Ihr Gesicht im Internet. Durch die Teilnahme zeigen Sie Ihren Zeitgeist und Ihre Modernität. Ihre Kompetenz strahlen Ihre Beiträge aus. Sie können damit das Vertrauen von Kunden und Interessenten gewinnen.
2. **Neukundengewinnung:** Mit einem Blog erhöhen Sie Ihre Sichtbarkeit und Ihre Online-Präsenz. Sie lernen Ihre Kunden durch Kommentare besser kennen, können Markttrends beobachten und wissen, was von Ihnen erwartet wird.
3. **Einblicke geben:** Stellen Sie Ihre Arbeit mal ganz anders da: Mit einem Blog haben Sie die Möglichkeit, sich anders zu präsentieren als nur über Produkte. Berichten Sie über Arbeitsprozesse, über Mitarbeitererfolge oder Kundenprojekte. Teilen Sie Ihr Wissen als Geschenk mit Ihren Kunden im Blog.
4. **Feedback:** Die Kommentare, die Sie auf Ihre Beiträge erhalten, haben Mehrwert für Ihr Unternehmen. Sie erhalten damit direktes Feedback. Außerdem vernetzen Sie sich mit anderen, indem Sie auf Ihr Blog aufmerksam machen. So bleiben Sie im Gespräch und in Kontakt, ohne penetrant zu sein.

Wie werden Blogs allgemein genutzt? Die Studie „So bloggt Deutschland" (2013) von Rankseller[8] hat 2.344 Blogger befragt. 46 Prozent betreiben seit drei Jahren ein Blog, das sie mit fünf bis zehn Artikeln pro Monat füttern.

Vorrangige Themen sind Heim und Garten, Gesundheit und Ernährung sowie Erotik und Liebe. Das Schlusslicht bildet Shopping. Im Mittelfeld liegt alles rund ums Business, was zum Großteil auch durch Unternehmen vertreten wird. Die Studie finden Sie online zum Download auf www.blog.rankseller.de (Zugegriffen am 06.05.2016).

---

[8] http://www.bvdw.org/medien/rankseller-so-bloggt-deutschland?media=4924.   Zugegriffen   am 11.08.2016.

Der Nutzen von Blogs liegt vor allem in drei Vorteilen.

1. Effiziente Publikation: Blog-Beiträge verbreiten sich enorm schnell und erzeugen eine hohe Reichweite im Web. Das Erstellen von Beiträgen ist mit Tools wie *Wordpress* einfach und kostengünstig.
2. Suchmaschinenoptimierung: Aktuelle Beiträge mit den richtigen *Keywords* verbessern die Google-Platzierung Ihres Unternehmens.
3. Interaktiver Dialog: Sie erhalten ein effizientes Werkzeug für den zeit- und ortsunabhängigen Austausch von B2B- und B2C-Zielgruppen. Blogs sind nützliche Puzzleteile für eine elektronische Kommunikation mit echten Beziehungen über Netzwerke – direkt und mit Echtzeitkommunikation.

Nutzen von Blogs für Abteilungen   Strategie: Blogs bieten eine zukunftsorientiere und zeitgemäße Webpräsenz und vermitteln Werte wie Offenheit und Transparenz. Sie erhöhen Ihre Glaubwürdigkeit, indem Sie Ihren Lesern Einsichten in Ihr Unternehmen und Ihren Alltag gewähren. Das weckt Sympathie bei Stammkunden und Zielkunden.

- **Marketing:** Sie betreiben Branding und erhöhen den Bekanntheitsgrad Ihrer Marke. Zudem können Sie Mitmachkampagnen entwerfen. Seien es Umfragen, die eine breite Masse erreichen, oder eine Blog-Parade, eine Art Blog-Vernetzung.
- **Kommunikation:** Sie erzählen Geschichten und erhalten Geschichten. Der Kommentar-Spot Ihres Blogs wird automatisch zum *Touchpoint* für Ihre Kunden, die damit ein persönliches Bild von Ihnen erhalten. Aus erster Hand können Anregungen und Ideen ausgetauscht, diskutiert und weiterentwickelt werden.
- **Vertrieb:** Das Blog unterstützt Ihren Vertrieb, wovon der Umsatz profitiert. Menschen wollen im Social-Media-Zeitalter weniger Kontakt zu Unternehmen. Sie wollen mit Menschen in Kontakt treten und das persönliche Gesicht sehen. Die Geschichten, die Sie erzählen, fördern das Vertrauen. So gewinnen Sie Vertrauen sowie Fans, Partner und *Influencer*, die Ihnen beim Vertrieb Ihrer Produkte helfen.

++++++++++++ Ende Gastbeitrag++++++++++++

3.6.1.2 Besonderheiten in der Blog-Konzeption

Die Konzeption führt Ihr Blog zum Ziel. Ein professionelles Blog-Konzept entwickelt Ihre Marketing-Kommunikation strategisch weiter und bezieht das Blog als Instrument mit ein. Sie behalten damit den operativen Überblick und erleichtern sich Ihre Arbeit. Der folgende Beitrag ist ein Auszug aus dem Whitepaper „Corporate Blogs" von Hilker Consulting (2015).

Zehn Tipps zur Blog-Konzeption

1. **Formulieren Sie die Ziele Ihres Blogs.** Definieren Sie den Nutzen. So verdeutlichen Sie zunächst, warum Sie überhaupt ein Blog einrichten.
2. **Legen Sie die Zielgruppen fest.** Das ist wichtig für die Themen und Ihren Schreibstil. Achten Sie vor allem auf die Bedürfnisse und Interessen Ihrer Leser.

3. **Analysieren Sie Ihre Konkurrenz.** Wie sind deren Blogs konzipiert? Wie gut sind diese besucht? Damit gewinnen Sie einen Überblick, was es schon gibt, was gut ankommt und was Sie anders, besser oder neu machen können.

4. **Analysieren Sie Ihre Keywords.** Damit können Sie sehen, wie gefragt Ihre Keywords bei den Suchanfragen sind. Testen Sie auch Begriffe aus Ihrer Branche. Nutzen Sie besten zehn, damit Ihr Blog immer oben bei Google mitspielt.

5. **Erstellen Sie eine SWOT-Analyse zum strategischen Überblick.** Stellen Sie die Stärken, Schwächen, Chancen und Risiken Ihres Blogs auf. Ziehen Sie Bilanz und geben Sie sich taktische Empfehlungen zur Umsetzung.

6. **Issue Management ist ein wichtiger Faktor.** Welche Themen beschäftigen die Öffentlichkeit und wie können Sie diese für sich verwenden? Streuen Sie selber Themen ein und fördern Sie die Meinungsbildung und die Meinungsführung.

7. **Entwerfen Sie ein redaktionelles Konzept mit Agenda Setting.** Wie ist das Format Ihrer Beiträge: Sind es Nachrichten, Interviews oder *How-to-Artikel?* An welchen Tagen posten Sie was genau? Dabei zählt die Auswahl der Nachrichten.

8. **Binden Sie Filme ein.** Achten Sie auf einen hohen Wiedererkennungswert und setzen Sie Storytelling, Musik und Emotionen ein, um den Zuschauer zu halten.

9. **Binden Sie Ihr Blog-Konzept in die Online-Strategie ein.** Integrieren Sie Ihre PR und halten Sie Ihr Content-Konzept exklusiv. Damit sparen Sie Ressourcen.[9]

10. **Messen Sie Ihre Blog-Erfolge.** Tools wie Google Analytics zeigen, wie gut Ihr Blog besucht ist und welcher Beitrag gut bzw. schlecht bei den Lesern ankommt.

Tipps zur Blog-Redaktion   Welche Themen eignen sich für Blogs? Leser sind individuell. Trotzdem gibt es Post-Typen, die besser funktionieren als andere.

Ein Mix aus langen und kurzen Artikeln bildet die Basis. Das hat den Vorteil, dass man mit langen Artikeln Kompetenz präsentiert. Oft erhalten sie auch viele relevante Backlinks. Kurze Beiträge sind schnell geschrieben und sorgen für die Menge, die für hohen Webtraffic erforderlich ist. Auch sollten die Artikel einen eigenen Stil haben und nicht einfach nur Inhalte „wiederkäuen".

Welche Blog-Beiträge kommen bei Lesern gut an?   Diese zehn Typen von Blog-Beiträgen kommen bei Lesern gut an.

1. **News** sind gut, sie sollten aber einen eigenen Stil haben. Deshalb sollten sie nur verbreitet werden, wenn eigene Erfahrungen und die eigene Meinung einfließen.

2. **Interviews** werden gern gelesen und oftmals freuen sich Autoren und Experten, wenn man sie um einen Beitrag bittet.

3. **Serien** über interessante Produkte. Serienartikel mit einem einheitlichen Stil kann man relativ schnell schreiben und die Leser freuen sich über die Fortsetzungen.

---

[9]Mehr dazu finden Sie online: www.hilker-consulting.de/beratung/content-marketing-strategie/. Zugegriffen am 06.05.2016.

4. **Blog-Schwerpunkte** sind Artikel, die das spezifische Blog-Thema umfassend behandeln, also die Basis im Blog bilden. Damit beweist man Themenkompetenz.

5. Mit **Produktberichten** kann man Traffic auf der Website gewinnen. Auch Rezensionen, Kritiken und Bewertungen sind dafür gut geeignet.

6. **Listenbeiträge:** Statt zu viel Fließtext zu schreiben, fassen Sie besser die wichtigsten Punkte in Listen zusammen, zum Beispiel „Zehn Tipps zum Blog Marketing".

7. **Geschenke:** Gratiszugaben wie E-Books, Freeware, Rabatte, Gutscheine sind attraktiv für Leser und der Link zum Blog-Beitrag wird oft geteilt.

8. *How-to*-**Anleitungen** sind praktische Artikel, die Leser mögen, weil sie das Wissen sofort nutzen können.

9. **Case Studies:** Erfahrungsberichte verleihen dem Blog Profil und Kompetenz.

10. **Audio und Video** sind sehr beliebt bei den Usern und fördern die Zugriffszahlen.

3.6.1.3 Vorgehensweisen in der Redaktionsplanung

Nach der Recherche geht es in der Wissensbasis darum, eigene Themen zu finden und einen eigenen Inhaltsplan aufzustellen. Das heißt: einen wöchentlichen Plan, welchen Beitrag man wann worüber wie schreibt. Vorab sollte man überlegen:

- Wie viel Zeit soll zum Bloggen eingesetzt werden?
- Wie sollen die Inhalte abgestimmt werden?
- Wie soll die Vermarktung passieren?

Der Redaktionsplan dient der Orientierung. Er soll Sicherheit durch Planung geben. Denn einer der häufigsten Gründe, warum Blogger nicht bloggen, ist, dass sie sich in einer Kreativitätskrise befinden: also vor einem leeren Blatt Papier sitzen und auf kreative Einfälle warten, die sich nicht einstellen. In diesem Fall finden Sie online einen passenden Blog-Beitrag.[10]

Wie kann ich die Arbeitswoche planen? Durch Planung lassen sich Texte vorbereiten und der Schreibdruck reduziert sich. Zudem bekommen die Leser dadurch regelmäßig neuen Lesestoff, was wichtig ist, um Stammleser zu gewinnen. Der Wochenplan ist nur ein Gerüst. Man weicht davon ab, wenn sich aktuell ein wichtigeres Thema entwickelt.

Ein Wochenbeispiel:

- Montag: Erstellung eines längeren Beitrages einer wöchentlichen Serie.
- Dienstag: Publikation des Beitrags und Verteilung über Social-Media-Kanäle.
- Mittwoch: Kommentare auf eigenen und externen Blogs schreiben.
- Donnerstag: kurzen Artikel schreiben und veröffentlichen plus Umfrage.
- Freitag: Abstimmung und Planung der nächsten Woche.

Was ist die optimale Länge eines Blog-Beitrags? Wöchentlich werden beispielsweise ein kurzer Beitrag (200 Wörter) und ein langer Beitrag (400 Wörter) veröffentlicht. Beiträge über 500 Wörter werden selten zu Ende gelesen. Bevor der Text zu lang gerät, erstellen Sie also besser zwei Beiträge.

---

[10] Mehr dazu: www.hilker-consulting.de/schreibblockade-ade-kreatives-schreiben-foerdert-den-flow/, Zugegriffen am 06.05.2016.

Zehn Tipps zum Blog Marketing

1. **Betten Sie Social Media Buttons im Blog ein:** Sie sorgen für einfaches und schnelles Teilen der Inhalte und fördern das Verbreiten. Positionieren Sie die Symbole an einer gut sichtbaren Stelle auf Ihrer Website.

2. **Finden Sie die richtige SEO-Strategie:** Keywords müssen zum Thema passen und stark in den Suchanfragen vertreten sein. Das können Sie am besten mit Google Trends oder Google Adwords überprüfen.

3. **Virales Marketing bringt viel Aufmerksamkeit:** Besondere Inhalte und Aktionen, aufregende Infos usw. sollten zur Weiterempfehlung genutzt werden.

4. **Social Bookmarking:** Websites wie mister-wong.de, technorati.com und delicio.us eignen sich optimal, um themenspezifische und eigene Link-Listen anzulegen. Sie werden auch von anderen Usern genutzt und verteilt.

5. **Social News:** Websites wie t3n.de und webnews.de sind optimal, um eigene Artikel dort einzureichen. Voten Leser Ihre Artikel, dann kommen viele neue Besucher dazu und daraus können auch viele Stammleser werden.

6. **Arbeiten Sie mit Gastbloggern zusammen:** Das hat zum Vorteil, dass der Gastblogger seine Leser als neue Leser für Sie mitbringt. Er macht Eigenwerbung und es gibt neue Verlinkungen mit. Und Sie haben weniger Textarbeit!

7. **Betreiben Sie Networking:** Bauen Sie Beziehungen zu anderen Blogs auf, indem Sie Verlinkungen in Ihre Beiträge einbauen oder andere Blogs kommentieren. Nehmen Sie an einer Blog-Parade.de durch spezielle Themen teil.

8. **Binden Sie Experten ein:** Verstärken Sie den Stellenwert Ihres Blogs durch Interviews, Zitate oder Studien von anderen Experten. So erhalten Sie größeres Aufsehen und strahlen mehr Seriosität aus.

9. **Pressearbeit:** Erstellen Sie regelmäßig eine Übersicht Ihrer Beiträge bzw. Pressemitteilungen, die Sie zum Beispiel an kostenlose Presseportale verschicken. Das fördert zumindest die Aufmerksamkeit für Ihr Blog.

10. **Kommentare bringen Aufmerksamkeit:** Das Kommentieren (sowohl im eigenen Blog als auch in anderen Blogs) hilft, Leser auf sich aufmerksam zu machen.

3.7   Erfolgsmessung im Content Marketing

Deutlich wurde in den bisherigen Kapiteln: Ohne Strategie, Steuerung und Erfolgsmessung gelingt kein strategisches Content Marketing. Eine Content Balanced Scorecard kann helfen, eine solche Strategie zu entwickeln und umzusetzen.

▶ **Was ist eine Content Balanced Scorecard?** Das Ziel der Content Balanced Scorecard ist, eine Verbindung zwischen Strategie-Entwicklung und -umsetzung zu schaffen, in dem die finanziellen Kennzahlensysteme an die Anforderungen angepasst werden. In der Content Balanced Scorecard werden dafür finanzielle Kennzahlen durch eine Kunden-, eine interne Prozess- und eine Lern- und Entwicklungsperspektive ergänzt.

Die Balanced Scorecard ist ein strukturiertes System von primär diagnostischen Kennzahlen. Die Verknüpfung zwischen Strategie-Entwicklung und -umsetzung ermöglicht es, Unternehmensziele nachhaltiger verfolgen zu können. Dabei werden klassische finanzielle Kennzahlen an die neuen Begebenheiten angepasst und mit der Kunden-, der internen Prozess- und der Lern- und Entwicklungsperspektive ergänzt. Die Balanced Scorecard ergänzt das finanzielle Kennzahlensystem um qualitative Ziele (Hilker 2015).

Die Balanced Scorecard liefert Kennzahlen zum Erfolg einer Content-Strategie. Ist man erst einmal in der Durchführungsphase der Content-Strategie angekommen, stellt sich die typische Frage: „Sind wir auf dem richtigen Weg und wenn ja: wie sind unsere Erfolge?" Die einfachste Kennzahl (KPI: Key Performance Indikator) ist der Profit. Ist dieser gestiegen, funktioniert die Content-Strategie. Doch dies zeigt nicht, welcher Teil der Strategie ausschlaggebend für den Erfolg oder Misserfolg war. Ein Unternehmen darf sich daher niemals nur auf die finanziellen Indikatoren verlassen. Es müssen auch KPIs aus den anderen Bereichen berücksichtigt werden. Die Balanced Scorecard kann differenzierte Analysen dazu liefern und eignet sich aufgrund ihrer vier Perspektiven gut zur Steuerung.

Welche Voraussetzungen müssen zur Erstellung einer Balanced Scorecard im Unternehmen erfüllt sein? Für welche Art von Unternehmen ist die Balanced Scorecard besonders gut geeignet? Die Erstellung einer Balanced Scorecard erfordert Engagement und Know-how und bietet einen umfassenden Überblick über alle betreffenden Bereiche. Grundsätzlich ist eine Balanced Scorecard für jedes Unternehmen geeignet. Sie zeigt beispielsweise seine Stärke im internationalen und strategieorientierten Umfeld, da sie die Teamzusammenarbeit strategisch und professionell steuert. Für aktionistisch getriebene Unternehmen eignet sie sich nicht, weil der Steuerungsaufwand in diesem Kontext nicht zu rechtfertigen ist.

Doch die Balanced Scorecard funktioniert nur im Content Marketing, wenn die Mitarbeiter der Unernehmensbereiche zusammenarbeiten. Dann wird die finanzielle Perspektive mit der Erhöhung des Kundenwertes verbunden, während die Kundenperspektive analysiert, mit welchen internen Prozessen der Kundenwert erhöht werden kann (vgl. Abb. 3.17).

1. Die **finanzielle Perspektive** zeigt an, ob die Implementierung der Content-Strategie zur Ergebnisverbesserung im Unternehmen beiträgt. Finanzielle Kennzahlen sind zum Beispiel Website Traffic, Leads, Conversion Rate. Alle Kennzahlen der anderen Perspektiven sollen grundsätzlich über Ursache-/Wirkungsbeziehungen mit den finanziellen Zielen verbunden sein.
2. Die **Kundenperspektive** reflektiert die strategischen Ziele des Unternehmens im Content Marketing in Bezug auf die Customer Buyer Persona. Dafür bedarf es spezieller Kennzahlen, Zielvorgaben und Maßnahmen wie Engagement, Community-Zuwachs und NPS (Netpromoterscore).
3. Die **interne Prozessperspektive** bildet die Prozesse ab, um die Ziele der finanziellen Perspektive und der Kundenperspektive zu erreichen. Dazu ist eine Darstellung der

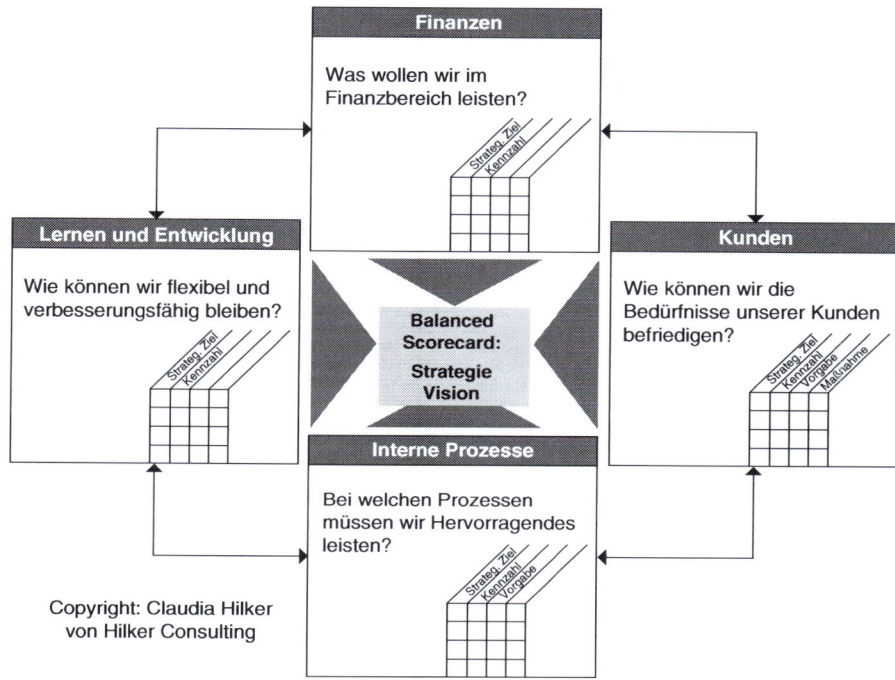

Abb. 3.17 Die Balanced Scorecard im Content Marketing. (Quelle: Hilker Consulting)

kompletten Wertschöpfungskette hilfreich mit Rollen, Zuständigkeiten und Verantwortlichkeiten.

4. Die **Lern- und Wachstumsperspektive** beschreibt die Kennzahlen für die Infrastruk-
   tur, um die Ziele der ersten drei Perspektiven zu erreichen mit Investitionen in die
   Zukunft. Drei Hauptkategorien werden dabei unterschieden: Mitarbeiterqualifizie-
   rung, Leistungsfähigkeit des Informationssystems sowie Motivation und Zielausrichtung im Team.

**Welche Schritte sind nötig, um die Balanced Scorecard im Content Marketing prak-
tisch anzuwenden?** Eine Content Balanced Scorecard lässt sich nicht kurzfristig entwickeln. Diese Prozesse brauchen Zeit, Engagement und Know-how. Aber mittelfristig
zeigen sich Erfolge. Eine Balanced Scorecard hilft, die Visionen eines Unternehmens
umzusetzen, es fördert strategisches statt aktionistisches Vorgehen und fördert die Zusammenarbeit im Team. Somit sichert es die Erfolge im Content-Marketing. Zum Einsatz
einer Balanced Scorecard im Content-Marketing sind drei Schritte erforderlich:

1. **Strategieformulierung**: Beim ersten Schritt ist es wichtig, Ideen zu entwickeln, die die
   Probleme des Unternehmens lösen können. Im Content Marketing braucht es regelmäßig neue und anregende Themen, die die Kunden erreichen und langfristig binden.

Allgemeine und für einen Bereich exemplarische Marketing-Strategien dienen hierbei als Inspiration.

2. **Strategiebeschreibung**: Wenn Ideen und Innovationen gefunden sind, ist es oftmals schwierig, diese für die Mitarbeiter verständlich in Worte zu fassen. Das ist aber von großer Bedeutung, damit die Strategie richtig kommuniziert werden kann. Die Balanced Scorecard hilft, die richtigen Fragen zu stellen und Kennzahlen kritisch auszuwerten, sodass die Schwachstellen ausgebessert werden können.

3. **Strategieumsetzung**: Mit einer gut formulierten Strategie funktioniert auch die Durchführung leichter. Nicht immer wird jeder geplante Schritt erfolgreich verlaufen. Daher ist eine fortlaufende Analyse dringend zu beachten. Esent steht somit ein guter, stabiler Rahmen, in dem die gefundene Strategie ausgeführt werden kann.

Das Vorgehen hilft, die richtigen Fragen zu stellen und die Kennzahlen zu definieren. Dabei können Schwachstellen erkannt und ausgebessert werden. Sie sichert den stabilen Rahmen mit einer kontinuierlichen Evaluation durch eine fortlaufende Analyse.

Wie viel Zeit sollte man für diesen Prozess einplanen? Eine konkrete Zahl an dieser Stelle zu nennen macht wenig Sinn, da die Erstellung und Umsetzung einer Balanced Scorecard von vielen Faktoren abhängig ist: vom aktuellen Stand der Unternehmensstrategie, von der Größe des Teams und des Unternehmens insgesamt sowie der zur Verfügung stehenden Ressourcen. Grundsätzlich ist dieser Prozess anfangs eher zeitintensiv. Nach einiger Zeit können sich jedoch bereits die ersten Erfolge bemerkbar machen und langfristig zahlt sich die anfangs investierte Zeit definitiv aus.

Welche Stolperfallen gibt es dabei? Die Herausforderung bei der Arbeit ist die Zusammenarbeit und die Kommunikation der verschiedenen Bereiche. Entscheidungen müssen gemeinsam mit unterschiedlichen Abteilungen (Geschäftsführer, Marketing, Kommunikation) getroffen werden. Ein ständiger Informationsaustausch ist deshalb ab Projektstart notwendig.

Die Balanced Scorecard zeichnet sich durch hohe Flexibilität und starkes Commitment aufgrund der direkten Einbindung der Mitarbeiter in den Entwicklungsprozess aus. Diese Charakteristika sind insbesondere im Content Marketing relevant, da dieses von neuen und anregenden Themen lebt. Die fortlaufende Analyse und der kontinuierliche Evaluationsprozess haben einen stetigen Wandel zur Folge. Die Mitarbeiter müssen daher stets über den aktuellen Stand informiert sein und Entscheidungen mittragen. Die direkte Einbindung der Mitarbeiter ist im Content Marketing daher unbedingt notwendig.

Welche Vor- und Nachteile gibt es beim Einsatz der Balanced Scorecard als Instrument zur Content-Strategie-Entwicklung? Der Vorteil der Balanced Scorecard ist definitiv die Nachhaltigkeit dieses Instruments. Durch die fortlaufende Analyse und Optimierung passt die Balanced Scorecard die Unternehmensstrategie immer an die aktuellen Gegebenheiten an. Zudem sorgt die Balanced Scorecard für einen einheitlichen Außenauftritt eines

Unternehmens, denn eine klare Strategieformulierung und -umsetzung haben eine eindeutigere Positionierung zur Folge. Der Nachteil liegt im Aufwand für die Erstellung einer Balanced Scorecard.

3.8 Ausblick zum Content Marketing (Klaus Eck; Doris Eichmeier, Miriam Löffler)

Interview mit den Autoren Klaus Eck (Content-Stratege), Doris Eichmeier, (Medienberaterin) und Miriam Löffler (Autorin).

Claudia Hilker: Ist Content Marketing eine Evolution oder Revolution?

Klaus Eck: Content Marketing ist in erster Linie eine Evolution, die einer Revolution bedarf, um sich vollends durchzusetzen. In den USA ist Content Marketing längst etabliert und selbst Entscheider wissen, was es ist, worauf es ankommt und warum sie nicht daran vorbeikommen. Um Content Marketing hier bei uns voranzubringen, bedarf es einer Revolution in den Unternehmen, indem viele Mitarbeiter darauf hinarbeiten, dass die entscheidenden Personen sich mit dem Thema auseinandersetzen und sich öffnen. Wer sich nicht darauf einlässt, muss damit rechnen, weniger erfolgreich bei der Ansprache der eigenen Stakeholder zu sein.

Miriam Löffler: Ganz klar eine Evolution – und eine Zusammenführung verschiedener Marketing-Disziplinen (u. a. Brand Marketing, CRM, Online Marketing, SEO, Social etc.). Ein klein wenig ist es auch eine Renaissance. Denn vor dem großen SEO-Hype vor zehn Jahren wurde schon einmal in vielen Firmen sehr professionell mit Content gearbeitet. Hätte Google seine Algorithmus-Anpassung nicht durchgezogen, würden viele immer noch versuchen, mit schlechtem Content Rankings abzugreifen. Insofern: Schön, dass wir jetzt wieder vernünftig mit Inhalten arbeiten dürfen. Und: Schön, dass man dank Social Media verstanden hat, dass der Kunde eine Stimme hat und sich nicht alles kommentarlos verkaufen lässt. Die Evolution besteht darin, dass uns heute ein Vielfaches an Content-Formaten und -Kanälen zur Verfügung steht. Im Cluetrain-Manifest (Cluetrain 2016) von 1999 steht schon vieles, was Content-Marketing-Mitarbeiter auch heute berücksichtigen sollten, wenn sie mit Kunden eine Geschäftsbeziehung aufbauen wollen. Das Revolutionäre am Thema Content Marketing ist sicher das Aufweichen von Abteilungsverantwortlichkeiten. Ein starres Nebeneinander funktioniert nicht mehr: Die einzelnen Abteilungen (PR, SEO, IT, CRM, Offline Marketing, Online Marketing, Social) müssen an einem Strang ziehen, um ein optimales Ergebnis zu erarbeiten – für den Kunden!

Claudia Hilker: Welche Do's und Don'ts im Content Marketing gibt es?

Klaus Eck: Natürlich gibt es auch im Content Marketing zahlreiche Do's and Don'ts. Zur ersten Kategorie gehört beispielsweise, dass Unternehmen zunächst eine übergreifende Content-Strategie entwickeln, auf der das Content Marketing aufbaut. Außerdem ist es wichtig, seine Zielgruppen zu kennen, damit man nicht nach dem Gießkannenprinzip vorgehen muss. Ein absolutes No-Go sind für mich werbliche Inhalte oder technische SEO-Texte, die einfach als Content Marketing verkauft werden. Kunden wollen keine platte

Werbung oder leblosen Texte mehr, sondern Mehrwerte, die ihnen bei konkreten Frage-stellungen helfen oder sie unterhalten.

Miriam Löffler: Ich denke, da gibt es schon so viele Listen – und alle beinhalten die-selben Punkte. Budget, Zeit, Ziele, Audit/Bestandsaufnahme, Ressourcen, Zielgruppen, Planung, Testing, Controlling: Vor all diesen Punkten (und vielen weiteren mehr) steht das Do. Das Don't wäre, diese Themen zu ignorieren.

Claudia Hilker: Welche strategischen Vorgehensmodelle würdest Du empfehlen?

Doris Eichmeier: Sofern Unternehmen die Content-Strategie ernst nehmen und als unver-zichtbare Basis einsetzen, sind sie sehr gut aufgestellt. Denn eine richtig verstandene Content-Strategie beruht auf der übergreifenden Unternehmens-, Marken- und der Kommuni-kationsstrategie und berücksichtigt alle Abteilungen. Allerdings ist es zugleich sehr nützlich, ein Modell der Customer Journey zu entwickeln, das zu Produkt, Marke und Unternehmen passt. Mit dieser können dann geeignete Content-Marketing-Formate entwickelt werden, wel-che die Qualität der Customer Experience erhöhen. Unterschätzen darf man nicht den ersten Schritt der Content-Strategie, nämlich Content-Analyse. Hier sollten Unternehmen ehrlich und umfassend erörtern, wie ihr Content-Bestand quantitativ und qualitativ aussieht. Welcher Content kommt an welchen Kontaktpunkten zum Einsatz? Passen die Inhalte zu den dortigen Konsumentenbedürfnissen? Und wird meine Marke angemessen berücksichtigt? Welche Content-Strukturen und -Prozesse gibt es aktuell im Unternehmen – und gibt es dort Optimie-rungs- und Sparpotenzial? Wer Antworten auf diese Fragen erarbeitet hat, findet auch sehr schnell die passenden taktischen Maßnahmen, um sein Content Marketing zu optimieren. Welche Lücken in der Content-Kompetenz hat mein Unternehmen und braucht deshalb exter-ne Unterstützung? Ein Grundstock, auf dem man aufbauen kann, ist sicher bei jedem vorhan-den. Vielleicht lässt sich auch der ein oder andere Content-Schatz heben und neu aufpolieren.

Die wichtigste Taktik, die deshalb zur Routine werden muss: regelmäßige Meetings mit allen an der Kommunikation beteiligten Verantwortlichen. Damit meine ich nicht das ohnehin unverzichtbare Redaktionsmeeting, sondern auch ein regelmäßiges Treffen, in dem alle für den Content-Prozess Verantwortlichen – also die Führungs- und Entscheide-rebene – auf den aktuellen Stand gebracht werden, Probleme erörtert werden, Optimie-rungsmaßnahmen besprochen werden etc.

Miriam Löffler: Die Entwicklung einer guten Content-Marketing-Strategie ist von so vielen Faktoren abhängig: Firmengröße, Ziel, Budget, Ressourcen, Know-how der Mitar-beiter. Daher ist es für mich eher ein agiles Marketing, das sich dynamisch weiterentwi-ckelt. Das Ganze in ein allgemeingültiges Modell pressen zu wollen, halte ich für wenig sinnvoll – zumindest ist das heute meine Meinung. Ich lasse mich aber gerne vom Gegen-teil überzeugen, wenn ich einen guten Anwendungsfall sehe.

Claudia Hilker: Welche taktischen Empfehlungen hast Du zur operativen Umset-zung für Marketers?

Miriam Löffler: Die Taktik lautet: machen! Mut zum Trial and Error. Und: planen, testen, lernen, wissen, schulen, dokumentieren …. Das heißt, bevor man mit irgendetwas anfängt, geht es um eine Bestandsaufnahme, das Setzen von klaren Zielen und darum, die Voraussetzungen für die Einführung des Content Marketing im Unternehmen zu schaffen (Content Controlling, Themenplan-/Redaktions-Meeting, Schulungen, Audit etc.).

Claudia Hilker: Welche Handlungsempfehlungen gibst Du Unternehmen zum Start?

Klaus Eck. Hilfreich für Content-Strategie und Marketing ist die Abschaffung von Silos zwischen den einzelnen Abteilungen, denn sie behindern den Informationsfluss. Content Marketing kann seine ganze Kraft nur entfalten, wenn die Akteure abteilungsübergreifend zusammenarbeiten und Synergien genutzt werden. Unsere Content-Marketing-Agentur d.Tales beginnt bei unseren Kunden häufig zum Start mit einer Content Review. Diese ist für viele Unternehmen sehr hilfreich, um herauszufinden, welche Content-Stücke auf welchen Kanälen bisher erfolgreich eingesetzt worden sind und welche noch optimiert werden können. Für erfolgreiches Content Marketing ist es notwendig, den gesamten Prozess der Inhalteproduktion von Ideenentwicklung über Erstellung bis zum Lektorat kompetent abzudecken. Zudem braucht es Expertise in einem breiten Spektrum an Themengebieten bzw. sollte man über ein etabliertes Netzwerk zu freien Autoren verfügen, um auch spezialisierte Themen in notwendiger Tiefe zu bedienen. Dabei gilt es, Text-Content in allen Formaten – On- und Offline, Short- und Longform – nachweislich verstanden zu haben und professionell umsetzen zu können. Dazu nutzt man klare Instrumente bzw. Methoden, um zu wirklich zielgruppengerechten Inhalten zu kommen.

Miriam Löffler: Meist müssen zunächst einige Hausaufgaben gemacht werden: Die Firmen müssen im ersten Schritt noch viel über ihr Unternehmen lernen (Zielgruppen, Teamaufstellung).

Claudia Hilker: Welche Werkzeuge sind erforderlich? Einzellösungen mit Tools (wie Google Analytics) oder Marketing Clouds (wie Adobe)?

Doris Eichmeier: Welche Tools für Content Marketing erforderlich sind, ist von Unternehmen zu Unternehmen verschieden, je nach Anforderung. Hilfreich sind Tools zur Erstellung, zum Sammeln, Kuratieren und Auswerten des Content. Mittlerweile ist das Angebot dermaßen riesig, dass es dringend nötig ist, erst einmal en detail in Erfahrung zu bringen, was das Unternehmen in punkto Content leisten möchte – und ob es bereits Tools im Haus gibt, die hier nützlich sein könnten. Es kann nicht darum gehen, weitere Tools zu den ohnehin meist zahlreichen Tools hinzuzufügen. Ideal wäre es, die Situation zum Anlass zu nehmen, um eine Straffung der Tool-Landschaft vorzunehmen, wozu allerdings das Know-how der IT-Mitarbeiter und Prozessoptimierer im Haus unverzichtbar ist. Extrem wichtig ist es, dass das Content Marketing Tool mit den CRM-Datenbanken verbunden werden kann. Dann hat das Unternehmen weniger Planungsprobleme, wenn es personalisierte Inhalte aufbauen möchte.

Miriam Löffler: Das kommt darauf an, was man letzten Endes wirklich braucht. Sprich: Das hängt beispielsweise von der Firmengröße ab – und von den Anforderungen der Mitarbeiter, welche die Tools bedienen müssen. In jedem Fall benötigt man ein Tracking Tool sowie einen Produktions- und einen Redaktionsplan, wobei die Pläne natürlich auch in einem Tool geführt werden können.

Claudia Hilker: Zukunftsausblick: Wie wird sich Content-Marketing weiter entwickeln

Klaus Eck: Für Berater und Agenturen wie auch Unternehmen und Marketer gilt: Beliebige, einfache Inhalte reichen auf lange Sicht nicht aus, um für Aufmerksamkeit im

Sinne des Agenda Setting und des Reputation Management zu sorgen. Kunden wollen nicht gelangweilt oder von Werbung verfolgt, sondern unterhalten, informiert und immer wieder aufs Neue überrascht werden. Wir können also nicht einfach auf „Altbewährtes" setzen und ihm nur einen neuen Namen geben. Wir müssen aktuell und in Zukunft neu denken, Neues ausprobieren und dabei viel häufiger die Unternehmensbrille ab- und die Kundenbrille aufsetzen. Nur so schaffen wir es, die Aufmerksamkeit der User zu erhalten und sie für unsere Marke zu begeistern. Beliebige Inhalte kann sich niemand mehr leisten. Diese sind wir alle leid. An ihre Stelle wird Unique Content treten, der aufwendiger produziert werden muss, dafür aber seine Stakeholder sehr gut in der Customer Journey erreicht. Auf diese Weise vermeiden Marken es, am Kunden vorbei zu kommunizieren. In unserer neuen Welt müssen Inhalte attraktiv sein, um Pull-Effekte im Marketing zu erzielen. Wer es richtig macht und nur auf wirklich relevante Informationen für seine Kunden setzt, wird diese nicht verprellen, sondern sie wesentlich erfolgreich erreichen und an sich binden.

Miriam Löffler: Ich denke da gerade weniger an die Zukunft, da das Thema erst einmal richtig im Jetzt ankommen muss. Und zwar nicht auf Konferenzen oder in Fachkreisen, sondern in Firmen jeder Art und Größe!

3.9   Zusammenfassung

In diesem dritten Kapitel ging es um operatives Content Marketing. Die Umsetzung einer Content-Marketing-Strategie am Beispiel Dell wurde uns im Gastbeitrag von Georg Zedlacher vorgestellt. Typische Fragen wie Make or buy? wurden erläutert und mit einem Experten aus der Praxis: Olaf Willems, Leiter Unternehmenskommunikation PSD Banken Verband, im Interview diskutiert. Ein weiterer Experte Hans Joachim Bues, Kommunikationsleiter vom Flughafen München berichtet über seine Erfahrungen im Interview über Content Management in der Praxis. Zentrale Aspekte wie Agentur-Pitch zur Content-Produktion sowie Briefing und Steuerung von Agenturen für Content Projekte wurden beleuchtet. Es gab Handlungsempfehlungen zur Organisation der Prozesse, Rollen und Erfolgsmessung sowie zum Workflow in der Content-Produktion mit der Planung (Redaktionsplan) und zur Erfolgsmessung mit Monitoring und Evaluation. Die Faktoren zur Content-Marketing-Produktion wurden differenziert untersucht sowie die Frage: Was ist eigentlich relevanter Content? Dazu hat die Wave8-Studie Antworten geliefert. Viele Tipps runden das Kapitel ab wie: Keyword-Analysen, Schreiben fürs Web und SEO-optimierte Content-Produktion. Die Content-Distribution am Beispiel Online-Pressemitteilungen stellte Expertin Melanie Tamble vor. Deutlich wurde anhand von vielen Praxisbeispielen, dass die Online-Mitteilung ein flexibles Medienformat ist. Rechtliche Risiken im Content Marketing stellte Rechtsanwalt Christian Solmecke vor, insbesondere geht es um Schleichwerbung, Product Placement und Urheberrechtsverletzungen. Corporate Blogs im Content Marketing stellte Melanie Tamble vor. Dabei ging es um die Ziele, den Nutzen und die Gründe zum Blog-Einsatz sowie die Besonderheiten in der Blog-Konzeption und Vorgehensweisen in der Redaktionsplanung. Die Erfolgsmessung im Content Marketing wird am Beispiel einer Balanced Scorecard erläutert, die vier Perspektiven misst: Finanzen, Kunden, Prozesse und Lern/Wachstumspotenzial. Die Zukunftsaussichten für Content Marketing diskutieren im Interview die Autoren Klaus Eck (Content-Stratege und Content Marketer), Doris Eichmeier, (Medienberaterin, Content-Strategin und Content Managerin) und Miriam Löffler (freie Beraterin, Trainerin und Autorin).

Unternehmen sollten sich über die verschiedenen Möglichkeiten zur Content Marketing Strategie Umsetzung informieren. Ein Redaktionsplan hilft, um klare Rollen zu verteilen, Verantwortlichkeiten zu prüfen und eine regelmäßige Umsetzung zu gewährleisten. Behalten Marketers den rechtlichen Rahmen im Auge, müssen sie sich nur noch darauf konzentrieren, die verschiedenen Content-Arten richtig auszubereiten. Über eine kluge Auswahl der Keywords können Unternehmen die Chancen erhöhen, dass der Content auch schnell bei der Zielgruppe ankommt. Dann ist alles eine Frage des Managements. Lesen Sie mehr dazu im Whitepaper: Content Marketing für Unternehmen.[11]

Literatur

Bürker, M. 2015. Content marketing. 13.2. In *Praxis des PR-Managements. Strategien – Instrumente – Anwendung*. FOM-Edition, FOM Hochschule für Oekonomie & Management, Hrsg. Jan Lies, 429–444. Wiesbaden: Gabler.

Cision Social Journalism-Studie. 2014/15. http://www.cision.de/ressourcen/whitepaper/die-social-journalism-studie-2014/15-deutschland-report-lp/.

Cluetrain Manifest. 2016. http://www.cluetrain.com/auf-deutsch.html. Zugegriffen am 06.05.2016.

Eck, K., und D. Eichmeier. 2014. *Die Content-Revolution im Unternehmen. Neue Perspektiven durch Content-Marketing und -Strategie*, 1. Aufl. Freiburg im Breisgau: Haufe-Lexware.

Heltsche, M. 2012. Social media im Kommunikations-Controlling. Monitoring und Evaluation (communicationcontrolling.de Dossier Nr. 6). Berlin/Leipzig.

Hilker Consulting. 2015. http://www.hilker-consulting.de/balanced-scorecard-fuer-content-marketing/. Zugegriffen am 06.05.2016.

Hilker, Claudia. 2015. Whitepaper „Corporate Blogs". http://blog.hilker-consulting.de/blog/whitepaper-corporate-blog-fuer-unternehmen. Zugegriffen am 30.12.2016.

Hilker, Claudia. 2015. Whitepaper „Content Marketing". http://blog.hilker-consulting.de/blog/whitepaper-content-marketing/. Zugegriffen am 30.12.2016.

Hilker, Claudia. 2016. Wie Content Marketing funktioniert. http://blog.hilker-consulting.de/blog/wie-content-marketing-funktioniert. Zugegriffen am 19.03.2017.

Jurpc. 2015. http://www.jurpc.de/jurpc/show?id=20140031. Zugegriffen am 06.05.2016.

Mai, J. 2014. Studie corporate blogs 2014. http://karrierebibel.de/studie-corporate-blogs-2014-falsche-themen-kaum-kommentare/. Zugegriffen am 06.05.2016.

news aktuell. 2015. http://treibstoff.newsaktuell.de/c/studien-und-umfragen/. Zugegriffen am 06.05.2016.

Umww. 2015. http://wave.umww.com. Zugegriffen am 06.05.2016.

---

[11] http://blog.hilker-consulting.de/blog/whitepaper-content-marketing.

Content-Marketing-Tools

Inhalt

© Springer Fachmedien Wiesbaden GmbH 2017
C. Hilker, *Content Marketing in der Praxis*, DOI 10.1007/978-3-658-13883-7_4

Zusammenfassung

Marketers benötigen integrierte und koordinierte Systeme zur kontinuierlichen Handhabung und Optimierung einzelner Aufgaben im Content Marketing, um einen Überblick in Echtzeit über verschiedene Absatzwege, Geräte und Umgebungen hinweg zu haben. Anbieter aus Fachrichtungen wie Werbung, Marketing-Automatisierung und Analytik ergreifen diese Gelegenheit. Somit bringt die Digitalisierung viele neue Möglichkeiten im Content Marketing mit sich, um für das eigene Unternehmen effizient durch automatisierte Abläufe zu werben. Diese Vielzahl an verschiedenen Plattformen im Bereich der Content Marketing Tools birgt die Gefahr, den Überblick zu verlieren. Um die Vielzahl der heutigen Marketing-Aktivitäten so effizient wie möglich zu erledigen, werden Tools benötigt, die alle Plattformen vereinen und übersichtlich darstellen. All-in-One-Systeme bündeln die Marketing-Aktivitäten in einem Dashboard mit einer Marketing Cloud. Diese Automation bündelt nicht nur klassische Marketing-Kanäle, wie E-Mail oder PR. Durch die wachsende Digitalisierung nehmen auch die Tools zur Integration sozialer Netzwerke und Marketing-Trends wie Inbound Marketing eine immer größere Rolle mit eigenen Plattformen ein. Die Leistungen der angebotenen Produkte unterscheiden sich stark voneinander und müssen auf die Unternehmensgröße abgestimmt werden. Doch teilweise erscheinen die Angebote wie eine Blackbox, mit komplexen und undurchsichtigen Beschreibungen, die keinen Vergleich ermöglichen. Dieses Kapitel gibt einen Überblick über die Plattformen und Anbieter sowie über die Anforderungen mit Klassifikationen, und Preisklassen der Angebote.

4.1   Marketing-Automation: Die Zukunft im digitalen Marketing?

Die Zahl der Unternehmen, die für Content Marketing eine Marketing-Cloud-Lösung verwenden, steigt. Dabei wachsen sowohl das Lager der Befürworter als auch das der Skeptiker: Ein häufiger Grund für ihre Skepsis sind Vorurteile und Mythen, die ein falsches Bild über Cloud-Lösungen vermitteln. Vielfach wird das Misstrauen in dem Sicherheitsargument begründet. Doch wie unsicher ist eine Content Marketing Cloud wirklich? Grundsätzlich kann jedes Computersystem gehackt werden, ob lokal oder internetbasiert. Täglich erscheinen neue Meldungen in den Medien über gehackte Websites und Systeme. Aber es gibt viele Fälle, bei denen die Cloud sicherer ist als das lokale System, da Cloud-Anbieter oft über eine viel größere Sicherheitsabteilung verfügen als die meisten Unternehmen. Es ist durchaus üblich, dass eine Cloud eines großen Anbieters besser gegen Angreifer, Datendiebstahl, Viren oder fehlerhafte Anwendungen geschützt ist als eine private IT-Infrastruktur oder eine eigenständig betriebene Private Cloud in einem Unternehmen. Das gilt vor allem, wenn dessen Kernkompetenz nicht die IT ist. Dann lohnt sich die langjährige Expertise von Cloud-Dienstleistern besonders. Mittlerweile gewährleisten rigorose Sicherheitskontrollen, ausgereifte Überwachungssysteme, Netzwerktrennung zwischen den einzelnen

Cloud-Kunden und Firewalls ein hohes Schutzniveau. Hinzu kommen hochmoderne Systeme, die dazu beitragen, unerwünschte Besucher von der Cloud fernzuhalten. Wer sich genau informiert, kann den Schutz seiner Daten perfektionieren: Durch Verschlüsselung der in der Cloud gespeicherten Daten lässt sich weiterer Schutz aufbauen. Unternehmenseigene Zugangskontrollen, durchdachte Passwörter und rollenbasierter Zugang zur Cloud der Unternehmen leisten ihr Übriges. Unter dem Blog-Beitrag der cloud world „4 Tipps, wie Sie es den Hackern leichter machen" (Waack 2014) finden Sie hilfreiche Tipps, die sich auch auf den Umgang mit der Cloud übertragen lassen.

Welchen Nutzen bringt eine digitale Marketing Cloud? Es gibt vier Komponenten, die alle digitalen Marketing-Cloud-Angebote erfüllen sollten:

1. **Multichannel-Marketing-Automatisierung** für die Veröffentlichung von Inhalten über verschiedene Kanäle wie Mobile und Social. Teilweise erfolgt auch eine Automatisierung auf Basis intelligenter Algorithmen für die Frequenz, das Timing oder das Engagement.
2. **Content-Management-Tools** erstellen und verwalten die Inhalte und Engagement Tools, die über verschiedene Kanäle eingesetzt werden können.
3. **Social Media Tools zum Monitoring** in sozialen Netzwerken, um Verbrauchergespräche zu erschließen, zum Reagieren mit benutzerdefinierten Inhalten.
4. **Analyse Plattformen**, um Profile der Verbraucher zu erstellen auf der Grundlage ihres Online-Verhaltens und zur Beurteilung, welche Marketing-Kampagnen funktionieren.

Jeder Anbieter bietet diese Komponenten in unterschiedlichem Maße an, was es schwierig macht, die einzelnen Anwendungen miteinander zu vergleichen. Doch mit diesen grundsätzlichen Kriterien kann man das Angebot als Ganzes bewerten, Stärken identifizieren und Schwächen bzw. Lücken erkennen.

4.2 Magic Quadrant für Digital Marketing Hubs

Der Magic Quadrant richtet sich an Marketing-Verantwortliche, Chief Marketing Officer (CMO), Marketing-Technologen und weitere Führungskräfte aus dem Bereich Digital Marketing, die an der Auswahl der zentralen Systeme zur Unterstützung der entsprechenden Geschäftsanforderungen beteiligt sind. Ein Digital Marketing Hub ist für Marketing-Fachleute bei zahlreichen auftragsentscheidenden Aufgaben von grundlegender Bedeutung.

▶ **Definition Digital Marketing Hub** Gartner (2016) definiert einen „Digital Marketing Hub" wie folgt: „Ein Digital Marketing Hub bietet Marketers standardisierten Zugriff auf

Daten zu Zielgruppenprofilen, Inhalte, Workflow-Elemente, Nachrichten- und geläufige Analysefunktionen zur Orchestrierung und Optimierung von absatzwegübergreifenden Kampagnen, Diskussionsthemen und Erlebnissen sowie zur Datenerfassung über Online- und Offline-Kanäle, was alles sowohl manuell als auch automatisiert erfolgen kann. Ein solcher Hub enthält im Normalfall ein Paket an systemeigenen Anwendungen und Kapazitäten für Marketingzwecke, das sich durch öffentlich zugängliche Dienstleistungen erweitern lässt, mit denen zertifizierte Geschäftspartner interagieren können".

Einsatzbereiche für Digital Marketing Hubs: Mit einem Digital Marketing Hub können entsprechende Anbieter den Inhabern der folgenden Schlüsselrollen behilflich sein:

- **Marketing-Fachleute für E-Commerce:** Zugriff auf Daten zum besseren Verständnis der Bedürfnisse von Kunden, Gestaltung individualisierter Angebote, Werbebotschaften und Erlebnisse sowie verbesserte Fähigkeit zur Ertragssteigerung durch die im Online-Handel gemachten Erfahrungen und entsprechende ergebnisorientierte Optimierung.
- **Marketers im (Customer Experience Management):** Kombination von Zielgruppen-analysen und Content Workflows zum besseren Verständnis der Bedürfnisse von Kunden sowie zur Gestaltung und Bereitstellung von digitalen Erlebnissen mit messbarer Wir-kung.
- **Marketers im Multichannel Marketing:** Nutzung vereinheitlichter Daten und Analy-sen zur Orchestrierung und Optimierung von absatzwegübergreifenden Kauferfahrun-gen über mehrere Systeme und Touchpoints.
- **Marketers in der Marketing-Analyse:** Zusammenführung aktueller und vergangener Daten aus mehreren Quellen in ein gemeinsames Format zu Analysezwecken und Wei-terleitung der entsprechenden Erkenntnisse und Maßnahmen an verschiedene gemein-schaftliche Anwendungen und Instrumente.
- **Marketers in der Marketing-Technologie:** Mehr Flexibilität und weniger Risiko durch Standardisierung des Zugriffs auf gemeinsame Ressourcen wie Daten zu Ziel-gruppenprofilen oder Content- und Workflow-Elemente verschiedener Marketing-Anwendungen.

Funktionsbereiche der Digital Marketing Hubs: Der Digital Marketing Hub befasst sich mit vier Schwerpunktbereichen. Dabei handelt es sich um die wichtigsten Aspekte des Digital Marketing, die es zu integrieren gilt, damit eine eine persönliche Interaktion mit dem Kunden crossmedial erfolgen kann.

1. **Zielgruppenprofil:** Kombination von Daten aus erster, zweiter und dritter Hand über bekannte und anonyme Domains zwecks präzisem Targeting und Tracking von Ange-boten und Erlebnissen. Ein beständiger Überblick über Kundendaten (einschließlich anonymer Profile) auf sämtlichen Marketing-Programmen und -prozessen ist die Basis für wirkungsvolle Kommunikation. Dieses Kriterium wird in dieser Bewertungskate-gorie am stärksten gewichtet und erklärt die starke Leistung von Anbietern im Bereich von Daten-Management-Plattformen (DMP).

2. **Workflows und kollaboratives Arbeiten:** Unterstützung der Marketing-Programme mit Dienstleistungen durch Ideenfindung, Planung und Überwachung der Kunden (Customer Journey) Corporate Designs. Einheitliche Zusammenarbeit und Workflow sind der Schlüssel, um operative Silos zu durchbrechen und positive Kundenerfahrungen (Customer Experience) erzeugen.

3. **Intelligente Orchestrierung:** Bessere Ablaufsteuerung und Koordination des Engagements auf verschiedenen Absatzwegen. Eine spezielle, auf den jeweiligen Absatzweg ausgerichtete Umsetzung kann sinnvoll sein, aber der hybride Kunde lässt sich nicht so einfach steuern und er wechselt ständig zwischen verschiedenen Absatzwegen und Geräten hin und her. Marketing-Programme mit Multichannel-Strategie benötigen übergreifende Erkenntnisse und Automatisierungsmaßnahmen zur Optimierung jeder einzelnen Interaktion in Echtzeit, siehe 4.2.1 Digital Experience Plattformen.

4. **Vereinheitlichte Messgrößen und Optimierung:** Verknüpfung von Investitionen und Ergebnissen zur Optimierung von Investitionen mit dem höchsten Ertragspotenzial. Wenn Marketing-Programme nicht anhand einer einheitlichen Reihe von Regeln bemessen werden, verschwenden Marketing-Fachleute nur ihre Ressourcen und ziehen gegenüber effizienteren Tools den Kürzeren.

Handlungsempfehlung: Gartner (2016) rät Marketing-Experten, Lösungen einzusetzen, die in diesen vier Bereichen über organisatorische Grenzen hinausgehen. Für diese Lösungen müssen gemeinsame Ressourcen und Daten genutzt werden, wodurch sie sich zur Beschaffung aus einer Hand eignen, auch wenn andere Anbieter und Geschäftspartner wertvolle Spezialleistungen sowohl in kreativer als auch technischer Hinsicht beitragen können. Diese Erweiterbarkeit ist für das Hub-Konzept von zentraler Bedeutung.

4.2.1   Digital-Experience-Plattformen für Content Marketing

Die Digitalisierung verändert die Art und Weise, wie Unternehmen mit Kunden kommunizieren und ihre Produkte anbieten. Immer neue digitale Trends erfordern daher die Anpassung an die Kommunikation. Um die Vielzahl an verschiedenen Kanälen, in denen sich Kunden bewegen, erfolgreich zu verwalten, sind professionelle Anwendungen nötig, die alle Informationen markengerecht gebündelt und übersichtlich digital darstellen. Marketing-Plattformen gewinnen deshalb immer mehr an Bedeutung, da sie Unternehmen dabei unterstützen, ihre Kunden besser zu verstehen, Kampagnen effizienter durchzuführen und die Erfolge zu messen. Diese Anwendungen sind teilweise hochpreisig und richten sich an Konzerne oder sind zu moderaten Preisen auch für kleine Unternehmen erschwinglich. Marketers müssen sich daher einen Überblick darüber verschaffen, welche Anwendungen am besten zu den Anforderungen im Unternehmen passen, und ein Anforderungsprofil erstellen.

Im Content Marketing erfordert konkret die Zunahme von Kunden-Touchpoints, Anwendungen und digitalen Interaktionen eine neue technologische Architektur. Man bezeichnet sie als Digital-Experience-Plattform. Bei den meisten großen Unternehmen managen Digital Experience-Plattformen heute Online Content und mobile Touchpoints.

Fortschrittliche Unternehmen weiten ihre digitale Präsenz bereits aus, indem sie ihre Kunden mit mobilen Anwendungen unterstützen. Bei diesen Firmen, die ihre Strategie auf Business-Technologie (BT) – Technologie zur Gewinnung und Bindung von Kunden – ausrichten, geht es in erster Linie nicht um Technologie, sondern um die Beziehung im Kundenlebenszyklus.

▶ **Definition Digital Experience Plattform:** Forrester (2015) definiert Digital Experience Plattformen wie folgt: „Software zur konsistenten Verwaltung, Bereitstellung und Optimierung von Erlebnissen bei allen digitalen Touchpoints."

Jedes Unternehmen muss sein eigenes Geschäftsszenario dazu entwickeln. Ein Bauunternehmer erzählte mir, dass mobile Kunden der Auslöser zum Einsatz waren. Angesichts des seit Jahren anhaltenden zweistelligen Wachstums des mobilen Datenverkehrs ist es für ihn unabdingbar, die Digital Experience-Technologie an digitale Kunden auszurichten, die rund um die Uhr online sind. In den nächsten zwei Jahren will dieser Unternehmer Marketing, E-Commerce und Kundenservice enger miteinander verknüpfen, um seine Kunden über den gesamten Kundenlebenszyklus hinweg besser zu bedienen. Das ist der umfangsreichste Veränderungsprozess, den der Unternehmer je durchgeführt hat.

Digital-Experience-Plattformen müssen laut Forrester (2015) sechs Schlüsselanforderungen erfüllen. Bei einer Digital Experience-Plattformarchitektur, bei der der Kunde im Mittelpunkt steht, werden Strategien, Teams, Prozesse und Technologie optimal aufeinander abgestimmt, um diese Integrationsanforderung mit sechs zentralen Aspekten zu erfüllen (vgl. Abb. 4.1):

1. **Koordination von Content**, Kundendaten und zentralen Diensten, um die Wiederverwendbarkeit und Qualität zu sichern.
2. **Vereinheitlichung von Marketing**-, E-Commerce- und Serviceprozessen, um effizientere Arbeitsabläufe zu ermöglichen.
3. **Kontextbezogene und auf Targeting-Regeln basierende Bereitstellung** von Inhalten für eine einheitliche Unternehmenspräsentation.
4. **Gemeinsame Content Nutzung** für alle digitalen Touchpoints, um ein konsistentes Anwendererlebnis zu erzielen.
5. **Verknüpfung von Daten und Analysen**, um umsetzbare Einblicke zu gewinnen und Maßnahmen daraus abzuleiten.
6. **Verwaltung von Codes und Erweiterungen**, um maximal mögliche Wiederverwendbarkeit zu erzielen, gleichzeitig aber eine übertriebene Anpassung zu vermeiden (Forrester 2015).

Der Wettbewerb von Technologieunternehmen zur Erfüllung der Digital Experience-Plattformanforderungen ist hoch. Digital Experience-Anbieter wissen um die Notwendigkeit, umfassende und gut integrierte Funktionen bereitzustellen, und investieren erhebliche Summen, um diese Funktionen zu entwickeln oder einzukaufen. Anbieter hoffen, ihre Beziehungen zu bestehenden Kunden zu vertiefen und bei Entscheidungsträgern aus

Abb. 4.1 Digital-Experience-Plattformarchitektur von Forrester (2015)

Technologie-, Marketing- und betriebswirtschaftlichen Rollen als erste Wahl zu gelten. Forrester meint, dass Anbieter noch einen langen Weg zur Integration vor sich haben. Zudem sei eine All-in-One-Plattform aufgrund der immer vorhandenen Einschränkungen durch veraltete Technologie, Unternehmensrichtlinien und begrenzte Budgets nur in den seltensten Fällen praktikabel.

Nichtsdestotrotz glaubt Forrester, dass zentrale Funktionen und eine solide Integration äußerst wichtig sind. Die Vorteile einer Plattform sieht Forrester u. a. in gemeinsamen Tools, wiederverwendbaren Ressourcen, Modellen zur gemeinsamen Datennutzung, kurzen Implementierungszeiten und geringem Schulungsbedarf. Selbst wenn ein Unternehmen bereits über eine Lizenz von einem Anbieter verfügt, sollte die Lösung skalierbar sein, das heißt zusätzliche Produkte für einen größeren Funktionsumfang zu erwerben. Deshalb sind als Auswahlkriterien folgende Fragen wichtig:

• Wie gut ist das Portfolio integriert?
• Wie tief greifend sind die nativen Funktionen?
• Welche Gewichtung wird auf Vorabintegration gelegt?

4.2.2 Gartner: Magic Quadrant for Advanced Analytics Platforms

Digital Marketing Hubs haben sich im Laufe der letzten Jahre in den Alltag von Marketing-Fachleuten etabliert. So ergab eine Befragung von Gartner (2016), dass von einem Panel aus 96 Anwendern 82 Prozent über einen Marketing Hub verfügen. 70 Prozent haben diese Entwicklung in den letzten drei Jahren eingeschlagen. Die aktuelle Herausforderung ist dementsprechend nicht, Marketing Hubs zu integrieren, sondern die Nutzung zu optimieren. Zentrale Frage für Unternehmen ist dementsprechend, ob die Hub-Leistungen von einem einzelnen Anbieter beschafft oder aus zwei bis drei Anbietern zusammengestellt werden sollten.

Gartner fand bei seiner Untersuchung heraus, dass nur 22 Prozent aller Unternehmen keinen weiteren Anbieter in ihren Marketing Hub integriert. Die Anzahl der Unternehmen, die mit integrierten Funktionen arbeiten, ist dementsprechend hoch. Grund dafür könnten die noch lückenhaften Hub-Lösungen sein. Am häufigsten treten zusätzliche Integrationen bei den führenden Anbietern auf: 44 Prozent aller Befragten gaben eine Integration mit Tools von Oracle, Adobe oder Salesforce an.

Insgesamt wird deutlich, dass der Markt für Digital Marketing Hubs ein vielfältiges Angebot an Anbietern bereithält. Sie gehen das Problem auf verschiedene Weisen an, sodass sie sich oft gegenseitig ergänzen. Bisher entsteht der Eindruck, dass keiner der Anbieter eine systemeigene Lösung entwickelt hat. Die herrschende Dynamik auf Seiten der Unternehmen zwingt Marketing-Fachleute, einen ganzheitlichen Ansatz anzubieten, und deshalb muss interdisziplinär gedacht werden. Erkenntnisse aus den Fachrichtungen Werbung, Direkt-Marketing und Analytik müssen zusammengetragen werden.

4.2.3 Überblick: Der Markt für Digital-Experience-Plattformen

Um etwas Struktur in den Markt zu bringen und einen guten Überblick ermöglichen zu können, analysierte Gartner (2016) die verschiedenen Anbieter anhand ihrer Ausführungsfähigkeit und der Vollständigkeit ihrer Vision. Kriterien für ersteres waren das Produkt oder die Dienstleistung, die Entwicklungsfähigkeit insgesamt, die Vertriebsausführung und die Preisgestaltung, die Reaktionsfähigkeit bzw. die Bilanz auf dem Markt, die Kundenerfahrung und das operative Geschäft. Die Bewertungskriterien zur Vollständigkeit der Vision waren hingegen das Marktverständnis, die Marketing-Strategie, die Verkaufsstrategie, die Angebots- und Produktstrategie, das Geschäftsmodell, die Vertikal- und die Branchenstrategie, Innovationen und die geografische Strategie.

Das Ergebnis von Gartners Untersuchung veranschaulicht die Matrix (vgl. Abb. 4.2). Um die Zuordnung der Unternehmen nachvollziehen zu können, werden im Folgenden in Anlehnung an diese Gartner-Darstellung primär der Aufbau und die Bedeutung der vier Quadranten näher erläutert:

1. **Markführer:** Diese Unternehmen haben Marketing-Techniken, Werbetechniken und Analysemethoden vollständig integriert und bereits Hub-Lösungen erfolgreich umgesetzt. Dennoch stützen sie sich weiterhin auf integrierte Portfoliolösungen und unterstützende Partnerschaften. Marktführer müssen ihren Fokus auf Innovationen und Integrationen setzen, um ihren Wettbewerbsvorteil halten zu können. Darum versuchen

Abb. 4.2 Magic Quadrant for Advanced Analytics Platforms. (Quelle: Gartner 2016)

sie, ihre systemeigenen Angebote immer weiter abzurunden. Mit dem Blick in die Zukunft wird sich ihre Einstellung gegenüber offenen Partnernetzwerken jedoch dahingehend verändern, dass sie Kunden vermehrt dazu bewegen wollen, Lösungen ausschließlich von einem Unternehmen zu beziehen.

2. **Herausforderer:** Grundsätzlich genießen sie dieselben Vorteile wie die Marktführer. Sie überzeugen in Bezug auf Größe und Marktpräsenz, jedoch mangelt es ihren Lösungen am Umfang und Kohärenz. Insgesamt gelten sie als weniger flexibel bezüglich der Umsetzung ihrer Vorstellungen eines Hub-Angebots, sodass sie grundsätzlich als weniger visionär gelten. Zusammenfassend haben sie jedoch alle in der Vergangenheit Marketing-Dienstleistungen bereitgestellt und viel in Marketing-Software investiert. Daraus lässt sich ableiten, dass sie in Zukunft nicht nachlassen werden und mithilfe von professioneller Unterstützung ihre Vorteile ausbauen werden.

3. **Visionäre:** Die meisten Unternehmen, die diesem Bereich zugeordnet werden können, kommen aus der Werbetechnik. Sie zeichnen sich dadurch aus, dass sie die Kapazitäten für programmatische Werbung für Echtzeit-Daten-Management im Marketing genutzt haben. Dabei entfernen sie sich jedoch häufig von ihrem ursprünglichen Geschäftszweig. Gleichzeitig steigt dieser Diversifizierungsdruck, da der Konkurrenzkampf durch das Eindringen von Facebook, Google und Marktführern im Hub-Bereich verstärkt und der klassische Werbetechniksektor mit weniger Wertschätzung zu kämpfen hat. In dieser Entwicklung steckt jedoch auch das Potenzial für neue Konsolidierungen und Innovationen, da Anbieter sich in Bezug auf Hub-Gelegenheiten zwischen einer Positionierung als Marktführer und Nischenanbieter entscheiden.
4. **Nischenanbieter:** Charakteristisch für Nischenanbieter sind Eigenschaften wie Flexibilität und Innovationsfreudigkeit. Seit dem Vorjahr sind sechs neue Einträge dazu gekommen, daraus lässt sich schließen, dass diese Anbieter zügig in andere Quadranten übersiedeln werden. Ein möglicher Grund ist das schnelle Wachstum und eine andere Möglichkeit ist durch Assimilation. Die dritte Option ist, dass andere Anbieter die Rolle als Nischenanbieter bezüglich ihrer Marketing-Leistungen verfestigen. Die Positionierung als Nischenanbieter vertritt eher den Schwerpunkt eines Unternehmens bezüglich seiner Teilmenge an Hub-Leistungen und weniger bezüglich der Qualität seiner einzelnen Komponenten. Diese können nämlich in einem bestimmten Kontext auch im Marktführer-Quadranten angesiedelt sein können.

Im **Quadrant der Marktführer** setzten sich mit Adobe, Oracle, Salesforces und Marketo vier Anbieter deutlich ab. Diese Top 4 werden im Folgenden näher beleuchtet (siehe Abb. 4.2).

1. **Adobe:** Wie in der Untersuchung von Forrester 2015 ist auch im Gartner Research Report 2016 Adobe als Leader/Marktführer eingestuft worden. Der Grund lag in der „Vollständigkeit der Vision" im Zusammenspiel von Marketing Cloud und Creative Cloud, dem Marktverständnis, der Marketing-, Vertriebs- und Produktstrategie, dem Geschäftsmodell, der vertikalen bzw. branchenbezogenen Strategie, der Innovation und der geografischen Strategie.

   Die führende Plattform auf dem Markt von Adobe unterstützt in erster Linie das Marketing. Das Unternehmen Adobe mit Sitz in San Jose (Kalifornien, USA) hat eine Plattform mit führenden Technologien entwickelt, die Marketing-Aktivitäten unterstützen. Mit der Adobe Marketing Cloud können Unternehmen „Big Data" in „Smart Data" verwandeln und so Kunden und Interessenten mit äußerst personalisiertem Marketing Content effizient erreichen und zu mehr Engagement anregen – und das über sämtliche Endgeräte und digitale Kontaktpunkte hinweg. Acht sehr eng miteinander integrierte Lösungen bieten Marketing-Verantwortlichen ein vollständiges Set an Technologien mit dem Fokus auf Analytics, Web- und App-Experience-Management, Testen und Targeting, Werbung, Audience Management, Video, Interaktion in sozialen Netzwerken und Kampagnenorchestrierung. Denn damit können Marken mit ihren Kunden mit personalisiertem Content über alle digitalen Touchpoints kommunizieren.

Die größten Lücken von Adobe bei der Unterstützung der Kundenakquise liegen in der starken Konzentration auf B2C-Märkte und dem Fehlen eines E-Commerce-Angebots; man verlässt sich hierbei weiterhin auf Partnerschaften. Auch das Service-Angebot von Adobe sei unzureichend. Nach eigenen Angaben zielt die größte Investition in den nächsten Jahren darauf ab, alle Kundendaten in einer einheitlichen Datenplattform mit einer einzigen Laufzeit- und Berechnungsumgebung zu konsolidieren. In puncto Dienstleistungspartner liegt Adobe vor den anderen Anbietern. Die daraus resultierende finanzielle Stärke, ihre Erfahrung und Vielseitigkeit sichern dem Unternehmen eine langfristige Rolle am Markt. Adobe überzeugt vor allem mit stetig neuen Möglichkeiten und seiner Vision. Basierend auf der Vergangenheit im kreativen und analytischen Bereich ist Adobe fachlich top aufgestellt und kann so einen weiterdenkenden Schwerpunkt auf Zusammenarbeit im Unternehmen und betriebliche Abläufe legen – ohne qualitativ, inhaltlich nach zulassen. Kritisiert werden laut Forrester (2015); Gartner (2016) die Komplexität von Adobe, die eingeschränkte Integration anderer Produkte und die Preisgestaltung. Adobe eignet sich also ideal für Unternehmen mit hohen Marketing-Anforderungen, für die führende Lösungen benötigt werden und die über das entsprechende Budget verfügen.

2. **Oracle:** Die Integration bei Oracle für E-Commerce, Content und Kampagnen hängt von der Cloud ab. Das Unternehmen Oracle mit Sitz in Redwood Shores (Kalifornien, USA) hat seine Einkaufsstrategie für seine Digital Experience-Plattform – darunter BlueKai und Maxymizer – fortgesetzt. Damit bietet Oracle nun eines der größten Portfolios an Marketing-Funktionen. Herausragend seien laut Gartner die Cloud-Produkte, die mit einheitlicher API-Verwaltung, Benutzeroberfläche, einheitlichen Berechtigungen und technischen Tools überzeugen. Insgesamt überzeugt die Architektur für Big Data, die durch die sich ergänzenden Cloud-Angebote entstanden ist. Oracle scheint verstanden zu haben, welche Anforderungen Marketing-Fachleute im Unternehmen haben. Auch die Integration von Produkten und der Workflow überzeugen. Im Gegensatz dazu erfordern die lizenzierten Produkte große Investitionen bei Dienstleistungspartnern. Außerdem lassen sie eine konsistente Qualität bei den Dienstleistungspartnern vermissen. Gartner beschreibt die Funktionslücken und weist zusätzlich darauf hin, dass durch den sogenannten Portfolioansatz, wenn sich das Unternehmen auf Einkäufe statt auf Entwicklungen konzentriert, das Risiko steigt, dass das Unternehmen die Lösung in Form eines umfassenden Gesamtpakets aus den Augen verliert. Die Cloud-Strategie von Oracle stelle eine ideale Option für Unternehmen mit Schwerpunkt auf E-Commerce-gesteuerten Einsatzszenarien dar. Gleichzeitig sei Oracle dank seiner Funktionen für Marketing-Automatisierung, Kundendatenverwaltung und Targeting auch für Entscheidungsträger aus dem Marketing-Bereich zunehmend interessant.

3. **Salesforces:** Der Erfolg von Salesforce basiert vor allem auf ihrem Angebot zu den Themen Marketing-Automatisierung, Kampagnen-Management und Social Media Marketing. So kann beispielsweise ihre Hub-Funktion „Active Audience" Profildaten aus dem Customer Relationship Management mit Social Advertising auf Social-Media-Kanälen automatisch verknüpfen. Charakteristisch für Salesforce sind jedoch die ergänzenden Sales und Service Clouds, wodurch ein umfassendes Angebot für alle Bedürfnisse

geschaffen wird. Laut Gartner sind Kunden zufrieden mit dem intuitiven Anwendungser-lebnis und den Möglichkeiten der individuellen Modellierung der Kauferfahrungen. Lo-bend erwähnt Gartner außerdem das kundenorientierte Marketing. Negativ vermerkt ist, dass der Bereich der Datenanalyse noch nicht vollständig ausgereift ist. Außerdem ist die Integration zwischen den verschiedenen Cloud-Angeboten noch nicht ausgereift und in-novative Weiterentwicklungen (zum Beispiel bezüglich des Supports für die Marketing Cloud) lassen teilweise auf sich warten. Obwohl die Kundenzufriedenheit im Wettbewer-berbergleich sehr hoch ist, äußern sich nach Gartner manche Kunden kritisch über die Preisgestaltung und den mangelnden Support. Insgesamt verfügt Salesforce über eine branchenübergreifende Lösung für Vertrieb, Kundendienst und Marketing, die das digita-le Erlebnis unterstützt. Salesforce eignet sich vor allem für mittelständische bis große B2C-Unternehmen mit einem hohen Fachwissen im Bereich Digital Marketing.

4. **Marketo**, ein Unternehmen aus San Mateo, Kalifornien (USA), ist besonders als Mar-keting-Automatisierungsanbieter bekannt. Ursprünglich legte Marketo seinen Fokus auf den B2B-Bereich. Jedoch investierte der Anbieter recht schnell in B2C-Kapazitäten und konnte auch dort beträchtliche Erfolge vorlegen. Gartners Einschätzungen zufolge kommt der Anbieter heute sowohl für mittelständische als auch für große B2C und B2B-Unternehmen in Frage. Seine eigenen Applikationen bedienen die meisten An-wendungsfälle für Hubs. Dementsprechend wird Marketo von Kunden häufig als pri-märer Digital Marketing Hub genutzt. Dabei überzeugt der Anbieter mit einem großen und aktiven Partnerökosystem, das eine vielfältige Auswahl an Integrationen und Plug-ins anbietet. Dieses umfassende Paket stellt sich als äußerst leistungsfähig heraus. Mit der Software zur Marketing Automatisierung von Marketo haben Nutzer zum einen die Möglichkeit, Nachfrage zu erzeugen über Suchmaschinen-Marketing, die Bearbeitung von Langing Pages, Social Marketing und über die Messung des Klickverhaltens der Websitebesucher. Zum anderen können sie auch über die Lead-Bewertung, CRM-Integration und über die Anpassung ihrer Verkaufsinformationen die eigenen Umsätze steigern. Durch die Erfolgsmessung von Kampagnen erhalten Nutzer einen Einblick darüber, wie hoch der Einfluss jeder Kampagne auf den Umsatz ist.

   Die Integration von Werbetechnik steckt noch in den Kinderschuhen. Mit Marketo Ad Bridge geht der Anbieter zwar einen Schritt in die richtige Richtung, jedoch muss sich diese Entwicklung erst in Großeinsätzen beweisen. Außerdem sind manche Kun-den laut Gartner insgesamt mit der Preisgestaltung und dem Support unzufrieden. Ab-schließend lässt sich zusammenfassen, dass das bedeutendste Merkmal das große und aktive Partnerökosystem ist und die sehr gute Integration von externen Tools. Mehr Informationen finden Sie in der Analyse von Gartner (2016).

4.3   Software zur Marketing-Automatisierung

Marketing-Automatisierung bezieht sich auf Software-Plattformen, die für Marketing-Abteilungen und Organisationen kreiert wurden, um die sich wiederholenden Aufgaben zu automatisieren. Marketing-Abteilungen, Berater und Teilzeit-Marketing-Mitarbeiter profitieren davon. Die Tools legen Kriterien und Ergebnisse für Aufgaben und Prozesse fest, die dann interpretiert, gespeichert und von der Software ausgeführt werden. Das steigert die Effizienz und reduziert menschliche Fehler. Zunächst ging es dabei um die Automatisierung von E-Mail Marketing. Heute bezieht sich die Marketing-Automatisierung auf eine große Bandbreite von Automatisierungen und Analysewerkzeugen. Die Produkte dieser Analyse sind Tools zur Marketing-Automatisierung. Dabei sind Produkte ausgeschlossen, die sich nur auf einen bestimmten Marketing-Bereich fokussieren, wie E-Mail Marketing oder Social Marketing. Auf Grundlage der Bedürfnisse und des Budgets sollten Käufer zum Kauf einer Lösung zur Marketing-Automatisierung entscheiden.

4.3.1   Grid für Marketing-Automatisierungs-Software (G2 Crowd)

Das Grid von G2 Crowd[1] bietet eine Hilfestellung, das für Ihr Unternehmen beste Software-Produkt zur Marketing-Automatisierung zu wählen (vgl. Abb. 4.3). Das G2 Grid bewertet Produkte aufgrund der Kundenzufriedenheit und Marktpräsenz.[2]

Nur Produkte mit zehn oder mehr Rezensionen werden in der Marketing-Automatisierungs-Software Grid gezeigt. Die besten Software-Produkte zur Marketing-Automatisierung werden durch die Kundenzufriedenheit (basierend auf den Benutzerrezensionen) und einer Skala (basierend auf den Marktanteilen, Anbietergröße und dem sozialen Einfluss) bestimmt und auf Grid in vier Kategorien eingeteilt:

- **Leader** bieten Marketing-Automatisierungs-Produkte an, die hoch von G2-Crowd-Nutzern bewertet wurden und eine erhebliche Skala bieten sowie hohen Marktanteil und weltweite Unterstützung. Leader sind z. B. HubSpot, Pardot, Marketo, Act-On, Oracle Eloqua, iContact und Infusionsoft.
- **High Performer** liefern Tools die von den Nutzern hoch bewertet wurden, aber noch nicht die Marktanteile und Verkäuferskala in der Leader-Kategorie erreicht habe. High Performer sind z. B. ActiveCampaign, LeadSquared, Echt Liaison, Gator-Automation und eTrigue.
- **Contender** haben beachtliche Marktpräsenz, aber ihre Produkte haben eine durchschnittliche Kundenzufriedenheit oder noch keine ausreichende Anzahl an Rezensionen erreicht, die ihre Produkte anerkennt. Zu Contenders zählen z. B. IBM-Cloud/-Kampagne, Adobe-Kampagne.

---

[1] Zur Grid Scoring Methodology von G2 Crowd: Es werden Informationen zu Produkten und Anbietern auf Basis von Ratings und Bewertungen von User Communities gesammelt, sowie Daten aus Online-Quellen und sozialen Netzwerken aggregiert. Die Daten werden auf Basis der Kundenzufriedenheit und der Marktpräsenz des Anbieters in Echtzeit berechnet. Die Zufriedenheit Bewertung wird u. a. durch folgende Aspekte getroffen: Kunden-Wahrscheinlichkeit, das Produkt anderen zu empfehlen: https://www.g2crowd.com/categories/marketing-automation. Zugegriffen am 06.05.2016.

[2] Sie können jedes der Produkte für einen detaillierteren Marketing-Automatisierungs-Vergleich auf der Website https://www.g2crowd.com/categories/marketing-automation auswählen.

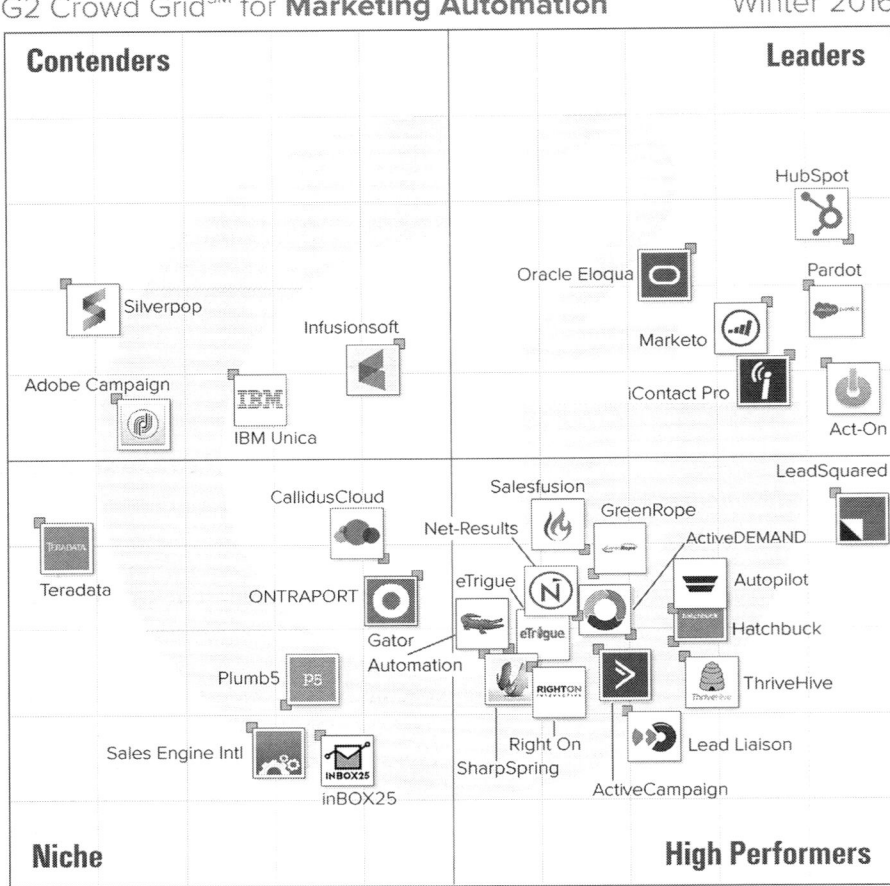

Abb. 4.3 Grid zur Markting Automation von G2 Crowd

- **Nischenprodukte** haben keine Marktpräsenz wie die Leader. Sie mögen positiv bei der Kundenzufriedenheit bewertet sein, aber haben noch nicht genug Rezensionen bekommen, die ihren Erfolg bestätigen. Dazu zählen z. B. CallidusCloud Marketing Automation, SALESmanago, Right On Interactive, SharpSpring, Iterable, ON-TRAPORT, inBOX25, Teradata Integrated Marketing Management, Plumb5 und IgnitionOne Digital Marketing Suite.

Wie findet man das beste Tool zur Marketing-Automatisierung? Es gibt etliche Online-Rezensionen von Nutzern. Benutzen Sie die Einsichten von Nutzern, um das Tool mit der höchsten Kundenzufriedenheit zu finden. Das Grid-Scoring von G2 Crowd legt alle Zufriedenheitsmetriken und Marktpräsenzfaktoren dar, die die Platzierungen im

Marketing Automatisierungs-Grid von G2 Crowd beeinflussen. Die jüngste Analyse deckt diese Marketing-Automatisierungs-Markttrends auf:

- **Skalierbar:** Soziale Funktionen in der Marketing-Automatisierungs-Software wurden ein bisschen schlechter bewertet als andere Eigenschaften. Die durchschnittliche Zufriedenheitsrate für Social-Listening- und Social-Advertising-Merkmale kamen nur auf etwa 75 Prozent und 71 Prozent.
- **Verbesserung:** Aufteilung und Lead-Scoring-Funktionen wurden höher bewertet als in dem Grid Bericht, was darauf hindeutet, dass Anbieter sich in diesen Merkmalen verbessert haben. Lead-Management-Merkmale als Ganzes haben sich seit dem letzten Bericht kaum verbessert und sind üblicherweise von Nutzern in Kurzantworten erwähnt.
- **Service:** Für alle Produkte spielte der Kundenservice eine Schlüsselrolle in der Gesamtmeinung der Kunden. Für Produkte mit steilen Lernkurven und langer Umsetzungszeit war viel Unterstützung nötig, damit Nutzer das Bestmögliche aus der Software machen konnten. Kunden schätzen schnelle Antwortzeiten, Produktforen und zusätzliches Lernmaterial vom Software-Hersteller.

Handlungsempfehlung: Welche Aspekte gilt es bei der Tool-Auswahl zur Marketing-Automatisierung zu berücksichtigen? Die folgende Checkliste hilft Ihnen bei der Entscheidungsfindung zur Tool-Auswahl.

1. **Zuerst die Strategie:** Ein Marketing-Automatisierungs-Werkzeug hilft Ihnen nicht mit Ihrer Strategie. Stattdessen hilft es dabei, eine Strategie zu automatisieren. Also ist der erste Schritt beim Auswählen eines Werkzeugs, die Strategie zu dokumentieren. Stellen Sie sicher, dass Sie alle Optionen verstanden haben, wenn Sie eine Strategie erstellen.
2. **Inbound vs. Outbound Marketing:** Outbound-Marketing-Strategien neigen dazu, sich auf das Senden von Inhalten oder Nachrichten an Interessenten durch Telemarketing, direkte E-Mail oder andere Werbekampagnen zu konzentrieren. Inbound-Techniken fokussieren sich darauf, Kunden dazu zu bringen, Sie als Unternehmen mithilfe von Suchen, Verweisen, Social Media etc. zu finden.
3. **Größe des Unternehmens und Kundenbasis:** Typischerweise wünschen kleinere Unternehmen ein Tool, das leicht erlernbar ist, eine Vielzahl von Funktionen behandelt und für die häufigsten Anwendungsfälle geeignet ist. Größere Unternehmen suchen oft ein Werkzeug, das die komplexeren Anwendungsfälle behandelt, aber dafür in der Regel länger für die Umsetzung braucht und mehr Training bedarf. Darüber hinaus neigen größere Unternehmen dazu, aufgeteilte Mitarbeiter zu haben und sich deshalb eher dazu zu entschließen, viele Marketing-Werkzeuge zu haben, die dazu gedacht sind, tiefer in einen bestimmten Bereich zu gehen.
4. **Industrie/Branche:** Die Anforderungen für die B2B- vs. B2C-Unternehmen variieren oft beträchtlich. Strategien neigen dazu, verschieden zu sein, weshalb auch Anforderungen zur Automatisierung unterschiedlich sind. Verschiedene Verkaufszyklen, das Maß emotionalen Kaufverhaltens, die Zahl der Beteiligten im Entscheidungsprozess und die Größe der Datenbank können allesamt die Software beeinflussen, die am besten zu Ihrer Strategie passt.

5. **Integration:** Oft liegen die Daten, die für die Automatisierung eines Marketing-Prozesses verwendet werden müssen, in einem anderen System (CRM, ERP, Bilddateien etc.). Die Anzahl der Datenpunkte und Systeme, die Sie integrieren müssen, kann die Wartungskosten erhöhen.

6. **Markenpräsenz und Content Management:** Ein guter erster Schritt in den Marketing-Trichter ist es sicherzustellen, dass Sie gefunden werden, wenn jemand Sie sucht. Dazu gehört es, eine Website zu erstellen, die für Suchmaschinen optimiert ist, Inhalte sichtbar macht und soziale Präsenz etabliert und erhält. Obwohl viele Marketing-Automatisierungswerkzeuge diesen Teil des Trichters abdecken, möchten Sie vielleicht ein spezielles Werkzeug für das Search Marketing, Content Marketing, Social Media Management, Public Relations und Web Analytics in Betracht ziehen.

7. **Lead-Erfassung/Qualifizierung:** Nachdem Sie eine Präsenz aufgebaut haben, müssen Sie einen Lead managen, wenn ein voraussichtlicher Kunde Ihren Inhalt sichtet oder Kontakt mit Ihnen aufnimmt. Die meisten Marketing-Automatisierungssysteme stellen Analysen bereit, die Ihnen helfen, Ihren Prozess zum Lead-Management zu optimieren. Sie können auch Ihre Leads aufgrund des Verhaltens des voraussichtlichen Kunden auf alle Ihre Punkte erhöhen und erzielen. Darüber hinaus möchten Sie vielleicht auch Outbound-Lead-Generierung erzeugen.

Die wichtigsten Vorteile beim Einsatz von Marketing-Automatisierungs-Software im Überblick.

- Sie messen Kampagnen, um Initiativen zu optimieren, rechtfertigen und priorisieren.
- Sie verringern die Zeit, diese zum Verwalten von Marketing-Programmen und dem Erfüllen von Aufgaben brauchen.
- Sie verbessern Abschlussraten mit rechtzeitigem und entsprechendem Engagement.
- Sie sorgen für Marken- und Nachrichtenbeständigkeit in Ihren Kampagnen und allen Kanälen über Vorlagen und Standards.
- Sie verkürzen Verkaufskreise mit schneller Reaktionszeit.
- Sie bieten maßgeschneidertes Marketing für jede Kundenbedürfnisse.
- Sie planen und automatisieren Aktivitäten für Rund-um-die-Uhr-Engagement ohne manuellen Aufwand.

Zum Hintergrund lesen Sie auch den Beitrag von Hilker (2017): Leitfaden zur Marketing Automation http://blog.hilker-consulting.de/blog/leitfaden-zur-marketing-automatisierung (Zugriffen am 19.02.2017). Ebenfalls ist in diesem Kontext der Beitrag relevant von Hilker (2016): Tipps zum Einsatz von Online-Marketing-Tools http://blog.hilker-consulting.de/blog/tipps-zum-einsatz-von-online-marketing-tools (Zugegriffen am 20.03.2017)

4.3.2   Kostengünstige Alternativen für kleinere Unternehmen

Anfangs gab es auf dem Markt nur Lösungen für den High-End-Bereich. Mittlerweile eignen sich die bereits diskutierten Anbieter auch für das schnell wachsende Segment des Mittelstands. Doch welche Anbieter ermöglichen es kleineren Unternehmen, von der Automatisierung des Marketing zu profitieren?

Es gibt neben hochpreisigen Angeboten für die Konzernwelt und Angeboten für den Mittelstand auch günstigere Alternativen, welche bei monatlichen Preisen von rund 40 Euro beginnen und damit vor allem für Star-tups und kleine Agenturen von Interesse sind. Was aber bieten diese Tools?

1. **Raven** bietet mit dem eigenen Tool die Möglichkeit, unterschiedliche Online-Marketing-Kampagnen, wie SEO, Social Media und Content Marketing, auf einem zentralen Dashboard zu planen, durchzuführen und die Erfolge daraus zu messen. Für die Nutzer existieren unterschiedliche Versionen, ab 99 Dollar monatlich. (https://raventools.com/)

2. **Simplycast** bietet mit dem Tool Signal Engage die Möglichkeit, das Klickverhalten der Website-Besucher zu analysieren und zu bewerten. Darüber hinaus können Nutzer noch ihr Customer Relationship Management organisieren und kanalübergreifend mit den Besuchern kommunizieren. Eine Besonderheit des Tools ist die Unterstützung von Social Media- und Offline Marketing. (https://www.simplycast.com/)

3. **Hatchbuck** hat ein Tool geschaffen, mit dem es für Unternehmen über E-Mail-Anmeldung von Kunden möglich ist, Näheres über die Kunden zu erfahren. Dieses Angebot ist unternehmensspezifisch und bietet Unternehmen die Chance, die Kunden bereits bei der Registrierung oder bei der Anmeldung für den Unternehmens-Newsletter näher in Kategorien einzuteilen. Zusätzlich können Nutzer Formulare erstellen, die die Sammlung von Leads erleichtern, und alle Kontakte aus Outlook, Excel, LinkedIn oder shazam in einem Tool gesammelt anordnen. Diese können dann mithilfe von Tags zu beispielsweise Interessen in Kategorien eingeteilt werden. Das ermöglicht es den Nutzern des Tools, Werbeinhalte präzise an die richtige Zielgruppe zu senden. Neben diesen Funktionen stehen noch die Planung und Steuerung von Kampagnen und die Analyse des bisherigen Erfolgs zur Verfügung. Preislich gibt es auch bei diesem Anbieter drei Abstufungen ab 71 Dollar pro Monat. (http://www.hatchbuck.com/)

4. **Microsoft** Microsoft Dynamics ist ein Tool, das die Ressourcenplanung, das Retail Management und das Customer Relationship Management steuert. Mit diesem Tool haben Anwender die Möglichkeit, Leads zu generieren und kanalübergreifende Kampagnen zu organisieren. Kampagnen lassen sich in einem Workflow abbilden

und in einzelne Segmente einteilen. Das Tool gibt es entweder als einmalige Version wie auch als Abo ab 50 Euro pro Nutzer monatlich. (https://www.microsoft.com/de-de/dynamics)

4.4 Tools im Content Marketing: Themenfindung, Trends und Analyse

Melanie Tamblé

Gastbeitrag von Melanie Tamblé, Geschäftsführerin Adenion GmbH. Grundlage für eine erfolgreiche Content-Marketing-Strategie sind die richtigen Inhalte, die über viele verschiedene Medienformate ausgebreitet und über viele verschiedene Kanäle distribuiert werden. Ein Haufen Arbeit. Doch es gibt inzwischen eine ganze Reihe von nützlichen Tools, die das Content Marketing effektiv unterstützen, von der Themenfindung und Content-Entwicklung bis zur Distribution und zum Content Seeding. Ein Praxisbeispiel einer Content-Marketing-Kampagne der Adenion GmbH zeigt, wie sich Inhalte für verschiedene Medien und Kanäle aufbereiten und effizient über die verschiedenen Kommunikationskanäle distribuieren lassen.

Content-Marketing-Tools: Content Marketing ist Kommunikation aus der Kundenperspektive und das bedeutet herauszufinden, wo und in welcher Form Kunden im Internet eigentlich nach Informationen suchen. Grundlage für die Umsetzung einer erfolgreichen Content-Marketing-Strategie sind daher die richtigen Inhalte, aber auch die richtigen Keywords. Keywords sind die Suchbegriffe, mit denen Kunden in den Suchmaschinen, in Social Media und in Diskussionsforen nach Informationen suchen und diskutieren. Durch die Verwendung von relevanten Keywords in den Content-Medien und in der Kundenkommunikation können die Inhalte in den Online-Medien besser gefunden werden. Denn nur das, was gesucht wird, kann auch gefunden werden. Ein Keyword- und Themenportfolio ist daher die Grundlage einer erfolgreichen Content-Marketing-Strategie.

Um die richtigen Trendthemen zu finden, gibt es verschiedene Möglichkeiten. Die besten Quellen liegen im eigenen Unternehmen. Im Vertrieb und Support sprechen die Mitarbeiter mit den Kunden und haben einen guten Überblick darüber, welche Problemstellungen Kunden haben, welche Fragen sie stellen und welche Begriffe sie verwenden.

Weitere Recherchemöglichkeiten bietet das Internet. Zu fast jedem beliebigen Thema gibt es Fachportale, Diskussionsforen oder Frage- und Wissensportale, auf denen Kunden und Interessenten Fragen stellen, Probleme lösen oder Erfahrungen austauschen, zum Beispiel

- Diskussionsforen
  - www.Motor-talk.de – für Automobilfans,
  - www.Apfeltalk.de – für Apple User,
  - www.office-loesung.de – für Fragen und Antworten rund um Office-Anwendungen.
- Frage- und Wissensportale
  - www.Quora.com,
  - www.Gute-Frage.net,
  - www.Wer-weiss-was.de,
  - Diskussionsgruppen in Netzwerken, wie zum Beispiel bei XING, LinkedIn, Google + oder Facebook.

4.4.1 Content-Aggregatoren

Aktuelle Themen und Trends lassen sich auch über Content-Aggregatoren recherchieren, zum Beispiel:

- http://www.rivva.de: ein täglicher Überblick über News und Diskussionen in vorwiegend deutschsprachigen Weblogs und Medien,
- https://newstral.com/de: Nachrichten und Beiträge aus verschiedenen Medienquellen
- http://www.buzzfeed.com/?country=de: eine Mischung aus Blog, Nachrichtenticker und Online-Magazin aus verschiedenen Content-Quellen im Internet.

4.4.2 Google Trends

Google Trends ist ein Analyse-Tool von Google, das die häufigsten Suchanfragen im zeitlichen Verlauf darstellt. Die Analysecharts zeigen das Interesse an Themen und Suchbegriffen nach Kategorien und Ländern (vgl. Abb. 4.4).

Google Trends stellt vor allem die Suchanfragen für Keywords im zeitlichen Verlauf dar, listet prominente Schlagzeilen zu den Begriffen und stellt sogar Prognosen für das Suchvolumen der Keywords in der Zukunft an. Zusätzlich listet das Tool das weltweite, länderspezifische und regionale Suchvolumen der Keywords. Dabei können auch synonyme Begriffe miteinander verglichen werden, um herauszufinden, welche Begriffe sich am besten für bestimmte Marketing-Medien eignen.

Nicht nur bei der Auswahl der Themen, sondern auch bei der sprachlichen Gestaltung von Content-Medien sollte der Fokus auf dem Interesse und der Sprache der Kunden liegen. Die meisten Menschen verwenden vor allem Suchbegriffe aus ihrem täglichen

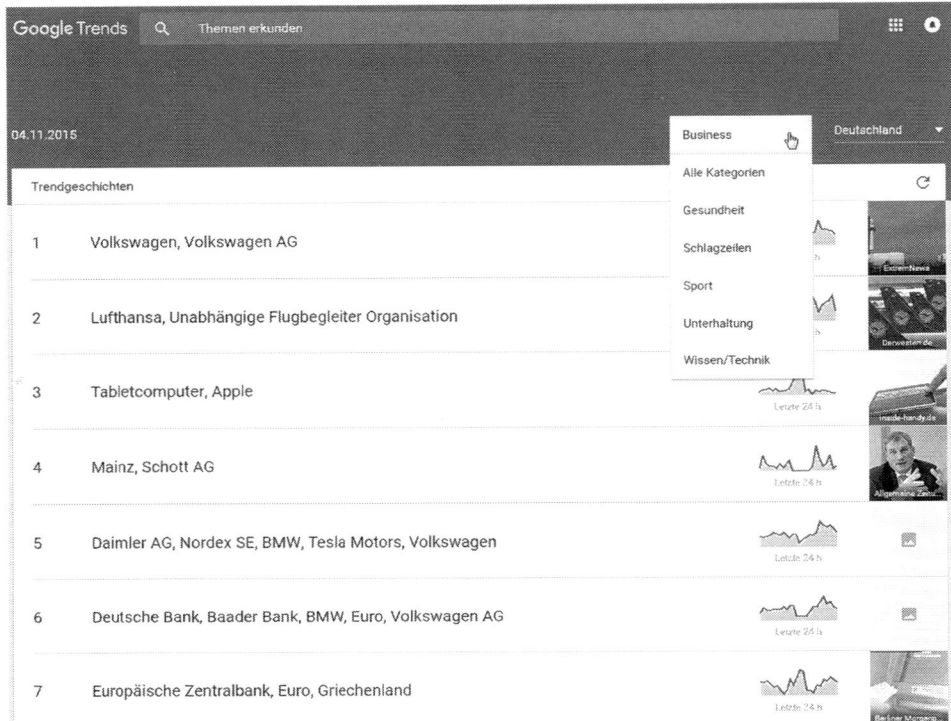

Abb. 4.4 Themenanalyse über Google Trends

Sprachgebrauch, um nach Informationen zu suchen. Daher sollten die verwendeten Keywords immer auch aus der Begriffswelt der Zielgruppe stammen. Komplizierte Fachbegriffe, Wortneuschöpfungen, Kunstworte, Anglizismen aus der Marketing-Sprache oder auch lange und komplizierte Begriffe werden für Suchanfragen im Internet äußerst selten verwendet.

Beispiel: Leitfaden, Whitepaper und Ratgeber im Vergleich

Das „Whitepaper" ist ein beliebtes Content-Marketing-Instrument. Doch verstehen die Kunden das auch?

Das Analyseergebnis durch Google Trends (vgl. Abb. 4.5) zeigt, dass der englischsprachige Begriff „Whitepaper" im Vergleich zu den deutschsprachigen Synonymen „Leitfaden" oder „Ratgeber" weit abgeschlagen bei den Suchanfragen ist. Die Kurven für „Ratgeber" und „Leitfaden" kreuzen sich im zeitlichen Verlauf. So war der Begriff „Ratgeber" vor einigen Jahren noch häufiger gesucht als der Begriff „Leitfaden" Seit 2011 liegt der Begriff „Leitfaden" deutlich vorne, was sich laut Google-Prognose auch

Abb. 4.5 Keyword-Analyse über Google Trends

noch weiter verstärken wird. Der Ländervergleich ist besonders bei den im Marketing
so beliebten und häufig verwendeten Anglizismen wichtig, um zu beurteilen, ob diese
Begriffe im deutschsprachigen Bereich eine Relevanz für die Suchmaschinen haben,
das heißt, ob die Zielgruppen diese Begriffe überhaupt kennen und verwenden.

4.4.3   Google Keyword Planer

Ein weiteres nützliches Tool aus dem Hause Google ist der Google Keyword Planer, eigentlich eher bekannt aus der Verwendung im SEA und SEM. Doch auch für die Keyword-
Analyse im Content Marketing kann dieses Tool sehr nützliche Dienste leisten, denn es
gibt noch etwas genauere Informationen zu dem Suchvolumen bestimmter Keywords und
schlägt alternative Suchbegriffe vor.

Beispiel: Fachsprache vs. Umgangssprache
„Alufelgen" ist ein Begriff aus der Umgangssprache, daher ist dieser ein häufiger
Bestandteil von Suchanfragen im Internet. Dies zeigt sich auch in den durchschnittli-
chen monatlichen Suchanfragen, im Gegensatz zum eigentlich korrekten Fachbegriff
„Leichtmetallfelgen" (vgl. Abb. 4.6).

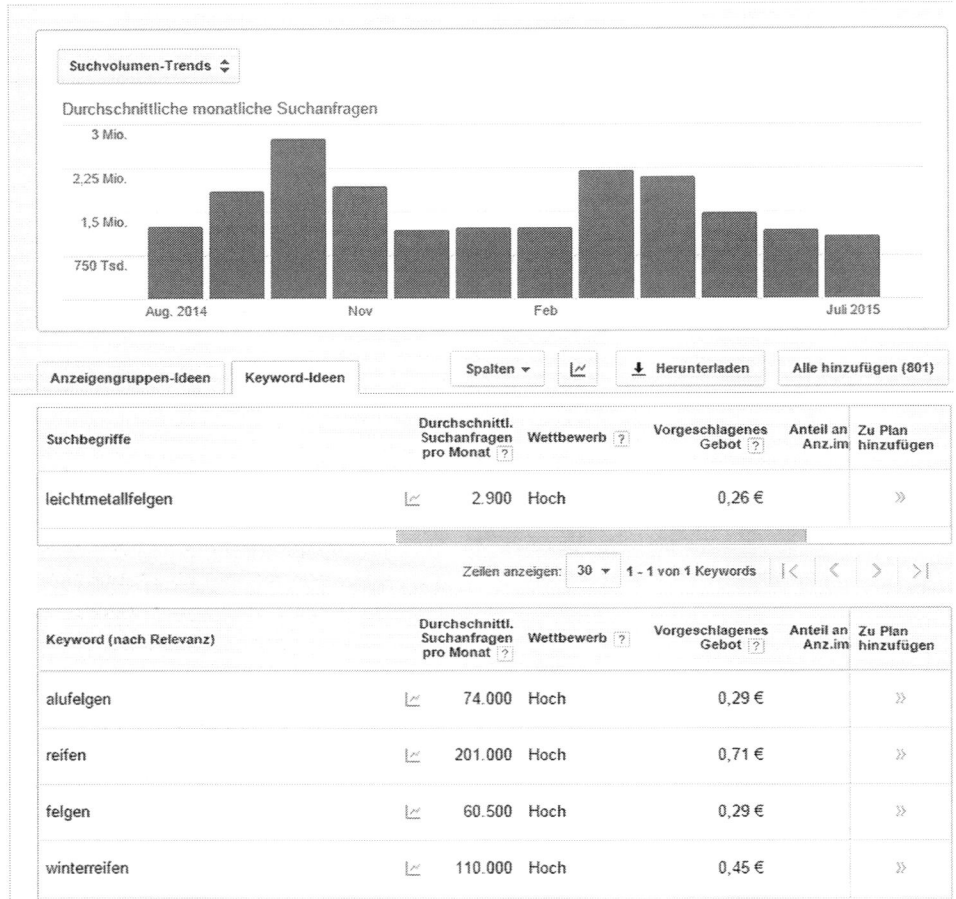

Abb. 4.6 Google Keyword Planer: Beispiel „Leichtmetallfelgen"

Unterschiedliche Schreibweisen, wie zusammengeschriebene oder auseinandergeschriebene Begriffe können dabei zu unterschiedlichen Ergebnissen führen, genauso wie die Verwendung von Einzahl oder Mehrzahl. Bei der Erstellung eines Keyword-Portfolios kann das Google-Instrument Keyword Planer helfen, zu prüfen, welche Suchbegriffe für die Recherche zu einem bestimmten Thema besonders häufig verwendet werden. Das Tool macht außerdem Vorschläge für alternative Keywords, die eventuell ein höheres Suchvolumen haben.

Ist das Keyword Portfolio einmal definiert, ist es leichter, genau diese Keywords gezielt für die Recherche nach Themen und Inhalten zu nutzen, einflussreiche Meinungsmacher und Multiplikatoren (Influencer) für diese Inhalte zu finden, eigene Content-Ideen zu entwickeln und in die Content-Strategie einzubinden.

4.4.4   Content Curation Tools

Content Curation bedeutet übersetzt die Pflege von Inhalten. Gemeint ist das kontinuierliche Recherchieren, Analysieren und Teilen von Inhalten. Content Curation Tools können eine große Hilfe dabei sein, aktuelle Trendthemen zu finden, eigene Content-Ideen zu entwickeln, wichtige Influencer finden und zu beobachten, aber auch interessante Inhalte anderer Autoren über die eigenen Kanäle teilen.

Beispiele für Content Curation Tools

- www.scoop.it erleichtert das Finden, Kuratieren und Veröffentlichen von relevanten Inhalten.
- www.feedly.com ermöglicht das Sammeln, Verwalten und Teilen von Inhalten aus RSS-Feeds.
- www.influma.com (vgl. Abb. 4.7) ermöglicht die Suche nach aktuellen Beiträgen aus relevanten Blogs und Medien nach Keywords. Die Beiträge werden durch den Influma index nach Social Signals analysiert, um zu sehen, welche Reichweite die Beiträge in den verschiedenen Social-Media-Kanälen haben. Beiträge, Autoren und Websites lassen sich in Fokuslisten speichern, um Themenideen zu sammeln oder die Themen-Influencer nachhaltig zu beobachten und zu kontaktieren. Interessante Beiträge lassen sich per Klick über die eigenen Social-Media-Kanäle teilen.

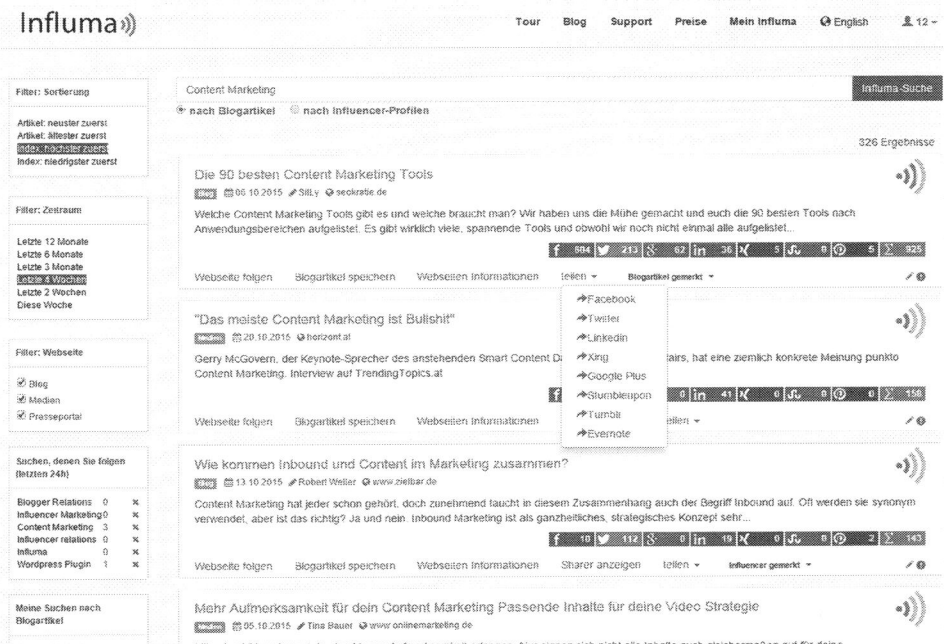

Abb. 4.7   Content Curation mit influma

4.4.5 Content Creation Tools

Content Creation Tools unterstützen und vereinfachen die Erstellung und Mehrfachverwertung von Inhalten für verschiedene Medien.

Beispiele für Text-Tools

- www.InboundWriter.com analysiert, wonach potenzielle Leser suchen, und schlägt Themen und Begriffe vor, die ein hohes Suchvolumen haben und die in den Social Media beliebt sind.
- www.scribe.com filtert relevante Themen aus verschiedenen Quellen und analysiert die Erfolge in den sozialen Medien.
- www.atomicreach.com analysiert Inhalte auf Basis von Qualität und Relevanz für verschiedene Zielgruppensegmente, vom Normalleser bis zum Fachpublikum.

Beispiele für Bild- und Grafik-Tools

- www.canva.com ermöglicht eine einfache Erstellung von Grafiken aus Stockbildern oder mit eigenen Grafiken und Bildern.
- www.easyly.com bietet vorgefertigte Themes zur Auswahl, zu denen sich einfach weitere Elemente per Drag and Drop hinzufügen lassen.
- www.piktochart.com bietet ebenfalls verschiedene Designelemente, die sich per Drag and Drop auf die erstellten „Canvas" ziehen und in Form und Farbe anpassen lassen.
- https://infogr.am ermöglicht die einfache und schnelle Gestaltung von Infografiken und Diagrammen. Mithilfe der Grafiken lassen sich Fakten und Zahlen professionell und anschaulich aufbereiten.

Beispiele für Video-Tools

- www.Camtasia.com eignet sich für die Erstellung von High-Quality-Videos. Mithilfe von Bildschirmaufzeichnungen lassen sich Präsentationen, Webinare und Produktvideos erstellen, Videodateien importieren, bearbeiten und teilen.
- www.KnowledgeVision.com wandelt Präsentationen online in Videos um.
- www.jing.com ist ein kostenloses Tool für Bildschirmaufzeichnungen und die schnelle und einfache Bearbeitung von Videos.

4.4.6 Tools für die Content-Distribution

Die große Anzahl der Online-Medien und Social-Media-Portale bieten jedem Unternehmen die Möglichkeit, Inhalte in verschiedenen Formaten sehr schnell und kostengünstig über die unterschiedlichen Kanäle zu verteilen.

Textbeiträge lassen sich besonders gut auf Presse- und Fachportalen, in Expertennetzwerken und über Dokumentennetzwerke verteilen. So schaffen Sie viele mögliche

Anlaufstellen für Ihre Zielgruppen. Bilder, Infografiken und Videos stehen inzwischen bei Google auf den obersten Plätzen der Ergebnislisten. Die Veröffentlichung von Bild- und Videobeiträgen über die verschiedenen Foto- und Videonetzwerke ist daher eine gute Möglichkeit, mehr Treffer in den Suchergebnissen zu erzielen. Der Prozess der Distribution lässt sich durch intelligente Online-Dienste und Tools automatisieren, zum Beispiel

- www.pr-gateway.de – ermöglicht die schnelle und einfache Verbreitung von Pressemitteilungen, Fachartikeln, Dokumenten und Bildern über ein Netzwerk von News- und Presseportalen, Fach- und Themenportalen, Dokumenten- und Bildernetzwerken sowie Social-Media-Kanälen und Event-Portalen.
- www.blog2social.com – plant, terminiert und automatisiert das Posten von Blog-Beiträgen auf Social-Media-Profilen, Business-Seiten und -Gruppen und ermöglicht gleichzeitig eine Individualisierung der einzelnen Beiträge für die Optimierung der Postings an die Besonderheiten und Möglichkeiten der unterschiedlichen Netzwerke.
- www.cm-gateway.de – postet individuell angepasst und zeitgesteuert. Beiträge, Links, Bilder und Dokumente parallel und individuell angepasst auf Social Media Kanälen.

4.4.7   Weitere Content-Marketing-Tools

4.4.7.1   Tools und Suiten für die Content-Marketing-Strategie

Software Tools, die das strategische Content Management unterstützen, bieten eine umfassende Hilfestellung bei der Planung, Organisation von Produktion von Inhalten:

- www.Beegit.com unterstützt den Workflow-Prozess des Content Marketing von der Erstellung, gemeinsamen Produktion in Teams und über Abteilungen hinweg, organisiert Abstimmungs- und Freigabeprozesse und die Kommunikation der Nutzer.
- www.marketing.ai ist ebenfalls eine Software Suite für die Strategie-Entwicklung und Umsetzung im Content Marketing. Mithilfe eines Teamkalenders können Teams einfach zusammenarbeiten und anhand einer Content-Strategie Kampagnen entwickeln sowie die Erfolge analysieren.
- www.kapost.com/ist eine Plattform für B2B Content Marketing, die es ermöglicht, alle Content-Arten innerhalb einer Plattform zu analysieren und für die effiziente Zusammenarbeit verfügbar zu machen.
- www.gathercontent.com unterstützt dabei, den Content auf einer Website besser zu organisieren und zu optimieren, Content Guidelines zu erstellen und in Teamarbeit einzubinden.
- www.divvyhq.com ist ein cloudbasiertes Tool, das Marketern bei der Content-Planung hilft und den Workflow während der Content-Entstehung vereinfacht. Es hilft, besonders bei komplexen Entstehungsprozessen den Überblick zu behalten.
- www.curata.com ist eine Content Curation Software, die Inhalte aus relevante Quellen findet, der sich in der Software verwalten und verbreiten lässt.

- www.scompler.com bietet eine Komplettlösung für strategisches Content Marketing, von der Redaktionsplanung bis zur Performance-Analyse. Scompler ist virtueller Newsroom, Redaktionsplan, Redaktionskalender, Produktionssteuerung, Distribution und Erfolgsmessung in einem.

4.4.7.2 Content Management Tools

Grundlage für eine effiziente Content-Produktion und -Verwertung ist die zentrale Verwaltung von Inhalten, beispielsweise mit diesen Tools:

- Mit Google Docs oder OneDrive.com lassen sich Tabellen, Dokumente, Präsentationen und Formulare aller Art erstellen, die mit anderen gemeinsam bearbeitet werden können.
- www.Box.com oder www.Dropbox.com sind kostenlose Cloud Services, in denen Dokumente, Bilder, Videos gespeichert und gemeinsam genutzt werden können.
- www.bundlr.com ermöglicht die Sammlung und Bündelung von Contents jeder Art: Artikel, Bilder, Videos, Tweets oder Links können zu verschiedenen Themen gebündelt und über verschiedene Kanäle geteilt werden.
- www.ueberflip.com bündelt ebenfalls Contents aus verschiedenen Quellen und Social-Media-Kanälen zu einem Gesamtbild.
- www.evernote.com organisiert Notizen, Dokumente, Bilder, Links und Contents aus verschiedenen Quellen und Social-Media-Kanälen.
- www.contentful.com ermöglicht eine einfache Optimierung von Inhalten für verschiedene Formate auf den unterschiedlichen Endgeräten.

4.4.7.3 Content Collaboration Tools

Außerdem entscheidend ist die effiziente Zusammenarbeit im Team, die diese Tools unterstützen:

- www.Contentivo.com macht es einfach, zwischen zwei Teams oder Abteilungen zusammenzuarbeiten. Die User können sich gegenseitig Feedback geben, verschiedene Versionen des Content können getrackt und analysiert werden.
- www.ContentLaunch.com ist besonders auf die Bedürfnisse kleiner Unternehmen ausgerichtet und hilft, die Content-Marketing-Prozesse zu überwachen und zu steuern.
- www.Trello.com ist ein Projekt-Management- und Organisations-Tool, das wie eine Art Whiteboard funktioniert, auf dem verschiedene Teammitglieder Medien, Ideen, den Status quo, die To-Dos und Aufgaben sammeln und zuteilen können (vgl. Abb. 4.8).

4.4.7.4 Influencer Marketing Tools

In den USA gilt Influencer Marketing bereits als „the next king of content", also die nächste Stufe des Content Marketing. Der Grund dafür liegt darin, dass Meinungsmacher im Internet offensichtlich eine erfolgreiche Content-Strategie verfolgen, an der sich Unternehmen orientieren können und deren Urheber sie als Muliplikatoren und Markenbotschafter für ihre eigenen Angebote gewinnen können.

Abb. 4.8 Trello Content Collaboration Tool

- www.Kred.com misst den Einfluss von Persönlichkeiten auf Twitter und Facebook und identifiziert so die jeweils einflussreichsten Personen.
- www.Klout.com bietet auch die Möglichkeit, Influencer nach Themenschwerpunkten zu finden und zu verbinden.
- www.Traackr.com ist eine Influencer-Marketing- und Social-Monitoring-Plattform.
- www.Onalytica.com sucht Influencer für bestimmte Inhalte auf Basis der Keywords von Website Links, Dokumenten oder anderen Content-Arten, die man dem Programm vorgibt.
- www.Buzzsumo.com ist ein Content Marketing Tool, das Themen nach Keywords sucht und nach Social Signals analysiert. So findet Buzzsumo die meistgeteilten Inhalte im Web und die möglichen Influencer für die Themen, die am häufigsten auf den Social-Media-Kanälen geteilt werden.
- www.Influma.com ist ein deutschsprachiges Content und Influencer Marketing Tool, das die meistgeteilten Inhalte aus der Blogosphäre und den wichtigsten Online-Medien analysiert, um einflussreiche Meinungsführer zu identifizieren. Die Influencer-Suche ermöglicht außerdem eine Keyword-Suche über die Profile und Beiträge der Influencer in den wichtigsten Social Media. Es lassen sich die Websites und Artikel interessanter Influencer in Themenlisten speichern und so für die Vernetzung, die Kontaktaufnahme und den Dialog mit Influencern nutzen, siehe Abb. 4.7.

In Themen- und Keyword-Listen sowie Keyword Alerts lassen sich gespeicherte Suchanfragen verwalten und zeigen so im persönlichen News Feed immer die aktuellen Beiträge zu gespeicherten Suchbegriffen. Ähnlich wie die Themenfindung lässt sich über die Blog- und Mediensuche per Keywords auch ermitteln, wer über bestimmte Themen schreibt und wer die Key Influencer für diese Themen sind. So ist es möglich, mit wichtigen Bloggern, Journalisten und Social Media Influencern Kontakt aufzunehmen, sich zu vernetzen oder in den aktuellen Dialog einzusteigen, Beiträge zu kommentieren und mit eigenen Beiträgen zu vernetzen (Content Seeding). Weitere Handlungsempfehlungen zur Auswahl von Social Media Tools finden Sie online, siehe Internet World Gastbeitrag von Hilker (2016).[3] Zum Thema finden Sie außerdem den Beitrag von Hilker (2017): Vortrag: Influencer-Marketing-Tools - mit Slideshare blog.hilker-consulting.de/blog/vortrag-influencer-marketing-tools-mit-slideshare (abgerufen 20.03.2017)

4.4.7.5 Tools für die Performance-Analyse im Content Marketing

- www.socialbakers.com unterstützt Anwender dabei, den Erfolg von Kampagnen und Projekten im Social Web sichtbar zu machen. Zudem lässt sich mit dem Tool analysieren, welche Links die beste Performance aufweisen und was am meisten geteilt wurde, um so herauszufinden, welche Themen öfter verteilt werden sollten.
- www.acrolinx.com ist ein Tool, das die Qualität von erstellen Inhalten und Medien analysiert. Es überwacht die Erstellung des Content und prüft, ob die Inhalte den richtigen Ton und Stil für die richtigen Zielgruppen treffen. Es überwacht außerdem die Qualität und Performance der Inhalte.
- www.Simplereach.com analysiert in Echtzeit die Performance des Content im Web und in den Social Media. Aus den gewonnenen Daten lassen sich dann Schlüsse für die weitere Content-Marketing-Strategie und die Distribution und Bewerbung der Inhalte ableiten.
- http://www.idioplatform.com ist eine Plattform, die die Inhalte der gesamten Website auswertet, und analysiert, welche Inhalte gelesen werden, wie hoch das Engagement mit den einzelnen Inhalten ist und über welche Inhalte welche Conversion erzielt wird.
- www.Parsely.com misst ebenfalls das Verhalten der Leser mit den jeweiligen Inhalten und analysiert, wie sich die Leser verhalten, mit welchen Inhalten sie interagieren, welche Inhalte am meisten gelesen werden und welche am besten performen.

4.5   Zusammenfassung

Fazit

In diesem abschließenden Kapitel wurden Content Marketing Tools vorgestellt. Das ist nun die Synthese, nachdem die vorangehenden Kapitel die Grundlagen (Kap. 1), die Strategien (Kap. 2) und das operatives Management (Kap. 3) thematisiert haben. Warum sind Tools wichtig? Weil Marketing-Experten integrierte koordinierte Lösungen zur kontinuierlichen Handhabung und Optimierung der vielfältigen Aufgaben im Content Marketing benötigen. Deshalb hat dieses Kapitel hat einen Überblick über die Plattformen, Tools und Anbieter sowie über die Klassifikationen, Funktionen und Preisklassen gegeben. Tools zur Marketing-Automation für Content Marketing wurden vorgestellt und kritische Fragen wurden diskutiert wie: Ist das die Zukunft im digitalen Marketing?

---

[3] http://www.internetworld.de/social-media/social-media-marketing/finde-richtige-social-media-tool-1098934.html. Zugegriffen am 19.02.2017

Insbesondere die Reports von Gartner wie „Magic Quadrant für Digital Marketing Hubs" und der „Magic Quadrant for Advanced Analytics Platforms" zeigen viele praxisrelevante Plattformen mit Digital-Experience-Management für Content Marketing mit einem Bewertungsüberblick auf. Die Software Auswahl zur Marketing-Automatisierung ist ein entscheidender Erfolgsfaktor für Content Marketing, wie auch das GRID für die Marketing-Automatisierungs-Software von G2 Crowd zeigt. Doch auch KMUs finden kostengünstige Alternativen, dazu wurden Tools für das Content Marketing aufgezeigt, die Themenfindung, Trends und Analysen ermöglichen. Insbesondere die kostenfreien Tools von Google (wie Google Trends und Google Keyword Planer) bieten vielfache Ansätze. Auch das Projektmanagement wurde beleuchtet, dazu wurden Content Collaboration Tools vorgestellt. Ergänzend zur Erfolgsmessung im Content Marketing wurden Tools für Influencer Marketing und für die Performance-Analyse vorgestellt.

Die Digitalisierung bietet zwar viele neue effiziente Möglichkeiten durch automatisierte Abläufe im Content Marketing. Doch die Vielzahl der Tools birgt die Gefahr, den Überblick zu verlieren. All-in-One-Systeme bündeln die Marketing-Aktivitäten in einem Dashboard und vereinen die Daten wie Fotos und Filme in einer Marketing Cloud. Damit lassen sich Marketing-Kampagnen stringend planen, effizient steuern und mit Kennzahlen einfach messen. Die Marketing-Automation bündelt klassische Marketing-Kanäle (wie E-Mail oder PR) und integriert soziale Netzwerke (wie Facebook, Twitter, Youtube) und Lead-Management (mit Inbound Marketing). Die Leistungen der Produkte unterscheiden sich stark voneinander und die Auswahl muss auf die Unternehmensgröße abgestimmt werden.

Literatur

Forrester Research, The Forrester Wave™. 2015. Digital experience platforms, Q4 2015. http://wave. umww.com. Zugegriffen am 11.06.2016. https://www.forrester.com/report/The+Forrester+Wave+Digital+Experience+Platforms+Q4+2015/-/E-RES124441. Zugegriffen am 15.04.2016.

Gartner. 2016. Magic quadrant for advanced analytics platforms. https://www.gartner.com/technology/media-products/reprints/adobe/adobe-1-2Z93S4C-DEU.html. Zugegriffen am 28.04.2016.

Hilker, Claudia. 2016. Tipps zum Einsatz von Online-Marketing-Tools. http://blog.hilker-consulting.de/blog/tipps-zum-einsatz-von-online-marketing-tools. Zugegriffen am 20.03.2017.

Hilker, Claudia. 2016. Wie finde ich das richtige Social Media Tool? http://www.internetworld.de/social-media/social-media-marketing/finde-richtige-social-media-tool-1098934.html. Zugegriffen am 19.02.2017.

Hilker, Claudia. 2017. Leitfaden zur Marketing Automation. http://blog.hilker-consulting.de/blog/leitfaden-zur-marketing-automatisierung. Zugegriffen am 19.02.2017.

Hilker, Claudia. 2017. Vortrag: Influencer-Marketing-Tools – mit Slideshare blog.hilker-consulting. de/blog/vortrag-influencer-marketing-tools-mit-slideshare. Zugegriffen am 20.03.2017.

Waack, J. 2014. 4 Tipps. Wie Sie es den Hacker leichter machen. http://blog.cloud.de/blog/4-tipps-wie-sie-es-den-hackern-leichter-machen. Zugegriffen am 15.04.2016.

10196617R00152

Printed in Germany
by Amazon Distribution
GmbH, Leipzig